Python

区块链 应用开发

从入门到精通

高　野　辛智勇　编著
肖　岩　郑一鸣

北京大学出版社

PEKING UNIVERSITY PRESS

内 容 提 要

本书全面系统地介绍了Python语言区块链应用工程师所需的基础知识和相关技术，主要分为Python基础篇、区块链技术篇和区块链开发篇三部分。

全书共10章，其中第1~3章为Python基础篇，介绍Python语法基础、Python的语法特色、Python与数据库操作等内容；第4~6章为区块链技术篇，介绍初识区块链、区块链的技术原理、区块链技术的发展趋势；第7~10章为区块链开发篇，介绍Solidity智能合约开发的入门和进阶、Python语言离线钱包开发、通过Python和Solidity开发一个"赏金任务系统"，项目中将使用FISCO BCOS联盟链作为基础，结合Django框架，并应用Python-SDK与区块链交互完成数据的读写操作，完成一个区块链的Web项目。

本书内容系统全面，案例丰富翔实，既适合想学习Python语言编程和区块链开发的初学者阅读，也适合作为区块链行业从业者、金融科技爱好者的学习用书，还可以作为广大职业院校相关专业的教材参考用书。

图书在版编目(CIP)数据

Python区块链应用开发从入门到精通 / 高野等编著.北京：北京大学出版社，2025. 1. —— ISBN 978-7-301-35796-5

Ⅰ. TP312.8；TP311.135.9

中国国家版本馆CIP数据核字第2024PW4602号

书　　　名	Python区块链应用开发从入门到精通	
	Python QUKUAILIAN YINGYONG KAIFA CONG RUMEN DAO JINGTONG	
著作责任者	高　野　等　编著	
责 任 编 辑	刘　云　刘　倩	
标 准 书 号	ISBN 978-7-301-35796-5	
出 版 发 行	北京大学出版社	
地　　　址	北京市海淀区成府路205号　　100871	
网　　　址	http://www.pup.cn　　　新浪微博：@北京大学出版社	
电 子 邮 箱	编辑部 pup7@pup.cn　　总编室 zpup@pup.cn	
电　　　话	邮购部 010-62752015　　发行部 010-62750672　　编辑部 010-62570390	
印 刷 者	大厂回族自治县彩虹印刷有限公司	
经 销 者	新华书店	
	787毫米×1092毫米　16开本　19.75印张　475千字	
	2025年1月第1版　2025年1月第1次印刷	
印　　　数	1-4000册	
定　　　价	89.00元	

在区块链技术日益被大众接受，并成为数字经济时代重要基础设施的今天，掌握区块链技术就如同掌握了一项强大的数字创新工具。本书的出版为广大读者提供了一本深入浅出、实用易懂的区块链技术学习指南。本书不仅全面而系统地介绍了区块链的基本概念、原理和应用，还通过生动的案例分析和详细的操作指南，让读者能够轻松上手，真正掌握区块链技术的精髓。

作为区块链技术领域的资深人士，我深知区块链技术在现代商业和金融领域所扮演的重要角色。而本书正是为广大读者精心打造的一份知识盛宴。本书通过循序渐进的讲解和丰富的实践案例，从区块链的基本概念、核心技术，到智能合约、去中心化应用开发等前沿主题，为读者提供了一个全面、系统且深入的学习体验。Python作为当前非常流行且广泛使用的编程语言之一，这本书为Python开发者切入区块链领域开辟了一条学习路径，同时也为区块链技术的推广和发展壮大做出了积极贡献。

我强烈推荐这本书给所有对区块链技术感兴趣的朋友。无论你是想要初步了解区块链的基本原理，还是希望深入掌握区块链的开发技能，这本书都将成为你不可或缺的良师益友。

最后，我希望这本书能够成为你探索区块链世界、掌握前沿技术的宝贵资源。让我们一起携手走进区块链的世界，探索其带来的无限可能！

丁晓蔚

南京大学金融信息与情报学教授、博导

亚洲区块链产业研究院学术专委会委员

为什么写这本书

Web 3.0 旨在构建一个更加公平、开放、自主、安全且充满活力的创新互联网生态，为人们带来全新的互联网体验和价值创造机会。当今我们正处于 Web 3.0 的过渡阶段，虽然 Web 3.0 的理念和技术，如区块链、去中心化应用等受到人们越来越多的关注，但 Web 3.0 的全面成熟和普及仍面临着诸多挑战和障碍。本书旨在更好地普及区块链技术，因为区块链技术是 Web 3.0 的重要基石。

学习区块链技术时，选择一门编程语言作为切入点是非常有必要的。Python 近些年发展迅猛，在 IEEE Spectrum、TIOBE 等平台发布的编程语言排行榜上，早已稳居前列甚至榜首的位置。Python 是一门入门容易、开发方便的编程语言，在降低开发者门槛方面无出其右。目前，Python 也是区块链生态中发展势头非常好的编程语言。例如，以太坊就拥有 Python 开发的客户端，而且使用 Python 与区块链进行交互也非常方便。正因如此，Python 与区块链的结合可能更容易推广区块链技术。

本书的特点是什么

（1）理论与实践相结合，每个理论都有对应的实践代码讲解，读者参考源码，完成实例，就可以看到实验效果。

（2）提供实训与学习问答，方便读者在阅读后尽快巩固知识点，以便做到举一反三，学以致用。

（3）内容知识体系系统、完整，可以快速帮助读者搭建区块链应用开发知识体系。

本书适合哪些读者

● 编程初学者：适合对编程感兴趣，希望通过学习 Python 语言踏入编程领域的新手，特别是对区块链技术有浓厚兴趣的人群。

- Python开发者：适合已经掌握Python编程基础，希望拓展自己的技能范围，深入学习区块链应用开发的程序员。

- 区块链行业从业者：适合在区块链领域工作的专业人士，他们需要深入理解区块链原理、智能合约开发和DApp（分布式应用）的构建。

- 金融科技爱好者：适合对金融科技创新特别感兴趣的人士，特别是希望探索在金融行业中应用区块链技术的研究者和实践者。

- IT专业学生：适合计算机科学、软件工程或相关专业的学生，他们希望在校期间掌握最新的技术趋势，并希望在课程学习或毕业设计中涉足区块链这一前沿领域。

- 技术创新探索者：适合对新兴技术好奇，愿意不断学习和尝试的技术爱好者，特别是渴望自建项目，将区块链应用于解决实际问题的创新者。

写给读者的学习建议

阅读本书时，如果读者是零基础，建议读者从第1篇Python基础篇开始学起，如果读者已经掌握Python编程基础，可以跳过第1篇，直接从第2篇开始阅读。同样，如果读者对区块链技术原理有所了解，但对Python不太了解，可以从第1篇开始阅读，在区块链原理部分可以选择跳过熟悉章节。

很多区块链或Python开发的初学者可能会有一个认识误区，认为编码能力比掌握原理更重要。这个问题在区块链行业有些例外，因为区块链这个行业有些特殊，它会受到市场因素的影响。笔者在很多场合说过，掌握区块链技术原理将帮助开发者更深入地感受这一行业的独特魅力，并在这个行业内更好地立足。区块链应用开发虽然有一定的门槛，但对于有经验的开发者来说难度并不高，读者只要掌握了区块链原理、智能合约开发、区块链系统设计思想，就可以做出自己想要的区块链应用。

资源下载说明

本书还赠送以下超值的免费学习资源。

❶提供书中案例源代码文件；

❷提供书中重点知识和案例的教学视频；

❸提供制作精美的PPT课件；

❹提供《10招精通超级时间整理术》教学视频。

以上资源，读者可用微信扫描封底二维码，关注"博雅读书社"微信公众号，并输入本书77页的资源下载码，根据提示获取。

本书由凤凰高新教育策划，高野、辛智勇、肖岩、郑一鸣等四位老师合作编写。在本书的编写过程中，作者竭尽所能地为您呈现最好、最全的实用内容，但由于计算机技术发展非常迅速，仍难免有疏漏和不妥之处，敬请广大读者不吝指正。若您在学习过程中产生疑问或有任何建议，可以通过 E-mail 与我们联系。笔者信箱为 2751801073@qq.com。

目录

CONTENTS

第2篇　**区块链技术篇**

第4章　初识区块链　　　　　　91

第5章　区块链的技术原理　　　　　　113

第6章 区块链技术的发展趋势 126

第3篇 区块链开发篇

第7章 Solidity 智能合约开发入门 141

第8章 Solidity 智能合约开发进阶 189

第9章　Python 语言离线钱包开发　236

第10章　项目实战：开发"赏金任务系统"区块链　269

第1篇

Python基础篇

中本聪在2008年的论文《比特币：一种点对点的电子现金系统》中首次提出了区块链的概念，并基于这一概念创造了比特币。此后，以太币、莱特币等各种基于区块链技术的"数字货币"开始活跃在大众的视野中。从本质上讲，区块链是一个分布式数据库，存储于其中的数据或信息，具有"不可篡改性""去中心化""可追溯性""多方共识"等特征。

相较于其他编程语言，Python语法精炼，使用便捷，在区块链领域有着成熟的实现方案。本篇旨在帮助读者快速熟悉Python的语法与开发习惯，以便在后续章节中更高效地开发自己的区块链应用。

第 1 章
Python 语法基础

本章导读

　　Python是一门极易上手的脚本型编程语言。通过对本章内容的学习，读者可以对Python有一个概括性的认识，从搭建Python开发环境到熟悉基础语法，并了解Python开发中一些约定俗成的习惯，为后续章节使用Python开发区块链应用做好准备。

知识要点

通过本章内容的学习，您将掌握以下知识：

- Python的环境搭建；
- Python的基础数据类型及操作；
- Python的函数定义及内置函数的使用；
- Python编程的异常处理以及面向对象编程的应用。

1.1 初识 Python

　　Python因其语法简洁、优雅且易于理解，一直被认为是最"简单"的编程语言之一。从入门的角度来看，这样的评价不无道理。对于使用过其他编程语言的开发者来说，Python的基础语法往往只需几天就能轻松掌握。然而，要真正精通Python这门语言，仅仅熟悉其基础语法还远远不够。为了更深入地学习，不妨跟随本书一同探索。

1.1.1　为什么要学习 Python

"人生苦短，你需要使用Python！"这是很多人接触Python之后听到的第一句名言。Python的优势在于其丰富的第三方库，特别是在人工智能领域。事实证明，当一门编程语言与某个热门的行业紧密结合时，它往往会迎来巨大的发展机遇。正如10年前Android操作系统的崛起带动了Java语言的再次流行，最近几年人工智能技术的火热也使得Python变得炙手可热。

图1-1所示是截至2024年1月的TIOBE编程语言排行榜。

Jan 2024	Jan 2023	Change		Programming Language	Ratings	Change
1	1			Python	13.97%	-2.39%
2	2			C	11.44%	-4.81%
3	3			C++	9.96%	-2.95%
4	4			Java	7.87%	-4.34%
5	5			C#	7.16%	+1.43%
6	7	^	JS	JavaScript	2.77%	-0.11%
7	10	^	php	PHP	1.79%	+0.40%
8	6	v	VB	Visual Basic	1.60%	-3.04%
9	8	v	SQL	SQL	1.46%	-1.04%
10	20	^		Scratch	1.44%	+0.86%

图1-1　TIOBE编程语言排行榜

从图1-1中的排行榜可以看出，Python已经超越了C语言和Java，成为最受欢迎的编程语言之一。

可能很多读者会疑惑，Python是不是更适合人工智能领域，而不适合区块链领域呢？其实不然。区块链系统就像数据库一样，会为开发者提供多种编程语言的软件开发工具包（SDK），而Python作为一种受欢迎的语言，自然不会被忽视。就拿以太坊来说，它的节点客户端就有用Java、C++、Python等不同编程语言实现的版本。以太坊的创始人维塔利克·布特林还在努力开发Vyper，这是一款类似于Python的智能合约开发语言。由此可见，Python可以和区块链很好地结合，Python+区块链绝对是强强组合。

1.1.2　Python 开发环境搭建

Python官网已经为各个主流操作系统提供了安装文件，这里以Windows系统为例进行演示。

如图1-2所示，在Python首页的【Downloads】下拉框中选择【Windows】系统选项，然后单击右侧按钮下载最新的Python安装文件。

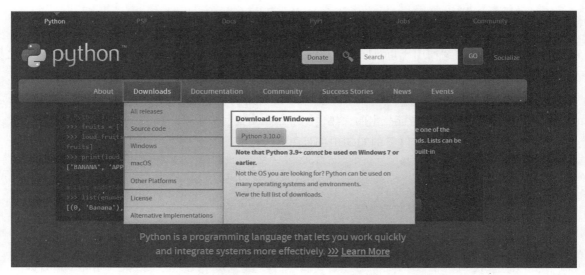

图1-2　Python首页

下载完成后，接下来进入安装流程，具体操作步骤如下。

第1步 双击安装程序，将看到如图1-3所示的界面，为了方便后续可以直接在命令行中调用Python命令，在图中单击选择【Add Python 3.10 to PATH】复选框。

第2步 在图1-3中单击选择【Install Now】选项进行默认安装，安装程序会跳转到如图1-4所示的安装进度界面。安装程序会按照默认设置将Python自动安装到指定目录中。

图1-3　开始安装界面

第3步 等待安装程序执行结束，提示安装成功，单击【Close】按钮结束安装，如图1-5所示。

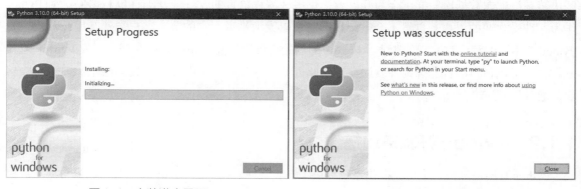

图1-4　安装进度界面　　　　　　　　图1-5　安装成功界面

第4步 安装完成后，按键盘上的【Win+R】组合键调出运行窗口，输入 cmd 进入 Windows 命令行模式，然后输入以下命令行。

```
python --version
```

第5步 ▶ 按键盘上的【Enter】键，如果执行后获得如下结果，说明Python环境已经安装成功（笔者安装的版本为3.10.0）。

```
Python 3.10.0
```

1.1.3 选择一个适合的 IDE

工欲善其事，必先利其器。想要快速开发Python程序，一款合适的IDE（Integrated Development Environment，即集成开发环境）或轻量级的文本编辑器是非常关键的。

1. 文本编辑器

对于初学者来说，在学习Python的基础语法时，使用轻量级的文本编辑器可能是一个更好的选择，因为它们通常更简单且易于上手。然而，需要注意的是，应避免使用Windows自带的记事本程序，因为该程序在保存文件时可能会默认添加UTF-8 BOM，这可能导致Python程序在运行时出现一些莫名其妙的问题。

就轻量级的文本编辑器而言，推荐使用Notepad++或Editra等第三方文本编辑器，它们提供了更多的功能和更好的用户体验。Notepad++的编辑界面如图1-6所示。

图1-6 Notepad++的编辑界面

2. IDLE

IDLE是Python默认提供的集成开发环境，当安装好Python后，也会默认安装IDLE，如图1-7所示。IDLE具备基本的IDE功能，包括自动缩进、语法高亮、关键词自动完成等。在这些功能的帮助下，开发者可以有效地提高阅读和编写代码的效率。但是一般情况下不建议直接使用IDLE作为日常开发Python的IDE工具，相较于下面介绍的几种IDE来说，IDLE还是略显简易。

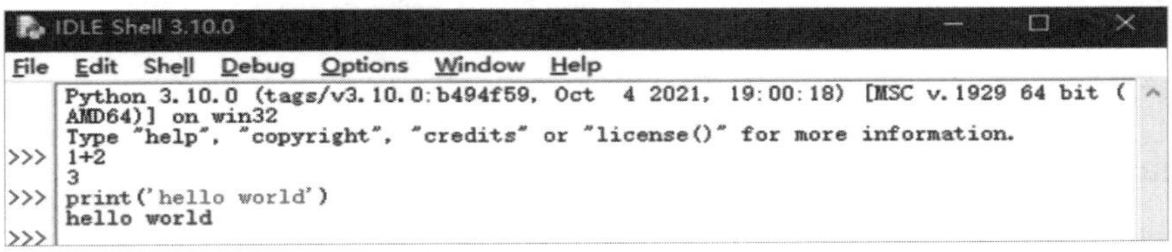

图1-7 IDLE界面

最后一行的"＞＞＞"，是IDLE的交互式命令提示符，是告诉用户可以在该行输入Python代码，单击回车后，Python命令解释器会执行该代码，并输出结果（输出结果的开头不会有＞＞＞）。进入IDLE有两种方法，一是在开始菜单中找到Python的目录，打开后就能看到IDLE的启动图标，二是在Windows的命令窗口中，输入Python，也会进入IDLE的交互模式。本章随后的一些较为简单的语法示例会使用IDLE来演示。

3. PyCharm

使用文本编辑器写一些简单的小程序当然是没有问题的，但是在大型项目中，往往需要同时管理数百个文件，各个文件之间还存在相互引用的关系，此时使用智能IDE就成了必然的选择。如果有Java、JS等语言的编程经验，想必一定听说过JetBrains公司的大名，PyCharm就是该公司为Python开发者提供的一款IDE工具，这款IDE为开发者提供了代码编写、调试和测试的整套工具链。

可以通过这个地址（https://www.jetbrains.com/pycharm/download/）下载PyCharm，JetBrains提供了Professional（专业版）和Community（社区版）两个版本，对于大多数开发者而言，社区版的功能就足以满足大多数的开发场景。PyCharm的集成开发界面如图1-8所示。

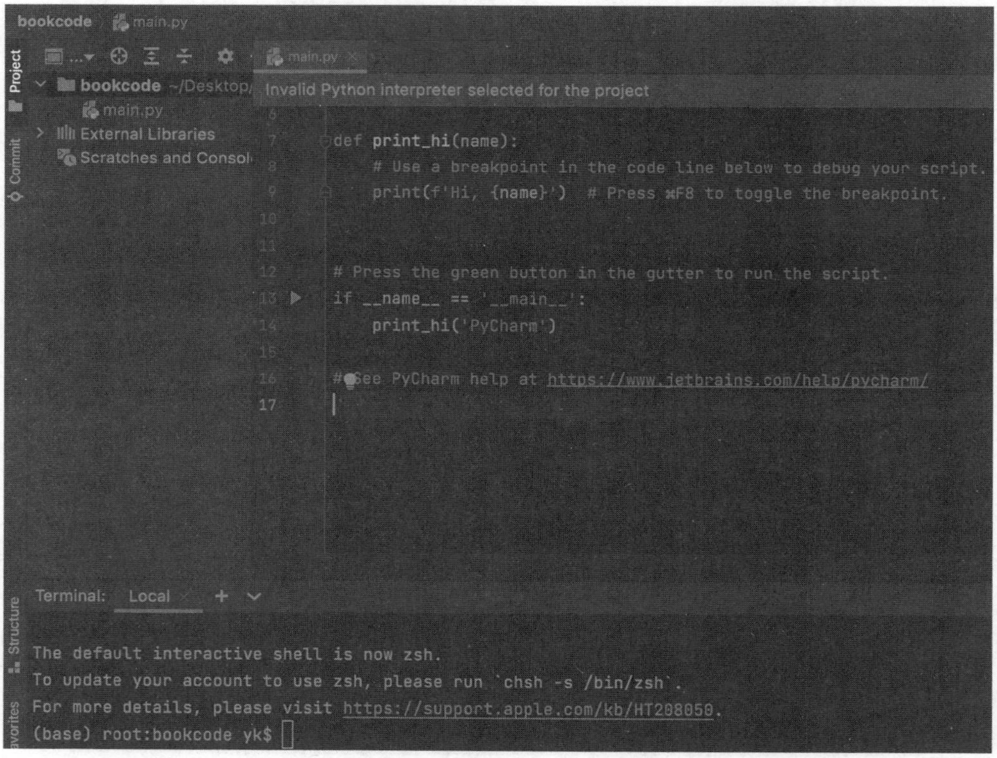

图1-8　PyCharm的集成开发界面

4. Visual Studio Code

Visual Studio Code（简称"VS Code"）是微软推出的一款跨平台、支持插件扩展的智能IDE，它会在安装后自动检测系统中是否已经安装Python的开发环境，并提示安装所需插件，同时支持语法高亮、自动补全，比文本编辑器功能完善，又比 PyCharm 轻量级。VS Code 的界面如图 1-9 所示。

图 1-9 VS Code 的界面

本书中接下来的 Python 代码大部分将在 PyCharm 中完成，这里建议读者使用 PyCharm 作为开发 Python 的首选 IDE。

1.1.4 写下你的第一个 Python 程序

所有学习编程的开发者都是从 "Hello World" 开始编程之旅的，学习 Python 当然也不例外。

打开 IDLE，输入 print('Hello World')，代码如下所示，系统将输出 Hello World。需要注意的是，">>>" 代表之后执行的是 Python 命令。

```
>>> print('Hello World')
```

执行结果如下。

```
Hello World
```

1.2 Python 基础语法

Python 作为一种计算机编程语言，同 Java、JS 和 C 语言等高级语言十分相似，都定义了一套完整的语法体系，确保编写的内容不会产生歧义。需要明确的是，Python 是解释型语言，在运行程序时才将程序代码逐行解释为机器代码并执行。Python 的基础语法主要涉及数据类型的定义与划分、操作符的使用、流程控制语句等，下面将一一介绍。

1.2.1 数据类型

为了便于开发者编写程序，Python 支持多种数据类型。Python 的标准数据类型主要有六类，它们分别是 Number（数字）、String（字符串）、List（列表）、Tuple（元组）、Dictionary（字典）、Set（集合）。

1. Number（数字）

数字是编程过程中最基本的数据类型之一。Python 支持多种数字类型，我们主要讨论两种典型的数字类型：整数和浮点数。

整数的数据类型表示为 int，如 1、3、50、100 都是比较典型的整数。通常情况下定义一个整数，默认是十进制的。Python 在此基础上还支持二进制整数（以 0b 或 0B 开头）、八进制整数（以 0o 或 0O 开头）和十六进制整数（以 0x 或 0X 开头）。

浮点数表示含有小数部分的数字，类型表示为 float，如 3.14、333.333、4.0 都是比较典型的浮点数。Python 允许使用科学记数法表示浮点数，写法也非常简单，两个数字中间加一个字母 e 或 E（不区分大小写）。例如，5e3（表示 5 乘以 10 的 3 次方，即 5000），6E4（表示 6 乘以 10 的 4 次方，即 60000）。

下面的代码演示了科学记数法的使用，5e3 表示 5*10*10*10。

```
>>> num = 5e3
>>> print(num)
```

执行结果如下。

```
5000
```

2. String（字符串）

Python 支持的另一种常见数据类型为字符串。定义一个字符串类型的数据是非常容易的。使用单引号'或双引号"将内容圈起来，引号里的内容即为字符串本身。Python 没有单独定义字符类型，一个字符就是一个长度为 1 的字符串。下面的代码演示了单引号和双引号的效果。

```
>>> str1 = '床前明月光'
>>> str2 = "疑是地上霜"
>>> print(str1)
>>> print(str2)
```

执行结果如下。

```
床前明月光
疑是地上霜
```

如果在字符串中出现单引号或双引号，Python 提供了反斜杠 \ 来对其中的引号进行转义，以避免和用于定义字符串所使用的引号混淆。下面的代码展示了转义单引号的方法。

```
>>> str3 = '床前\'明月\'光'
>>> print(str3)
```

执行结果如下。

```
床前'明月'光
```

如果我们要表达的字符串内容是多行的，可以采用三个单引号 ''' 或三个双引号 """ 将多行内容圈起来，这种方式被称为多行字符串或三引号字符串。当然，也可以使用特定字符组合（如 \n 表示换行）来实现换行效果。

下面代码展示了使用三个单引号定义一段多行字符串，当然，也可以使用三个双引号实现相同的定义。

```
>>> str4 = '''床前明月光，
疑是地上霜。
举头望明月，
低头思故乡。'''
>>> print(str4)
```

执行结果如下。

```
床前明月光，
疑是地上霜。
举头望明月，
低头思故乡。
```

在字符中增加转义字符，也可以实现多行字符定义的效果。在 1.2.2 节中将会介绍。

3. List（列表）

List 是 Python 提供的一种复合数据类型，用于将多个元素组合在一起。元素间用逗号分隔，并用方括号［］把整体括起来。例如，List1 = ['A', 'B', 'C'] 就定义了一个包含三个字符串元素的列表。Python 没有对 List 中的元素约束数据类型，因此同一 List 中的不同元素可以是不同的数据类型。

List 是一种有序的集合，因此可以通过索引（下标）的方式访问 List 中的元素。索引从 0 开始计数，即第一个元素的索引值为 0。同时，索引还支持反向查找，−1 表示最后一个元素，−2 表示倒数第二个元素，以此类推。

以 List1 = ['A', 'B', 'C'] 为例，表 1-1 可以清晰体现 List 内部元素的访问方式。

表 1-1　List 内部元素的访问方式

元素	'A'	'B'	'C'
正向索引	List1［0］	List1［1］	List1［2］
反向索引	List1［−3］	List1［−2］	List1［−1］

List 支持基本的增加、删除、修改操作，以 List1 = ['A', 'B', 'C']、List2 = ['P', 'Q'] 为例，表 1-2 列举了 List 的增、删、改操作说明。

表 1-2　List 的增、删、改操作说明

操作	命令	结果	说明
增加	List1.append('D')	['A', 'B', 'C', 'D']	末尾添加单个元素

续表

操作	命令	结果	说明
增加	List1.extend(List2)	['A', 'B', 'C', 'P', 'Q']	末尾添加多个元素
增加	List1.insert(1, 'P')	['A', 'P', 'B', 'C']	指定位置添加元素
删除	List1.pop()	['A', 'B']	删除末尾元素
删除	List1.pop(1)	['A', 'C']	删除指定位置元素
删除	del List1[1]	['A', 'C']	删除指定位置元素
删除	del List1[1:]	['A']	删除指定范围内的元素
删除	List1.remove('C')	['A', 'B']	删除第一次匹配到的元素
修改	List1[1]='K'	['A', 'K', 'C']	修改指定位置元素

可以通过内置函数len()获取当前List中的元素个数。下面的代码演示了len函数的使用，它的输出将是"3"。

```
>>> List3 = [1, 2, 3]
>>> len(List3)
```

List自身的成员函数count()可以统计某个元素在List中出现的次数。例如，List5 = [1, 2, 3, 1, 3]中，元素1出现了两次，通过调用count(1)，可以得到2。下面的代码演示了count ()的使用。

```
>>> List5 = [1, 2, 3, 1, 3]
>>> List5.count(1)
```

从上述代码中，我们知道List5 = [1, 2, 3, 1, 3]中的元素1出现了两次，那么如何找到它第一次出现的索引值呢？为此，List提供了index()函数，用于确定某个元素在List中第一次出现时的索引。例如，下面代码List5中的元素3，第一次出现的索引值为2。

```
>>> List5 = [1, 2, 3, 1, 3]
>>> List5.index(3)
```

为了使代码编写更简洁，List还支持加号（＋）运算符。加号运算符可以实现多个List的顺序拼接。

下面的代码演示了将已知的两个列表List6 = [1, 2]和List7 = [3, 4]拼接在一起，生成一个新的序列[1, 2, 3, 4]，该序列中List6、List7各自元素的内部顺序保持不变，且List6的元素排在List7前。

```
>>> List6 = [1, 2]
>>> List7 = [3, 4]
>>> List6 + List7
```

执行结果如下。

```
[1, 2, 3, 4]
```

List还支持乘法 * 运算符。乘法运算符后边追加数字 *n*，可以实现将List的元素顺次拼接 *n* 次。下面的代码通过List6*3将List6 =［1，2］复制三次并顺次拼接到一起。

```
>>> List6 = [1, 2]
>>> List6*3
```

执行结果如下。

```
[1, 2, 1, 2, 1, 2]
```

4. Tuple（元组）

和List（列表）相似，Tuple（元组）同样是一种复合数据类型，而且Tuple也是有序集合。与List最大的不同是Tuple中的元素一旦确定就不能再修改。Tuple的写法和List十分相似，元素间用逗号分隔，再用小括号 () 括起来。例如，Tuple1 = ('A', 'B', 'C')。

定义只有一个元素的Tuple不能用Tuple1 = (1)，此时 () 表示数学公式中的小括号，相当于给变量Tuple1赋值1，而并没有将Tuple1视作Tuple。正确的定义方法应该是在第一个元素后边加一个逗号。例如，Tuple2 = (1,)

Python 提供的type()方法能够查询变量的数据类型，代码如下所示，当Tuple1 = (1)时，Tuple1的数据类型为int，即为整数。

```
>>> Tuple1 = (1)
>>> type(Tuple1)
```

执行结果如下。

```
<class 'int'>
```

再来试试定义只有一个元素的Tuple，代码如下所示。

```
>>> Tuple2 = (1,)
>>> type(Tuple2)
```

执行结果如下。

```
<class 'tuple'>
```

实际上，Python在显示只有1个元素的Tuple类型数据时，也会加一个逗号避免误会，代码如下所示，输出Tuple2将看到 "(1,)"。

```
>>> print(Tuple2)
```

5. Dictionary（字典）

Dictionary（字典）是一组无序的键值对（key-value pair）构成的集合，元素间用逗号分隔，再用大括号 {} 将所有元素括起来。例如，Dict1 = {'A' : 1, 'B' : 2, 'C' : 3}。其中，'A' : 1 是一个键值对，也是 Dict1 的一个元素，'A' 是该键值对的键（key），1是该键值对的值（value），彼此间用冒号:分隔。

Dictionary 中的元素是无序的，这意味着你不能通过索引来访问字典中的元素，而是需要通过键来访问对应的值。特别注意的是，字典中的所有元素的键是唯一且不可变的。常见的不可变类型包括Number、String和Tuple。由于 List 是可变的，因此它不能作为字典的键。

为了便于书写，后边的内容将Dictionary简写为Dict。

通过 Dict 的键，可以直接获得对应的值，如 Dict1 ['A'] 将获得数值 1，代码如下所示。

```
>>> Dict1 = {'A': 1, 'B': 2, 'C': 3}
>>> Dict1['A']
```

Dict 支持基本的增加、删除、修改操作，以 Dict1 = {'A' : 1, 'B' : 2, 'C' : 3} 为例，具体操作可以参考表1-3。

表1-3　Dictionary的操作命令说明

操作	命令	结果	说明
增加	Dict1 ['D'] = 4	{'A' : 1, 'B' : 2, 'C' : 3, 'D' : 4}	添加新的键值对
删除	Dict1.pop('C')	{'A' : 1, 'B' : 2}	删除指定的键及其对应的值
删除	del Dict1 ['C']	{'A' : 1, 'B' : 2}	删除指定的键及其对应的值
修改	Dict1 ['C'] = 4	{'A' : 1, 'B' : 2, 'C' : 4}	修改已有键对应的值

判断键在当前 Dict 中是否存在，主要有两种方式：使用关键字 in 和使用字典的 get() 方法。

通过 in 来判断键是否存在，存在则返回 True，不存在则返回 False。使用关键字 in 的代码如下，输出结果将为"True"。

```
>>> Dict1 = {'A' : 1, 'B' : 2, 'C' : 3}
>>> 'A' in Dict1
```

通过内置方法 get() 来判断键是否存在，存在则返回键及其对应值，不存在则返回get()方法中预先定义的值，没有预先定义的值则返回None，下面的代码展示了get()的使用方法。

```
>>> Dict1 = {'A' : 1, 'B' : 2, 'C' : 3}
>>> Dict1.get('A', -1)
>>> Dict1.get('D', -1)
>>> print(Dict1.get('D'))
```

执行结果如下。

```
1
-1
None
```

在实际开发中，经常会有将两个 Dict 合并成一个 Dict 的情况。Python 提供了很多种方法。以两个 Dict 为例，代码如下所示。

```
Dict3 = {1: [1, 11, 111], 2: [2, 22, 222]}
Dict4 = {3: [3, 33, 333], 4: [4, 44, 444]}
```

期望合并后的结果如下。

```
Dict5 = {1: [1, 11, 111], 2: [2, 22, 222], 3: [3, 33, 333], 4: [4, 44, 444]}
```

下面介绍三种实现 Dict 合并的方法。

（1）方法一

Dict 的 copy() 方法可以将 Dict 中的数据拷贝出来。

Dict 的 update() 方法实现了对 Dict 中键值对的更新，不仅可以修改现有的键及其对应的值，还可以添加新的键值对到 Dict 中，update() 可以实现 Dict 的合并，代码如下所示。

```
>>> Dict3 = {1: [1, 11, 111], 2: [2, 22, 222]}
>>> Dict4 = {3: [3, 33, 333], 4: [4, 44, 444]}
>>> Dict5 = Dict3.copy()
>>> Dict5.update(Dict4)
>>> Dict5
```

执行结果如下。

```
{1: [1, 11, 111], 2: [2, 22, 222], 3: [3, 33, 333], 4: [4, 44, 444]}
```

（2）方法二

构造函数 dict() 可以直接将一组键值对创建为 Dict。Dict5 基于 Dict3 创建，代码如下所示。

```
>>> Dict3 = {1: [1, 11, 111], 2: [2, 22, 222]}
>>> Dict4 = {3: [3, 33, 333], 4: [4, 44, 444]}
>>> Dict5 = dict(Dict3)
>>> Dict5.update(Dict4)
>>> Dict5
```

执行结果如下。

```
{1: [1, 11, 111], 2: [2, 22, 222], 3: [3, 33, 333], 4: [4, 44, 444]}
```

（3）方法三

Dict 的 items() 方法可以将键值对提取出来。构造函数 list() 可以直接将一组数据创建为 List。Dict5 = dict(list(Dict3.items()) + list(Dict4.items()))，代码如下所示。

```
>>> Dict3 = {1: [1, 11, 111], 2: [2, 22, 222]}
>>> Dict4 = {3: [3, 33, 333], 4: [4, 44, 444]}
>>> Dict5 = dict(list(Dict3.items()) + list(Dict4.items()))
>>> Dict5
```

执行结果如下。

```
{1: [1, 11, 111], 2: [2, 22, 222], 3: [3, 33, 333], 4: [4, 44, 444]}
```

6. Set（集合）

Set（集合）是一个无序的、不包含重复元素的集合。元素间用逗号分隔，再用大括号 {} 将所有元素括起来。例如，Set1 = {1, 2, 3}。当 Set 中无元素时要用 set() 表示，而不是用 {} 表示，因为这会和空的 Dict 混淆。为了便于和 Dict 作区分，可以把 Set 看作一组只包含键而不包含值的集合。由于键在字典中是无序且不重复的，因此 Set 中的元素也都遵循这一规则。

在创建一个 Set 时，Python 会自动对 Set 中的元素进行去重处理，确保 Set 中不包含重复的元素。

例如，用构造函数 set() 创建一个 Set 时，当提供的数据有重复时，Python 会自动对 Set 中的重复元素进行去重处理，例如，Set2 = set([1, 1, 2, 2, 4, 4])，最终生成的 Set2 为 {1, 2, 4}，代码如下所示。

```
>>> Set2 = set([1, 1, 2, 2, 4, 4])
>>> Set2
```

执行结果如下。

```
{1, 2, 4}
```

Set 支持基本的增加、删除操作，以 Set1 = {1, 2, 3} 为例，Set 的操作命令说明如表 1-4 所示。

表 1-4　Set 的操作命令说明

操作	命令	结果
增加	Set1.add(4)	{1, 2, 3, 4}
删除	Set1.remove(3)	{1, 2}

可以通过 in 来判断元素是否在 Set 中，存在则返回 True，不存在则返回 False，代码如下所示。

```
>>> Set1 = set([1, 2, 3])
>>> 1 in Set1
>>> 4 in Set1
```

执行结果如下。

```
True
False
```

Set 作为集合，支持典型的集合运算，以 Set1 = {1，2，3}，Set2 = {1，2，4} 为例，Set 集合操作说明如表 1-5 所示。

表 1-5　Set 集合操作说明

操作	命令	结果
交集	Set1 & Set2 或 Set1.intersection(Set2)	{1，2}
并集	Set1 | Set2 或 Set1.union(Set2)	{1，2，3，4}
差集	Set1 − Set2 或 Set1.difference(Set2)	{3}
对称差集	Set1 ^ Set2 或 Set1.symmetric_difference(Set2)	{3，4}

1.2.2　常用操作符

除了多种数据类型和对应的处理方法，Python 还提供了多种操作符，使开发者能够方便地组合运用，实现程序业务逻辑。

1. 注释

注释是开发者在编写和阅读代码时的重要工具，它们能够显著提高代码的可读性。在 Python 中，使用 # 号来进行行注释，# 号后面的所有内容都被视为注释，不会被执行。# 号的注释方式如下所示。

```
>>> # 我是注释
>>> print(' 文本内容 ') # 我还是注释
```

执行结果如下。

```
文本内容
```

当需要注释多行内容时，可以使用三个单引号 ''' 或三个双引号 """ 来标记注释内容，这种方式通常被称为块注释或多行注释。使用三个引号的多行注释也可以作为文档字符串，用于描述函数、类或模块的功能和用途。

2. 转义

在 Python 中，反斜杠 \ 用于转义特定字符，\n 表示换行符，代码如下所示。

```
>>> print( ' 转义 \n 字符 ' )
```

执行结果如下。

```
转义
字符
```

如果希望在字符串中按原样显示反斜杠及后面的字符（不进行转义），可以在定义字符串时，在单引号或双引号前加 r 或 R 来创建原始字符串，代码如下所示。

```
>>> print( r' 转义 \n 字符' )
>>> print( R' 转义 \n 字符' )
```

执行结果如下。

```
转义 \n 字符
转义 \n 字符
```

一些比较常用的转义字符如表 1-6 所示。

表 1-6　常用的转义字符

转义字符	说明	转义字符	说明
\\	生成一个反斜杠 \	\r	回车
\'	生成一个单引号 '	\n	换行
\"	生成一个双引号 "	\000	NULL，空值，\0 和 \000 效果一致
\t	tab		

1.2.3　流程控制语句

Python 通过条件判断和循环的方式实现程序代码执行流程的控制。常用的条件判断语句为 if，常用的循环语句为 for 和 while。

1. 条件判断

Python 提供的完整 if 判断语句由 if、elif、else 三部分组成。其中，elif 子句相当于其他编程语言中的 else if。完整的 if 条件判断语句的编写样式如下所示。

```
if condition1:
    statement1
elif condition2:
    statement2
else:
    statement3
```

if 子句后边的 condition1 是该子句的判断条件。当 condition1 为 True 时，执行 if 子句对应的代码块 statement1。当 condition1 为 False 时，跳过 if 子句，执行 elif 子句。elif 子句后边的 condition2 是该子句的判断条件。当 condition2 为 True 时，执行 elif 子句对应的代码块 statement2。当 condition2 为 False 时，跳过 elif 子句，执行 else 子句对应的代码块 statement3。

if判断语句的if、elif、else三个子句在使用上要遵守以下原则。

● if 子句必须出现且为第一个判断子句。

● elif 子句可以不使用或使用多次。

● else子句可以不使用，如果使用必须作为最后一个判断子句。

下面的示例代码演示了条件判断语句的具体使用。

```
score = 60
if score < 60:
    print(' 不及格 ')
elif score < 85:
    print(' 还不错 ')
elif score <= 100:
    print(' 优秀 ')
else:
    print(' 数据异常 ')
```

2. while 循环

while 语句是构建一个循环的最基本的方法之一，它基于一个条件表达式。当条件表达式的结果为True时，就执行 while 子句中的内容。当条件表达式的结果为False时，循环终止。while循环中还可以包含一个可选的else子句，该子句在循环条件为False且正常结束时执行。如果循环因break语句而提前终止，else子句将不会被执行。

完整的 while 循环语句的编写样式如下所示。

```
while condition:
    statement1
else:
    statement2
```

while 后边的 condition 是循环的判断条件。当 condition 为 True 时，执行 while 子句的代码块 statement1。当 condition 为 False 时，跳出 while 循环，执行 else 子句的代码块 statement2。由于 else子句可缺省，在没有else子句的情况下，当condition为False时，直接跳出while循环。

3. for 循环

for 语句在构建一个循环时，需要指定用于循环的序列，通常是一个List或Tuple。for循环包含一个可选的else子句，该子句在循环正常结束时执行。完整的 for 循环语句的编写样式如下所示。

```
for i in seq:
    statement1
else:
    statement2
```

在上面的代码中，变量 i 遍历序列 seq 中的每一个元素，并在遍历过程中不断重复执行代码块

statement1。当 *i* 遍历完 seq 中的所有元素后，结束循环，执行 else 子句对应的代码块 statement2。

下面的示例代码通过 for 循环来计算 5 个 10 相加之和。

```
res = 0
for i in [10, 10, 10, 10, 10]:
    res = res + i
else:
    print(res)
```

由于else子句可缺省，在没有else子句的情况下，for循环也可以简化，代码如下所示。

```
for i in seq:
    statement
```

开发者在编写程序时遇到的情况往往是多种多样的。为了让循环更灵活，Python 提供了循环控制命令，如表1-7所示。

表1-7　循环控制命令说明

命令	说明
break	终止循环。用 break 结束循环后，循环对应的 else 子句不会执行
continue	跳过本次循环剩余操作，直接进入下次循环
pass	占位语句，没有实际意义

1.2.4　了解 Python 的编码风格

不同的开发语言有各自不同的特点，这也导致各自的开发规范不尽相同。

相信很多读者已经发现，Python 的语法极为简单。和其他编程语言相比，Python 定义了相对较少的关键字，并采用缩进的方式来控制代码块之间的逻辑关系，这也是 Python 的最大特色之一。这样的好处是使代码看起来结构清晰，简单易懂。

1. 缩进

使用缩进来划分语句块，缩进的空格数是可变的，Python 要求相同缩进程度的语句隶属于同一个语句块。Python 摒弃了其他开发语言常用的大括号 {}，一般建议使用4个空格缩进，避免使用制表符。

单行代码不宜过长，最好保持在几十个字符以内。需要注释时，尽量使用行注释，对于多行注释可以使用多行字符串。

2. 变量命名

Python 规定变量的命名只能是字母、数字、下画线的组合。变量名的首位只能是字母或下画线。例如，num_1、_num1 是合法变量名，而 1num_ 就是非法的。

命名中的字母，并不局限于26个英文字母，还可以使用中文字符、日文字符等。当然，这里建议给变量命名时，尽量在字母这一块只使用26个英文字母。

需要注意的是，系统定义的关键字不能作为变量名。Python 对大小写是敏感的，这就意味着同一个字母的大小写不同时，代表着不同的意义。例如，Num 和 num 表示不同的变量，代码如下所示。

```
>>> Num = 1
>>> num = 2
>>> print(Num)
>>> print(num)
```

执行结果如下。

```
1
2
```

Python简化了变量的定义过程。变量和变量的数据类型不需要事先声明，当给变量赋值时，既定义了变量名，又定义了变量的数据类型。

3. 关键字

Python定义的关键字并不多，且关键字本身也很简洁。可以通过 keyword 模块的 kwlist 查看所有的关键字。在下面的例子中，使用了 import 语句导入 keyword 模块，导入后在代码内可以使用模块内的方法或变量，代码如下所示。

```
>>> import keyword
>>> keyword.kwlist
```

执行结果如下。

```
['False', 'None', 'True', 'and', 'as', 'assert', 'async', 'await', 'break',
 'class', 'continue', 'def', 'del', 'elif', 'else', 'except', 'finally',
 'for', 'from', 'global', 'if', 'import', 'in', 'is', 'lambda', 'nonlocal',
 'not', 'or', 'pass', 'raise', 'return', 'try', 'while', 'with', 'yield']
```

1.3　输入输出 (IO)

在软件开发过程中，必然要涉及输入输出。Python在这方面的设计也非常简便。input() 方法用于支持标准输入，print() 方法用于支持标准输出，此前已经多次使用了。

input() 能够接受一个标准输入数据。下面例子中 input() 方法获取到键盘输入的 "good morning"，并将其转成字符串。

```
>>> input()
```

程序输入如下。

```
good morning
```

执行结果如下。

```
'good morning'
```

1.3.1 文件的打开与读取

除了标准输入和标准输出的处理，读写文件也是常见的 IO 操作，Python 内置了相关的方法。通过内置方法 open() 打开文件，返回 file 对象，通过 file 对象提供的方法读取并解析文件内容，代码如下所示。

```
>>> open(file, mode='r')
```

调用 open() 方法比较常见的形式如上所示，这里需要解释一下参数。
- file：打开的文件。
- mode：打开文件的模式，默认模式为只读 r，可缺省。mode 的模式有多种，open 方法的 mode 模式说明如表 1-8 所示。

表 1-8　open 方法的 mode 模式说明

方法	说明
r	打开一个文件用于只读，文件指针将放在文件的开头
r+	打开一个文件用于读写，文件指针将放在文件的开头
w	打开一个文件用于只写，如果该文件已存在，则将其覆盖。如果该文件不存在，创建新文件
w+	打开一个文件用于读写。如果该文件已存在，则将其覆盖。如果该文件不存在，创建新文件
a	打开一个文件用于只写。如果该文件已存在，文件指针将放在文件的结尾。如果该文件不存在，创建新文件
a+	打开一个文件用于读写。如果该文件已存在，文件指针将放在文件的结尾，以追加内容。如果该文件不存在，创建新文件

open() 方法打开一个文件后，返回 file 对象，通过 file 对象可以对文件内容进行操作及获取相关信息。file 对象的属性说明如表 1-9 所示。

表 1-9　file 对象的属性说明

属性	说明
file.closed	如果文件关闭，则为 True，否则为 False
file.mode	返回文件的访问模式
file.name	返回文件的名称

除了属性，file 对象也为开发者提供了多种方法，file 对象的常见方法如表 1-10 所示。

表 1-10　file 对象的常见方法

方法	说明
file.close()	关闭文件
file.truncate()	清空文件内容或截断文件到指定大小，必须是在可写的模式下
file.flush()	把缓冲区内容写入文件
file.read（[size]）	读取文件内容，size 参数用来说明读取的字节数，可缺省
file.readline()	读取文件中的一行，包括每行结尾的换行符
file.readlines（[size]）	读取文件中的多行，直到文件结束或读取了指定数量的行，参数 size 为读取的行数，默认读取全部行，可缺省
file.write(str)	把 str 写入文件
file.writelines(list)	把 list 中的所有元素写入文件

1.3.2　文件与目录操作

Python 内置的 os 模块可以让开发者轻松地处理文件、目录和文件路径。

在介绍 os 模块之前先来了解一下文件、目录和文件路径三者的关系。用公式表示就是：

文件路径 = 目录 + 文件

在下面的介绍中，将用 path 表示文件路径，dir 表示目录，file 表示文件，相当于 path = dir + file。os 模块的主要方法说明如表 1-11 所示。

表 1-11　os 模块的主要方法说明

方法	说明
os.getcwd()	获取当前工作目录
os.listdir(dir)	返回指定目录 dir 下的所有文件和文件夹名

续表

方法	说明
os.remove(path)	删除指定文件
os.rmdir(dir)	删除单级目录，要求该目录下无内容
os.removedirs(dir)	删除多级目录，要求每级目录下无内容
os.mkdir(dir)	创建单级目录
os.makedirs(dir)	创建多级目录，当多级文件夹都不存在时，同时创建
os.rename (oldpath/file, newpath/file)	文件或目录的移动或重命名
os.walk(dir)	遍历指定目录

可以使用 os.sep 给出当前操作系统的路径分隔符，在 Windows 下为 \ 。os.linesep 则表示当前操作系统的行终止符，在 Windows 下为 \r\n。

下面通过例子详细介绍 walk() 方法，函数原型为 os.walk(dir)。dir 为指定的目录，返回值为 tuple(dir, subdirs, files)。返回值的 3 个参数说明如下。

● dir：起始目录，类型为 string。

● subdirs：起始文件路径下的所有子目录，类型为 list。

● filenames：起始文件路径下的所有文件，类型为 list。

假设某目录结构如下所示。

```
E:
|-- data
    |-- part1
        |-- 4.txt
        |-- 5.txt
    |-- part2
        |-- 8.txt
        |-- 9.txt
    |-- 1.txt
```

通过下面的代码，可以看到方法 walk() 的执行效果。

```
>>> import os
>>> for i in os.walk('E:\\data'):
    print(i)
```

执行结果如下。

```
('E:\\data', ['part1', 'part2'], ['1.txt'])
('E:\\data\\part1', [], ['4.txt', '5.txt'])
('E:\\data\\part2', [], ['8.txt', '9.txt'])
```

如果要显示目录下所有子目录和文件路径，可以使用下面的代码。

```
>>> import os
>>> for root, dirs, files in os.walk("E:\\data"):
    for dir in dirs:
        print(os.path.join(root, dir))
    for file in files:
        print(os.path.join(root, file))
```

执行结果如下。

```
E:\data\part1
E:\data\part2
E:\data\1.txt
E:\data\part1\4.txt
E:\data\part1\5.txt
E:\data\part2\8.txt
E:\data\part2\9.txt
```

上述代码使用了 os.path，它本身又是一个模块，这个模块提供了针对文件更详细的方法，如表 1-12 所示。

表 1-12　os.path 模块方法说明

方法	说明
os.path.isdir(dir)	判断是否是目录
os.path.isfile(path)	判断是否是文件
os.path.exists(path/dir)	判断文件路径 / 目录是否存在
os.path.dirname(path)	返回目录
os.path.basename(path)	返回文件名
os.path.join(dir, file/dir)	拼接目录与文件名 / 目录
os.path.getsize(path)	返回文件大小
os.path.split(path)	返回一个目录和文件构成的 tuple
os.path.splitext(path)	返回一个文件路径和文件后缀名构成的 tuple

1.3.3 JSON 格式处理

JSON（JavaScript Object Notation）是目前软件开发中非常受欢迎的一种数据交换格式。Python 中提供了 json 模块来对 JSON 格式的数据进行编解码，主要用到两个方法：dumps() 方法实现编码，loads() 方法实现解码。dumps 的使用方法非常简单，代码如下所示。

```
>>> import json
>>> j = { 1:'attr1', 2:'attr2', 3:'attr3' }
>>> json.dumps(j)
```

执行结果如下。

```
'{"1": "attr1", "2": "attr2", "3": "attr3"}'
```

通过 dumps() 方法将输入的 j 转换成 JSON 格式：'{"1": "attr1", "2": "attr2", "3": "attr3"}'。需要注意的是，标准 JSON 格式中的字符串必须使用双引号，单引号是无效的。

1.4 函数

函数是组织好的、可重复使用的代码段，用于实现单一或相关联的功能。在软件开发过程中，开发者经常需要针对不同业务开发一些函数，接下来的开发工作中便可以重复使用这些函数。函数帮助程序实现模块化，便于代码的复用，提高了代码的可读性。

前面用到的 print()、open() 等操作，就是非常典型的函数，它们都是 Python 预先准备好的，这样的函数一般被称为内建函数。

1.4.1 函数的基本定义

定义函数使用 def 关键字，一般格式如下所示。

```
def func( p1, p2, ..., pn):
    codes
    return res1, res2, ..., resn
```

函数以关键字 def 开头，后边的 func 表示函数名称，圆括号 "()" 中的 p1, p2, ..., pn 表示函数的输入参数，简称入参。函数的入参必须放在圆括号内，且支持多个入参，入参之间用逗号分隔。

圆括号 "()" 后必须跟冒号，冒号后边都是函数的内容，通常称为函数体，函数体相对于 def 行要进行缩进，这是 Python 语法的要求，用于标识函数体的开始和结束。本例中，从第二行开始表示函数体的具体内容，需要进行缩进。

关键词 return 后跟 res1, res2, ..., resn，表示函数的返回值为 res1, res2, ..., resn，定义函数时可以没有关键字 return，此时函数默认返回 None。return 是函数结束的标志之一，即执行到 return 语句时，函数会结束运行并返回指定的值。返回值 res 可以是任意数据类型，且 return 的返回值没有个数限制，当返回多个值时，这些返回值之间用逗号分隔。

1.4.2　函数的调用

在程序中调用函数时，只需要知道该函数的名称和参数要求即可。下面的代码编写了一个最为简单的函数。

```
>>> def func(i):
        print(i)
```

调用函数如下。

```
>>> func('Hello')
```

执行结果如下。

```
Hello
```

在定义函数时，可以给指定的输入参数赋默认值。当调用函数时，如果没有为该参数赋值，则会使用默认值，代码如下所示。

```
>>> def func(i, j = 'World'):
    print(i)
    print(j)
```

调用函数如下。

```
>>> func('Hello')
```

执行结果如下。

```
Hello
World
```

调用函数并对 j 赋值。

```
>>> func('Hello', 'Lily')
```

执行结果如下。

```
Hello
Lily
```

在上述代码中，函数 func() 的参数 j 定义了默认值 'World'。当调用函数 func() 时，如果没有给参数 j 赋值，实际执行中 j 的取值为默认值 'World'。

1.4.3　递归函数

在软件开发过程中，函数内部调用函数本身的情况被称为递归函数。递归函数的优点是定义简单、逻辑清晰，特别是在处理具有自相似的问题时。虽然理论上所有的递归函数都可以改写成循环的形式，但递归往往能提供更直观、更简洁的解决方案。

斐波那契数列是一个经典的递归问题，它指的是这样一个数列：0、1、1、2、3、5、8、13、21、34……其中第 0 项为 0，第 1 项为 1，第 2 项为 1，第 3 项为 2，且从第 2 项开始，每一项都等于前两项之和。下面是一个使用递归函数生成斐波那契数列的示例代码。

```
def fibonacci(i):
    if i <= 1:
        return i
    else:
        return fibonacci (i-1) + fibonacci (i-2)
```

fibonacci() 函数根据输入的 i 值计算出斐波那契数列中第 i 项的值。为了实现第 i 项都等于前两项之和，fibonacci () 函数在函数内部递归调用了自己，用 "fibonacci (i-1) + fibonacci (i-2)" 表示前两项之和。调用函数并传入 6，将得到 8。读者也可以试试更大数字的调用。

```
>>> fibonacci(6) # 输出 8
```

1.4.4　匿名函数

在定义函数时，有时候为函数选择一个合适的名称确实需要花费一些心思，为了简化这一过程，许多高级编程语言都提供了匿名函数的功能，Python 也不例外。Python 中的匿名函数不使用关键字 def 来定义，而是使用关键词 lambda。具体写法如下所示。

```
lambda p1, p2, ..., pn: expression
```

其中，p1, p2, ..., pn 是函数的参数，expression 是一个表达式，用于计算并返回函数的结果。匿名函数通常只包含一行代码，并且不需要包含 return 语句，因为 lambda 表达式的值就是其返回的结果。

以下是一个实现两个数字相加的函数的示例，普通函数和匿名函数的写法如下所示。

```
# 普通函数：
def func(i, j):
    return i+j

# 匿名函数：
lambda i, j: i+j
```

1.4.5　装饰器

装饰器（Decorator）本质上也是一个函数，它的作用是允许我们在不修改原有函数代码的情况下，为其添加额外的功能或行为。装饰器常用于日志记录、性能测试、事务处理、缓存等场景。下面代码中的 func1 是一个普通函数。

```
def func1():
    print('hello')
```

若想要在不修改 func1() 函数内部代码的情况下，增加显示输出 Lily，就可以用装饰器来实现。

接下来演示一下神奇的装饰器。wrapper 函数的输入参数是 func 函数，在 wrapper 函数内部内嵌 inner 函数，wrapper 函数的返回值是 inner 函数，再通过 @wrapper 装饰器完成对 func1() 函数的装饰。将 @wrapper 放在 func1() 前面，相当于执行了 func1= wrapper(func1)。由于 wrapper() 是一个装饰器，返回 inner 函数，此后再调用 func1 函数相当于调用 wrapper() 函数中返回的 inner() 函数，代码如下所示。

此后再执行 func1 函数时，就在 hello 的基础上增加显示输出 Lily 了。

```
def wrapper(func):
    def inner():
        func()
        print('Lily')
    return inner


@wrapper
def func1():
    print('hello')
```

此时，调用 func1 函数如下。

```
>>> func1()
```

执行结果如下。

```
hello
Lily
```

1.5　异常处理

Python 中一般会出现两种错误问题，一种是不符合语言规范的语法错误，另一种是所谓的异常。语法错误又称解析错误，是开发者在学习 Python 时最常见的错误之一，代码如下所示。

```
>>> def func()
  File "<stdin>", line 1
    def func()
             ^
SyntaxError: invalid syntax
```

在上面的代码中，定义函数func时缺少了冒号，Python解释器会在错误位置下方标记一个"箭头"，并输出文件名和行号，以便开发者快速定位到错误位置。

在实际开发过程中，即使代码在语法上是正确的，不存在解析错误，执行时也可能发生错误。这种在执行时检测到的错误，被称为异常。异常通常是由于程序遇到了预期之外的情况或非法操作导致的。

下面的代码期望num是一个数字，计算num的一半是多少。

```
num = "50"
print(num/2)
```

由于num是一个字符串，而不是数字，因此在运行时就会出现异常，将会产生如下的输出。

```
# 执行结果：
Traceback (most recent call last):
  File "<pyshell#2>", line 1, in <module>
    print(num/2)
TypeError: unsupported operand type(s) for /: 'str' and 'int'
```

可以看到，Python解释器会提示"unsupported operand type(s) for /: 'str' and 'int'"，表明不支持对str（字符型）和int（整型）做除法运算。

程序运行过程中出现预期之外的情况，导致后续的流程无法正常执行。这样的异常在大型项目中经常发生。为了提前预判此类情况并加以处理，确保程序的正常运行，Python提供了异常处理机制。

1.5.1 错误处理思想

Python中已经预设了多种异常情况，具体如表1-13所示。

表1-13 Python常见异常说明

异常名称	描述
BaseException	所有异常的基类
SystemExit	解释器请求退出
KeyboardInterrupt	用户中断执行（通常是输入Ctrl+C）
Exception	常规错误的基类

续表

异常名称	描述
StopIteration	迭代器没有更多的值
GeneratorExit	生成器（generator）发生异常来通知退出
ArithmeticError	所有数值计算错误的基类
FloatingPointError	浮点计算错误
OverflowError	数值运算超出最大限制
ZeroDivisionError	除（或取模）零（所有数据类型）
AssertionError	断言语句失败
AttributeError	对象没有这个属性
EOFError	没有内建输入，到达 EOF 标记
OSError	操作系统错误
ImportError	导入模块／对象失败
LookupError	无效数据查询的基类
IndexError	序列中没有此索引（index）
KeyError	字典中没有这个键
MemoryError	内存溢出错误（对于 Python 解释器不是致命的）
NameError	未声明／初始化对象（没有属性）
UnboundLocalError	访问未初始化的本地变量
ReferenceError	弱引用（Weak reference）试图访问已经垃圾回收了的对象
RuntimeError	一般的运行时错误
NotImplementedError	尚未实现的方法
SystemError	一般的解释器系统错误
TypeError	对类型无效的操作
ValueError	传入无效的参数
UnicodeError	Unicode 相关的错误
UnicodeDecodeError	Unicode 解码时的错误

异常名称	描述
UnicodeEncodeError	Unicode 编码时的错误
UnicodeTranslateError	Unicode 转换时的错误
Warning	警告的基类
DeprecationWarning	关于被弃用的特征的警告
FutureWarning	关于构造将来语义可能会有改变的警告
OverflowWarning	数值溢出警告，计算结果超出了数据类型所能表示的范围
PendingDeprecationWarning	关于特性将会被废弃的警告
RuntimeWarning	可疑的运行时行为（runtime behavior）的警告
SyntaxWarning	可疑的语法的警告
UserWarning	用户代码生成的警告

Python 主要通过预设在代码中的 try-except 语句来捕获可能发生的异常。except 后对应的是异常类型，当出现的异常与 except 预设的异常类型一致时，该异常就会被捕获。Python 同样支持自定义异常类型，通过 class 关键字定义一个继承自 Exception 的新类，然后通过 raise 语句将该异常抛出，由调用方通过 try-except 来捕获这个异常。

1.5.2 try 语句使用

Python 的异常捕获语句和 Java 语法极为相似，try 代码块内是检测异常的区域，在该区域内存在 except 中定义的异常，会直接跳转到对应的 except 代码块内。其中异常类型后的 as 是对该异常定义的别名，开发者可以通过该别名获取到异常的详细信息。这样就可以捕获到前面提到的异常，示例中的程序在捕获到异常后会输出异常的信息，代码如下所示。

```
try:
    num = '50'
    print(num/2)
except TypeError as e:
    print("捕获到异常: ", e)
```

如果在一段程序中，无论是否出现异常，都期望程序能执行一些特定的操作，可以通过 try-except-finally 来实现。在下面的代码中，finally 代码段中的内容，无论是否出现异常都会执行。

```
try:
    num = '50'
    print(num/2)
except TypeError as e:
    print(" 捕获到异常: ", e)
finally:
    print(" 无论是否出现异常，这里都会执行 ")
```

这种情况多数用在一些对数据资源的访问上，如打开一个文件，无论是否在读取过程中出错，都需要最终关闭这个文件以释放资源，这个操作就可以在 finally 中实现。

1. 多个异常的处理

如果想要在一个 except 中同时捕获多个预定义的异常，有两种方式来处理，第一种方式是像下面的示例这样依次列举可能的异常情况。

```
# 多个并行的 except
try:
    num = '50'
    print(num / 2)
except TypeError as e:
    print(" 捕获到的字符串与数字数学运算的异常: ", e)
except ZeroDivisionError as e:
    print(" 捕获到的除数为 0 的异常 ", e)
finally:
    print(" 无论是否出现异常，这里都会执行 ")
```

当一个 except 中包含多个类型的异常时，也可以像下面的代码这样处理。

```
try:
    num = 50
    print(num / 0)
except (TypeError, ZeroDivisionError) as e:
    print(" 捕获到的异常: ", e)
finally:
    print(" 无论是否出现异常，这里都会执行 ")
```

代码执行时出现上面定义的任意一种异常，都会被对应的 except 语句捕获到，并行捕获异常的方式可以针对不同的异常类型采取相对应的处理方法，一个 except 对应多种异常则可以针对类似的几种异常采取相同的处理策略。

2. 捕获所有可能的异常

如果不确定 try 代码块中的异常类型，也可以不指定异常类型，或者捕获所有异常的父类 BaseException，这样捕获到的任何异常都会在 except 代码块中处理。

若不指定异常类型，则在 try 代码片段内的所有异常都将被捕获，代码如下所示。

```
# 不指定异常类型
try:
    num = 50
    print(num / 0)
except:
    print("捕获到的任意异常")
finally:
    print("无论是否出现异常，这里都会执行")
```

默认情况下所有异常都是继承自 BaseException，所以直接捕获 BaseException 也是可行的。代码如下所示。

```
# 匹配到所有的异常类型
try:
    num = 50
    print(num / 0)
except BaseException as e:
    print("捕获到的任意异常: ", e)
finally:
    print("无论是否出现异常，这里都会执行")
```

相比于不指定异常类型，捕获 BaseException 的优点在于，可以获取到导致程序异常的具体信息，并在 except 中对异常做相应的判断和处理。

3. 使用 raise 向外抛出异常

使用 raise 可以不对异常做处理，而是将该异常抛给上一层，也就是调用方，由调用方来处理这个异常。这样的处理多是在方法定义中，下面的代码演示了如何抛出异常交给上层调用方来灵活处理。

```
def addNum():
    num1Str = input("请输入第 1 个数字:")
    if(not num1Str.isdigit()):
        raise Exception("您输入的不是数字! ", num1Str)
    num2Str = input("请输入第 2 个数字:")
    if(not num2Str.isdigit()):
        raise Exception("您输入的不是数字! ", num2Str)


    floatNum1 = float(num1Str)
    floatNum2 = float(num2Str)
    return floatNum1 + floatNum2


try:
    addNum()
```

```
except BaseException as e:
    print(e)
```

　　在上面的示例代码中，定义了一个加法函数，提示用户输入两个数字，函数会自动计算两个数字的和。如果用户输入的内容不是数字，那么这个加法操作流程必然无法执行，因此需要提前判断用户输入的内容。

　　在 Python 中，通过 input 获取到的输入内容都是字符串，通过字符串内置的 isdigit() 方法来判断其是否为数字，如果不是，函数会通过 raise 向外抛出一个 Exception 异常，并提示用户"您输入的不是数字！"，在调用该函数时，通过 try-except 就可以实时判断用户输入的内容是否符合函数的要求。

1.5.3　断言语句

　　断言一般应用在单元测试中，判断一个表达式以及这个表达式为 False 时触发的异常。在 Python 中，断言的语法如下所示。

```
assert(condition, arguments)
```

　　assert 是断言关键字，当 assert 中的条件为假时，就会将 arguments 以异常信息的形式输出。下面的代码 if-else 部分可以使用断言简化为 "assert(num1Str.isdigit(), 'num1Str 不是数字！')"。

```
# 等价于
num1Str = "m"
if(num1Str.isdigit()):
    pass
else:
    raise AssertionError('num1Str 不是数字！')
```

　　需要注意的是，断言只是调试程序的一种手段，一般是用来发现 Python 脚本中的异常。断言所检测的异常，在执行 Python 代码时是可以被忽略的，因此通过断言定位并修改程序问题后，该断言便可以删除。

1.6　面向对象编程

　　几乎所有的高级语言都是面向对象的，相比于面向过程，面向对象的编程方式更适合人类的思维模式。在大中型项目中，面向对象的编程风格也可以极大地节约代码量。

　　Python 支持面向对象编程，并且提供了完善的类、对象和方法定义及使用规范。

1.6.1　面向对象的编程思想

面向对象最重要的三个特点是封装、继承、多态。

（1）封装是将拥有相同属性和方法的事物包装在一起成为一个类，对外尽可能隐藏具体的属性和方法的实现细节，外部通过给定的方法来访问或修改类的属性或执行业务逻辑，各个类之间通过对外暴露的方法相互交流。

（2）继承是使用已经存在的类来定义新的类，新类中可以增加新的属性或方法，也可以使用父类定义的属性和方法。继承可以实现代码的重用性和扩展性。

（3）多态则是为了解决现实生活中的多样性问题，允许将子类对象视为父类对象来使用，并且当相同的操作作用于不同的对象时，这些对象会根据各自的具体实现方式来执行操作。

举一个简单的例子，可以将学生这个群体封装为一个学生类，该类中有age、grade两个属性，以及一个study方法。学生可以分为小学生、中学生和大学生，后三者是前者的子类，它们除了可以继承学生类定义的属性和方法外，也可以定义各自的特点。例如，大学生有不同的专业，这样的属性并非所有学生共有，所以只定义在大学生子类中即可。继承自父类中的study方法，在不同的子类中可以有不同的实现方式，小学生学习小学知识，大学生则学习自己的专业知识，这就是所谓的多态。

1.6.2　Python 的面向对象特色

class是Python中用来定义类的关键字。Student(object)说明当前定义的类继承自object类，类名是Student。如同Java中的类都是继承自object类一样，Python中的类也都是继承自object类。Student类中的 __init__ 方法是这个类的构造函数，当这个类被实例化时，默认会调用此方法。Python面向对象时可以使用self，它的作用类似于其他高级语言中的this关键字，代表当前对象的实例。当为一个类定义属性attr时，只需在 __init__ 函数内直接对self.attr赋值即可。

在下面的示例代码中，在Python中定义了一个类Student，包含姓名、年龄、年级这3个属性，以及study这样一个方法。

```python
class Student(object):
    def __init__(self, name, age, grade):
        self.name = name
        self.age = age
        self.grade = grade

    def study(self):
        print(self.name+" 在学习基础知识 ")

# 类的调用
```

```
baseStudent = Student("学生 0", 10, 3)
print("baseStudent 的 name:", baseStudent.name)
print("baseStudent 的 age:", baseStudent.age)
print("baseStudent 的 grade:", baseStudent.grade)
baseStudent.study()
```

执行结果如下。

```
baseStudent 的 name: 学生 0
baseStudent 的 age: 10
baseStudent 的 grade: 3
学生 0 在学习基础知识
```

像__init__这样以前后双下画线的方式命名的方法名，是Python中的"魔术方法（magic method）"，对Python来说，这将确保不会与用户自定义的名称冲突。也就是说，用户在类中定义方法时，不要在开始和结尾添加双下画线，以免同Python预定义的魔术方法冲突。

Python中定义对象直接命名对象名即可，不能像Java那样，在对象名前显式指定类名。等号后的Student("小学生", 7, 1)就是对Student对象的实例化，这行代码会自动调用类构造函数，需要注意的是，在Python类定义的函数，第一个参数都是self，这个参数代表当前正在使用的对象，可以通过它获取当前对象内的属性。

接下来定义Student的两个子类：PrimaryStudent和JuniorStudent，它们会各自实现自己的study方法，代码如下所示。

```
class PrimaryStudent(Student):
    def study(self):
        print(self.name+" 在学习小学知识 ")


class JuniorStudent(Student):
    def study(self):
        print(self.name+" 在学习初中知识 ")
```

接下来，再演示类继承的使用。

```
# 使用演示
primaryStudent = PrimaryStudent(" 小学生 ", 7, 1)
print("primaryStudent 的 name:", primaryStudent.name)
print("primaryStudent 的 age:", primaryStudent.age)
print("primaryStudent 的 grade:", primaryStudent.grade)
primaryStudent.study()

juniorStudent = JuniorStudent(" 中学生 ", 13, 7)
print("juniorStudent 的 name:", juniorStudent.name)
```

```
print("juniorStudent 的 age:", juniorStudent.age)
print("juniorStudent 的 grade:", juniorStudent.grade)
juniorStudent.study()
```

执行结果如下。

```
primaryStudent 的 name: 小学生
primaryStudent 的 age: 7
primaryStudent 的 grade: 1
小学生在学习小学知识
juniorStudent 的 name: 中学生
juniorStudent 的 age: 13
juniorStudent 的 grade: 7
中学生在学习初中知识
```

在上面的示例代码中，PrimaryStudent 和 JuniorStudent 虽然都没有在类中定义自己的 name、age 及 grade，但是因为在定义类时，继承了 Student 类，所以它们就继承了 Student 定义的这些属性。此时称 Student 类为父类，PrimaryStudent 和 JuniorStudent 为子类。两个子类都重写了父类的 study 方法，调用时会执行子类中的方法，而非父类中的。

接下来，再介绍 Python 面向对象中另外的特性，通过名称来控制类属性和方法的访问限制。当名称以两个下画线开头时，则表示这是一个私有变量或私有方法。将上面例子中的 name 改为 __name 后，外部就无法访问这个属性了，代码如下所示。

```
class Student(object):
    def __init__(self, name, age, grade):
        self.__name = name
        self.age = age
        self.grade = grade

    def study(self):
        print(self.__name+" 在学习基础知识 ")

student = Student(" 小学生 ", 7, 1)
print("student 的 name:", student.__name)
```

执行上面的程序，会提示 Student 没有 __name 这个属性，因为 __name 对外部是不可见的。

```
AttributeError: 'Student' object has no attribute '__name'
```

在 Python 中，如果属性名或方法名以单个下画线开头，则说明这是一个受保护的属性或方法，这是一种约定俗成的做法，它表示"虽然我可以在外部被访问，但是最好不要这样做"。

学习问答

1. 为什么建议使用 Python 3.x 而不是 Python 2.x？

答：Python 3.x 在设计时没有考虑向下兼容 Python 2.x，且官方已经于 2020 年 1 月 1 日正式停止了对 Python 2.x 的维护和支持。因此，为了能够在未来的开发中享受到 Python 的更新与改善，建议大家使用 Python 3.x。

相较于 Python 2.x，Python 3.x 在多个方面都有所提升。Python 解释器性能得到了显著提升。io 模块在 Python 3.x 中进行了重构，提供了更好的文本和二进制数据处理能力。pickle 模块在 Python 3.x 中也进行了改进，提高了序列化和反序列化的效率。Python 3.x 新增了 tracemalloc 模块，用于内存分配跟踪；新增了 enum 模块，提供了枚举类型的支持。Python 3.x 还新增了 time.time_ns() 方法，用于返回纳秒级的时间戳；新增 os.scandir() 方法，提供了更高效的文件扫描功能。

Python 3.x 在使用上也做了一些重要调整。取消了 print 语句，改为使用 print() 函数。将源码文件的编码默认改为 UTF-8。取消了不等运算符 <>，只保留了不等运算符 !=。取消了 raw_input() 函数，优化了 input() 函数，使其可以接受任意类型的输入，并将输入默认为字符串，返回值为字符串类型。

2. 为什么都说 Python 相比于其他语言更简单？

答：事实上，想要真正精通 Python 也并不简单。但是，Python 的入门基础知识比较简单，学习曲线较为平滑。这些基础知识已经足以应对工作中的大多数场景。相比之下，有些语言的学习曲线可能更加陡峭，初学者往往难以跨越入门的门槛。

另外，Python 具备海量的第三方库和框架，这些库和框架为开发者提供了丰富的功能和工具。即使是刚刚入门的开发者，也能通过这些库和框架快速搭建出功能复杂的程序。

Python 的学习者在学习过程中可以获得更多的正反馈。由于 Python 的语法简洁且功能强大，学习者可以很容易地编写出能够运行并产生结果的代码，这有助于增强学习者的信心和动力。

实训：如何用 Python 轻松处理 Excel 文件

Python 的优势之一在于其丰富的第三方库支持，特别是在处理 Excel 文件时，我们依赖于这些第三方库。openpyxl 是一个功能强大的 Python 库，它专门用于读写 Excel2010 及更高版本的 .xlsx（Excel 工作簿）、.xlsm（启用宏的工作簿）、.xltx（Excel 模板）、.xltm（启用宏的模板）等文件格式。下面，我们将使用 openpyxl 来完成一个简单的 Excel 文件读写案例。本案例旨在实现以下两个功能：一是创建 Excel 文件，二是读取并修改已存在的 Excel 文件。

第1步 ● 创建 Excel 文件，示例代码如下。

```python
# 引入 openpyxl 模块
import openpyxl

# 创建一个工作簿，默认情况下为该工作簿创建一个名为 'Sheet' 的工作表
wb = openpyxl.Workbook()
# 获取当前工作表，即名为 'Sheet' 的工作表
ws = wb.active
# 为工作表的单元格赋值，A1（1 行 A 列）为 '英文名称'，B1 为 '中文名称'
ws['A1'] = '英文名称'
ws['B1'] = '中文名称'

# 通过追加的方式为工作表赋值
ws.append(['btc', '比特币'])
ws.append(['eth', '以太坊'])
ws.append(['fisco-bcos', '微众银行'])
ws.append(['hyperledger fabric', '超级账本'])

# 保存工作簿，当系统不存在该文件时，新建文件
wb.save('D:\\sample.xlsx')
wb.close()
```

程序运行结果如图 1-10 所示。

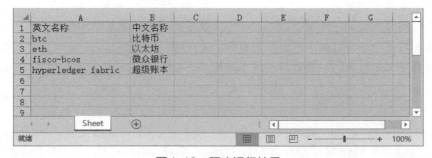

图 1-10　程序运行结果

执行后，D 盘下会创建一个名为 sample 的 Excel 文件，并为工作表 Sheet 增加用户数据。

第2步 ● 读取并修改 Excel 文件，示例代码如下。

```python
# 引入 openpyxl 模块
import openpyxl

# 打开已有的 Excel 文件
wb = openpyxl.load_workbook('D:\\sample.xlsx')
```

```
# 新建一个工作表，并命名为 'NewSheet1'，index 控制创建新表的位置
wb.create_sheet(index = 0, title = 'NewSheet1')
# 新建一个工作表，并命名为 'NewSheet2'，index 控制创建新表的位置
wb.create_sheet(index = 2, title = 'NewSheet2')

# 获取所有工作表名，names 的值为：['NewSheet1', 'Sheet', 'NewSheet2']
names = wb.sheetnames
# 删除名为 'Sheet' 的工作表
wb.remove(wb['Sheet'])
```

上面的代码演示的是对 Sheet 的操作，接下来演示对 Sheet 属性或内容的操作，示例代码如下。

```
# 打开名为 'NewSheet1' 的工作表
ws = wb['NewSheet1']
# 获取单元格 A1 中的值
a1 = ws['A1'].value
# 获取第 5 行第 6 列单元格中的值
cell56 = ws.cell(row=5, column=6).value

# 修改第 3 行 C 列单元格的值为 'blockchain'
ws.cell(row=3, column=3, value='blockchain')
# 将工作表 'NewSheet1' 改名为 'New'
ws.title = 'New'

# 保存修改结果
wb.save('D:\\sample.xlsx')
wb.close()
```

程序运行结果如图 1-11 所示。名为 Sheet 的工作表被删除，多了 New 和 NewSheet2 两张工作表。在 New 工作表中第 3 行 C 列显示的内容为 "blockchain"。

图 1-11　程序运行结果

本章总结

　　本章主要介绍了 Python 的六大基本数据类型及其相关语法规则，常用操作符的使用方法，以及流程控制语句的书写方式等。随着内容的逐步深入，本章还详细讲解了 Python 中更为复杂的一些特性，包括文件的读写处理方法，多种类型函数的定义与调用方法，以及程序异常处理机制。最后，本章还探讨了面向对象编程的基本思想及其应用场景。通过本章的学习，读者可以对 Python 编程有一个基础而全面的了解，并养成良好的编程习惯，为后续深入学习 Python 打下坚实的基础。

第 2 章
Python 的语法特色

本章导读

　　Python 是一门极具特色的编程语言，本章将详细介绍 Python 的语法特色，涵盖数据处理工具的使用、模块和包的知识、并发编程、正则表达式、标准库的使用、网络编程等内容。通过学习本章内容，读者能充分体会 Python 语法的简洁和优雅，并为后续章节的学习打下坚实的基础。

知识要点

　　通过本章内容的学习，您将掌握以下知识：

- Python 的数据处理工具及其使用方法；
- Python 模块和包的导入与使用方法；
- Python 并发编程的思想及实践；
- Python 正则表达式的编写与应用；
- Python 标准库中包含的主要模块及其功能；
- Python 网络编程的基本概念与实现方法。

2.1　Python 的数据处理工具

　　Python 为开发者提供了丰富的数据处理工具，如迭代器为数据集遍历提供了便捷的方式；切片操作极为方便灵活，在通用代码中出镜率极高；生成器函数能够创建并返回迭代器对象，帮助开发者高效地完成对数据集的迭代遍历。下面进行详细介绍。

2.1.1　迭代器

大多数编程语言在遍历集合时通常会使用迭代器，Python也不例外。迭代器为开发者提供了一种机制来顺序访问集合中各个元素，从而简化了数据集的遍历过程。

Python使用iter()和next()两个内置函数来完成迭代遍历，iter()函数负责创建一个迭代器对象，next()函数用于获取迭代器对象中的下一个元素。需要注意的是，Python中的迭代器只能单向遍历，即只能前进不能后退，示例代码如下。

```
>>> from typing import Iterator
>>> list1 = ['A', 'B', 'C']
# 使用 iter() 函数创建迭代器 iter1
>>> iter1 = iter(list1)
>>> next(iter1)
'A'
>>> next(iter1)
'B'
>>> next(iter1)
'C'
```

开发时，也可以使用isinstance()函数判断一个对象是否是迭代器，示例代码如下。

```
>>> from collections.abc import Iterator,Iterable
>>> list1 = ['A', 'B', 'C']
# 使用 iter() 函数创建迭代器 iter1
>>> iter1 = iter(list1)
# isinstance() 函数的返回值为 True，表示 iter1 是迭代器
>>> isinstance(iter1, Iterator)
True
# isinstance() 函数的返回值为 False，表示 list1 不是迭代器
>>> isinstance(list1, Iterator)
False
```

需要注意的是，并不是所有的数据都可以通过iter()函数创建迭代器对象，iter()函数只对可迭代对象起作用。那么什么是可迭代对象呢？在Python中，凡是实现了iter()和next()两个函数的类都可以构造出可迭代对象，这可能有点绕，简单理解的话，凡是可以用for循环语句遍历的对象都是可迭代对象。例如，Python中的List、Tuple、Set、Dict等都是可迭代对象。可以使用isinstance()函数判断一个对象是否是可迭代对象，示例代码如下。

```
>>> from collections.abc import Iterable
>>> isinstance([], Iterable)
True
```

2.1.2 切片

为了简单处理 List 中的元素，Python 提供了切片功能，这一功能极大简化了复杂场景下的程序实现，让代码变得更简洁。切片的表达式如下。

```
obj[start_index: end_index: step]
```

上述表达式代表对 obj 对象进行切片操作，表达式中有 3 个参数：start_index、end_index、step。start_index 表示起始索引位置，为空时默认值为 0，表示从 obj 内容的第一位开始截取。end_index 表示终点索引位置，为空时代表截取至最后一个元素。需要注意的是，切片截取时的结尾元素是 end_index-1。step 表示步长，为空时默认值是 1，它可以被赋值为正整数或负整数，但不能为 0，其绝对值代表截取数据时的步长间隔。当 step 为正数时，从左往右取值；当 step 为负数时，从右往左取值。

以字符串 str1 ='0123456789' 为例，str1[1:6:2] 表示从索引位置 1 开始取值，到索引位置 6 结束，且不含索引位置 6 的内容。此时相当于把 str1 截取为 '12345'。再以步长为 2 开始取值，即每两个数取一个，最终结果为 '135'，示例代码如下。

```
>>> str1 = '0123456789'
>>> str1[1:6:2]
'135'
```

str1[1:3] 表示从索引位置 1 开始取值，到索引位置 3 结束，且不含索引位置 3 的内容。步长取默认值 1，最终结果为 '12'，示例代码如下。

```
>>> str1 = '0123456789'
>>> str1[1:3]
'12'
```

str1[:3] 表示从索引位置 0 开始取值，到索引位置 3 结束，且不含索引位置 3 的内容。start_index 没有赋值，取默认值 0，步长取默认值 1，最终结果为 '012'，示例代码如下。

```
>>> str1 = '0123456789'
>>> str1[:3]
'012'
```

下面的代码演示了将 List 逆序。list1[::-1] 表示从后往前取值，步长的绝对值为 1。

```
>>> list1 = ['a', 'b', 'c']
>>> list1[::-1]
['c', 'b', 'a']
```

2.1.3 数据生成器

函数实现中使用 yield 关键字的函数被称为生成器（generator）。与普通函数不同，调用生成器函数时不会立即执行函数体内的全部代码，而是返回一个迭代器对象。这个迭代器对象可以在之后的迭代操作中逐步产生值。

在调用过程中，生成器函数内部在执行到 yield 时会返回其后面表达式的值，并保存当前的执行状态。当再次调用迭代器的 next() 函数时，生成器函数会从上次返回的 yield 语句位置继续执行。在下面的代码中，fibonacci 函数就是一个生成器，通过 while 循环可以对其实例化的一个对象 fibonacci(5) 进行迭代。

```
>>> def fibonacci(n):
...     x, y, i = 0, 1, 0
...     while True:
...             if(i > n):
...                     return 'end'
...             yield x
...             x, y = y, x+y   # 从此行开始执行
...             i += 1
...
>>> f = fibonacci(5)
>>> while True:
...     try:
...             print(next(f))
...     except StopIteration:
...             print('over')
...             break
...
# 执行结果：
0
1
1
2
3
5
over
```

有些读者可能会觉得数据生成器没有存在的价值，实际上并非如此，数据生成器是创建了一个数据集合的迭代器，通过迭代器可以遍历该数据集合，但迭代器创建时该集合并未产生，因此不会占用程序的内存空间，这也是把它叫作数据生成器的原因。

2.1.4　lambda 表达式

lambda 关键字是创建匿名函数的关键词，可以更灵活地应用在代码中，习惯上人们也会把 lambda 定义的函数称为 lambda 表达式。在 Python 中，函数可以作为参数传递给其他函数，lambda 表达式同样具备这样的功能。

下面的代码将List1中的元素按照元素内的第2个子元素进行排序。sorted是Python内置的排序函数，它接受一个可迭代对象作为第一个参数，并接受一个可选的key参数作为第二个参数。这个key参数是一个函数，用来指定排序时应该考虑可迭代对象中元素的哪个部分，在这里key参数是一个lambda表达式，它指定了按照每个元素的第2个子元素进行排序。

```
>>> List1 = [(1, 'B'), (2, 'C'), (3, 'D'), (4, 'A')]
>>> sorted(List1, key=lambda x:x[1])
[(4, 'A'), (1, 'B'), (2, 'C'), (3, 'D')]
```

上述 lambda x:x[1] 等价于下面的 f 函数。

```
def f(x):
    return x[1]
```

2.2　模块与包

Module（模块）是Python中比较重要的一个概念，通常情况下会将相关性较强的代码组织在一个模块内，这样会让代码更清晰易读。Module代码文件同样以".py"结尾，本质上它仍是一系列代码组织到一起的集合，其中含有变量、函数、类等内容。

Python中的包（Package）是一系列模块的集合，也就是说一个Package可能包含多个Module，包类似于文件夹，里边存放了多个模块的程序文件。

2.2.1　第三方模块的安装与使用

Python拥有丰富的第三方模块和包，可以通过 The Python Package Index (PyPI) 来查找、了解、下载需要的模块和包。

以安装第三方包NumPy为例，通过PyPI下载安装文件"numpy-1.22.3-cp310-cp310-win_amd64.whl"，如图2-1所示，并将其保存在C盘根目录。

图2-1　从PyPI上下载NumPy的页面

在 Windows 环境下，在命令提示符中输入以下命令。

```
python -m pip install c:\numpy-1.22.3-cp310-cp310-win_amd64.whl
```

install 命令后边是刚刚下载的 NumPy 文件的位置。安装成功后会有如下提示。

```
Successfully installed numpy-1.22.3
```

2.2.2 NumPy

NumPy（Numerical Python）是一个实现数值计算的第三方包。NumPy 支持的数据类型比 Python 自身提供的类型要丰富很多。其中部分类型与 Python 提供的数据类型相对应。

NumPy 最独特的地方是提供了多维数组类 ndarray，用于存放同类型元素。ndarray 中的每个元素在内存中占用相同的存储空间。创建一个 ndarray 只需调用 NumPy 提供的 array() 方法即可。下面的代码创建了一个二维数组。

```
>>> import numpy
>>> na = numpy.array([[11, 12], [21, 22]])
>>> print(na)
[[11 12]
 [21 22]]
```

NumPy 提供了多种函数完成数组运算，如 add()、subtract()、multiply()、divide() 分别实现了多维数据的加减乘除运算。下面的代码将二维数组 [[11, 12], [13, 14]] 与 [[10, 20], [30, 40]] 相加得到 [[21, 32], [43, 54]]。

```
>>> na1 = numpy.array([[11, 12], [13, 14]])
>>> na2 = numpy.array([[10, 20], [30, 40]])
>>> numpy.add(na1, na2)
array([[21, 32],
       [43, 54]])
```

2.2.3 OpenPyXL

OpenPyXL 是用于处理 Excel 文件的第三方 Python 包，提供了丰富的方法用于操作 Excel。使用前，需要提前在系统中安装，命令如下。

```
pip install openpyxl
```

使用 OpenPyXL 需要预先创建物理文件，只需调用 Workbook() 方法便可以创建一个工作簿对象，它对应一个 Excel 文件。默认情况下，工作簿中默认会创建一张名为"Sheet"的工作表，可以使用

create_sheet()方法创建新的工作表，查看时可以使用工作簿对象的 sheetnames 属性，示例代码如下。

```
# 导入 openpyxl 包
>>> import openpyxl
# 创建工作簿
>>> wb = openpyxl.Workbook()
# 增加工作表
>>> wb.create_sheet('Sheet2')
<Worksheet "Sheet2">
# 获取所有工作表名称
>>> print(wb.sheetnames)
['Sheet', 'Sheet2']
```

接下来，介绍如何处理工作表中的单元格，在 OpenPyXL 中读取或修改单元格的方法非常简单，单元格地址相当于工作表的键。如下例所示，ws['A2'] 表示工作表中第 A 列第 2 行的单元格，也可以使用 cell(row, col) 方法获取指定的单元格，示例代码如下。

```
# 获取指定工作表对象
>>> ws = wb['Sheet2']
# 给单元格 'A2' 赋值
>>> ws['A2'] = 'X'
# 取第 2 行第 1 列对应的单元格，即单元格 'A2'
>>> ws.cell(2,1)
<Cell 'Sheet2'.A2>
```

2.2.4　Shapely

Shapely 是一个处理和分析平面几何对象的包，广泛应用于地理信息系统相关的数据处理中。使用前，需要提前在系统中安装，命令如下。

```
pip install shapely
```

Shapely 支持基本的几何对象：点（Point）、线（LineString）、闭合线（LinearRing）、多边形（Polygon）；也支持复合几何对象：集合（Collections）、多个点（MultiPoint）、多条线（MultiLineString）、多个多边形（MultiPolygon）。

Shapely 提供了多种属性表达当前几何对象的特征。例如，面积（area）、长度（length）、几何质心（质量中心，简称质心，指物质系统上被认为质量集中于此的一个假想点）等。同时，Shapely 提供了多种方法来实现几何对象间的分析运算。如 distance() 方法用于计算几何对象间的最小距离，intersects() 方法用于判断几何对象间是否相交。下面的代码演示了创建一个原点为 (0,0)，半径为 2 的圆。

```
# 导入 shapely.geometry 模块
>>> import shapely.geometry
# 创建一个原点为 (0,0)，半径为 2 的圆
>>> c = shapely.geometry.Point(0, 0).buffer(2)
```

2.3　并发编程

时至今日，高并发已经成为当今编程开发的主流，并发编程的目的是充分利用处理器的每一个核，以达到最高的处理性能。本节将介绍并发编程的思想、多进程编程和多线程编程。

2.3.1　并发编程思想

一个资深码农每天都会和并发编程打交道。在编写代码时，他们通常会打开 IDE 工具进行开发，有时候为了专心工作还会打开音乐软件并戴上耳机。当遇到困惑的问题时，他们可能会打开浏览器搜索相关资料，也许还要打开命令行工具测试代码的运行。这种能够在多个运行的程序或任务间来回自如地切换，看上去这些程序或任务像是同时运行一样，这就是并发的表现，而支持这种并发的是操作系统。

在单 CPU 的年代，想要让多个进程同时运行，必须借助并发技术。这个技术的核心是 CPU 的分时复用。操作系统为每个进程分配一个时间片，当该进程获得 CPU 的执行权限时，就会执行自身的代码片段。当时间片到期后，CPU 会切换到其他的进程去执行对应的时间片。由于这个时间片非常短，因此在人的感官上是感觉不到 CPU 的切换的。

并发的目的是更好地利用 CPU 等硬件资源。简单来说，假设并发中的一个任务需要等待网络中的数据，如果一直让其占用 CPU 是不合理的。这个时候通过并发机制，可以让其他任务切换到执行状态，等之前的任务等待的数据到来后再去执行，不至于出现资源空等和浪费的情况。

很多时候，编写的一个程序需要同时处理大量的业务逻辑。最理想的方式是创建彼此互相配合的多个任务并发来处理。此时，通常会采用多进程、多线程或异步编程技术来实现并发。稍后将介绍这两项技术的使用方法，并发编程不同于串行任务式编程，它的复杂度和调试难度都要远远高于串行任务式编程。能否掌握并发编程技术，也是一个程序员是否进阶的标志之一。

2.3.2　多进程编程

编写的可运行代码文件或编译后的可运行文件通常被称为程序。进程是运行着的程序的实例，一个程序可以启动多个进程，类似于一个剧本可以在多个舞台上上演话剧，这里的剧本就是程序，话剧则是进程。程序不会占用 CPU 和内存资源，只会占用磁盘空间，进程则会占用 CPU 和内存资源。

这里所说的多进程编程是指在一个程序中创建多个进程，然后这些进程集体去处理一些复杂的

任务。通过 Python 程序实现多进程相对简单，Python 的 os 模块封装了常见的系统调用，其中就包括 fork 函数，这是一个功能非常强大的函数，使用它可以便捷地创建子进程。

　　fork 函数这个名字起得很形象，它有分叉的意思，这是因为当代码中出现 fork 系统调用时，该函数调用就会产生分叉。如图 2-2 所示，fork 调用后实际上产生一个新的进程，习惯上会称其为子进程（原进程称为父进程），而 fork 调用完成后，操作系统会在父进程和子进程分别返回，所以说执行上感觉像是产生了分叉，实际上是父子进程两个进程在同时运行。

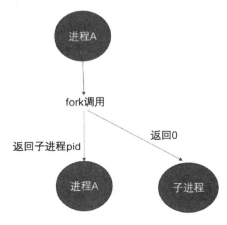

图2-2　fork 调用原理示意图

　　子进程产生时会复制父进程的"DNA"信息，包括执行代码、数据等内容，主要区别是操作系统会为每个进程分配一个 PID 用来表示进程编号，PPID 用来表示该进程的父进程编号，在 fork 调用后，父进程内返回的是子进程的 PID，子进程内返回的是 0（注意，不是父进程的 PID），这样设计是为了帮助人们在程序编写时能够识别出子进程和父进程，父进程可以通过返回值获取子进程的 PID，也就是了解到"自己的儿子"是谁。有的读者可能会疑问，子进程不需要知道父进程的 PID 吗？其实也是需要知道的，操作系统提供了 getppid 函数，就可以获取其对应的父进程 PID。实际上，在 Linux/macOS 系统中很多的进程都可以追溯"血缘"关系。

　　Unix/Linux 操作系统提供了一个 fork() 系统调用，它非常特殊。普通的函数调用，调用一次，返回一次，但是 fork() 调用一次，返回两次，因为操作系统自动把当前进程（称为父进程）复制了一份（称为子进程），然后，分别在父进程和子进程内返回。

　　下面的代码是一个多进程编程的简单例子（适用于 Linux/macOS 系统），这个程序会打破人们通常的编程认知，if 条件内的代码和 else 条件内的代码都会执行，因为同一时间段内父子进程在同时运行，这正是并发编程的特色。

```
import os
print("begin fork")
pid = os.fork()
if pid == 0:
    print("I am child, my pid is", os.getpid())
else:
    print("I am parent, my pid is", os.getpid(), "fork's pid is", pid)
print("program end")
```

　　上述代码的执行结果如图 2-3 所示，由于 CPU 调度的问题，父子进程的执行顺序并不是确定的，因此读者在执行时可能会看到不一样的输出顺序。从这个例子也可以看出，子进程是在 fork 调用后产生的，并从 fork 之后的代码继续执行。

```
begin fork
I am parent, my pid is  36827 fork's pid is 36828
program end
I am child, my pid is  36828
program end
```

图2-3　示例执行结果

2.3.3　多线程编程

　　首先，明确一下相关概念，线程本身是一个抽象的概念，在计算机编程中，通常认为线程是最小的执行单位（Go语言的Goroutine是比线程还要小的执行单位），而进程是最小的系统资源分配单位，这里的系统资源主要是指CPU和内存。

　　既然线程是最小的执行单位，那么一个进程内就可以拥有多个线程，如图2-4所示。由于若干个线程都在一个进程内部，线程之间是共享进程的地址空间的。因此，多线程在数据共享方面比多进程有着天然的优势。

　　高级编程语言通常都内置多线程的支持，Python也不例外。Python的线程是真正的Posix Thread或基于Windows的线程，而不是模拟出来的线程。Python的标准库提供了thread和threading两

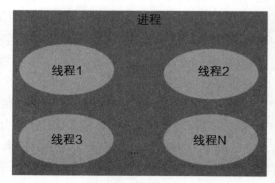

图2-4　进程和线程的关系简单示意图

个线程模块，thread是低级模块，通常不建议直接使用它；threading是高级模块，较为适合新手学习，接下来主要介绍threading的使用。

　　线程是一个执行单位，它对外展现的是一个函数体。换句话说，若要创建线程，要先编写一个线程对应功能的函数。Python的官方库提供了线程类，它的__init__也就是构造函数的方法如下。

```
def __init__(self, group=None, target=None, name=None,
             args=(), kwargs=None, *, daemon=None)
```

　　在这些初始化参数中，target对应线程的执行函数名称；group是预留参数，通常填写None或不填；name是线程的名称，同样可以使用None，此时系统会生成"Thread-N"的线程名称，N在每个进程内是不重复的递增值；args代表线程函数的参数值，是一个元组；kwargs代表线程函数的关键字参数，是一个字典；daemon代表线程是否随主线程退出而退出，默认为None（或等价于False），表示不会随主线程退出而退出。这里所说的主线程是指进程启动后自动产生的第一个执行线程。

　　线程可以通过构造函数初始化，之后使用start方法来启动，对于主线程来说，可以使用该线程的对象调用join方法来阻塞等待该线程运行结束。下面的示例代码展示了如何使用threading.Thread来创建和启动线程。

```
import threading
import time

def thread_func(x):
    print("I am thread, x is ", x)
```

```
   time.sleep(3)  # 设置睡眠 3 秒的时间

thread = threading.Thread(group=None,target = thread_func,
args=('yekai',),daemon=None) # 初始化 thread 对象
thread.start()   # 启动线程
thread.join(timeout=None)
print("main thread exit")
```

在上述示例代码中，time 是 Python 提供的时间包，程序通过 time.sleep 方法来设置睡眠 3 秒的时间。threading.Thread 初始化 thread 对象，并用 start 启动了该线程，thread.join 用于在主线程内控制等待 thread 运行结束，这样会产生 thread_func 函数的打印后要等待 3 秒左右才会看到 "main thread exit" 被打印。

由于线程间共享进程的系统资源，所以线程之间也会出现竞争的问题，有时会导致数据读写混乱，此时需要使用同步机制。由于篇幅的原因，在这里不再展开介绍，读者应记住线程的执行往往需要同步机制来控制。

2.4　正则表达式

正则表达式是一个特殊的字符序列，它提供了一种运用各种字符的搭配来描述字符串特征的方法。

Python 支持通过正则表达式查找字符串中的内容，并提供了 re 模块来运用正则表达式匹配指定的字符串。正则表达式英文叫作 regular expression，Python 的 re 模块取了这两个单词的首字母。

接下来介绍开发者如何通过正则表达式来描述字符串，并运用 re 模块来匹配字符串中的内容。

2.4.1　正则表达式的基本规则

一个完整的正则表达式通常由一个或多个字符构成，一些字符被赋予了特殊的含义，这种字符被称为元字符（meta characters）。不同开发语言的正则表达式语法大体相同，个别细节上可能会略有差异。下面介绍 Python 中的正则表达式规范。

1. 位置

元字符 "^" 表示字符串的开始位置。

元字符 "$" 表示字符串的结束位置。

例如，想要匹配以 ab 开头的字符串，可以用正则表达式 ^ab。而如果想要匹配以 a 结尾的字符串，可以用正则表达式 ab$。

2. 单字符

元字符 "." 表示匹配除换行符 \n 之外的任意一个字符。

元字符 "[" 和 "]" 表示匹配 [] 内字符中的任意一个字符。

例如，正则表达式a.c可以匹配字符串abc，也可以匹配字符串adc。[1-9] 表示为数字1到9中的一个，在字符组内出现 ^ 表示排除，即 [^1-9] 表示非数字1到9。

3. 字符集合

以元字符 \ 开头的字符组合，表示预定义的字符集合。

元字符组合 \d 表示匹配数字0到9，也可以用正则表达式 [0-9] 表示。

元字符组合 \D 表示匹配非数字0到9，也可以用正则表达式 [^0-9] 表示。

元字符组合 \s 表示匹配空白字符（包括空格、制表符、换行符等）。

元字符组合 \S 表示匹配非空白字符。

元字符组合 \w 表示匹配字母、下画线、数字，即大小写26个字母、_、数字0到9。

元字符组合 \W 表示匹配非字母、非数字、非下画线。

4. 或

元字符 | 表示可以对多个条件进行匹配，且条件之间是或的关系。

例如，实现一个正则表达式匹配字符串attack和attach，可以写成attac[kh]，也可以写成attac(k|h)，或者直接写成attack|attach。这里用到圆括号（）来控制 | 的作用范围。

5. 重复

元字符 ? 表示匹配的内容出现0次或1次。

元字符 + 表示匹配的内容出现1次或多次。

元字符 * 表示匹配的内容出现0次、1次或多次。

例如，正则表达式pl?ay可以同时匹配字符串play和pay。l?表示l可以不出现或出现1次。不出现时对应字符串pay，出现1次时对应字符串play。也可以更直观地限定匹配内容出现的次数，使用 {min，max} 来表示，min表示最少出现几次，max表示最多出现几次。例如，{1, 3} 表示匹配的内容最少出现1次，最多出现3次。而 {3} 表示匹配的内容出现3次。

2.4.2 在 Python 中处理正则表达式

re模块提供了match()和search()函数，用来判断正则表达式在字符串中的匹配情况。match()函数从字符串的首位开始匹配，如果不匹配则返回None。search()函数用于对字符串进行搜索，返回第一个匹配的位置，如果没有匹配则返回None。当判断字符串abcdefg是否以字符串ab开头时，函数返回结果为（0，2），表示字符串前两位为ab。当判断字符串abcdefg是否以字符串jk开头时，函数返回结果为None，表示不匹配，match函数的示例代码如下。

```
>>> import re
>>> print( re.match( 'ab', 'abcdefg').span())
(0, 2)
>>> print( re.match( 'jk', 'abcdefg'))
None
```

当判断字符串 abcdefg 中是否含有字符串 cd 时，函数返回结果为（2，4），表示字符串第 3 到第 4 为 cd。当判断字符串 abcdefg 中是否含有字符串 jk 时，函数返回结果为 None，表示不匹配，search 函数的示例代码如下。

```
>>> import re
>>> print( re.search( 'cd', 'abcdefg').span())
(2, 4)
>>> print( re.search( 'jk', 'abcdefg'))
None
```

search() 函数在字符串中查找正则表达式模式的第一个匹配项，并返回一个匹配对象。如果字符串中存在多个与正则表达式匹配的位置，并且你想要获取所有这些匹配的结果，那么应该使用 findall() 方法。查找字符串 abcdafcd 与正则表达式 a.c 的所有匹配结果，函数返回结果为 ['abc', 'afc']，表示字符串中的子串 abc 和 afc 与正则表达式 a.c 相匹配，示例代码如下。

```
>>> import re
>>> print( re.findall( 'a.c', 'abcdafcd'))
['abc', 'afc']
```

2.5　标准库的使用

随着 Python 不断发展，很多成熟的库也会被纳入标准库中，本节将介绍几款具有特定功能的标准库。

2.5.1　Map 简介

MapReduce 最早是由 Google 公司提出的一种面向大规模数据处理的并行计算模型。它的核心思想是 Map 和 Reduce。Python 也实现了这种并行计算的思想，内置了 Map 和 Reduce。下面先来介绍 Map。

Map 是 Python 内置的高阶函数，它接收一个函数 f 和一个 list，并通过把函数 f 依次作用在 list 的每个元素上，得到一个新的 list 并返回。下面的示例是对一个 list 进行并行计算，f 函数将 items 的每一个元素都进行平方运算。得到的结果是 [1, 4, 9, 16, 25]。

```
items = [1, 2, 3, 4, 5]
def f(x):
    return x**2
list(map(f, items))
```

虽然用循环调用 f 函数的方式可以达到和 Map 函数同样的效果，但是远不及 Map 的性能及简洁。

2.5.2 Reduce 简介

Reduce 函数是 Python 2 中的内置函数。但在 Python 3 中，它被迁移到了 functools 模块中。Reduce 函数接收一个函数 f 和一个可迭代对象（如 list 或 range 对象），以及（可选的）一个初始值。函数 f 会依次处理可迭代对象中的元素，将前两个元素作为参数进行运算，然后将结果与下一个元素再次进行运算，以此类推，直到处理完所有的元素。

下面是 Reduce 使用的示例。Reduce 函数在执行时会从 1 ~ 100 之间先取两个元素求和，然后取新的元素继续累加求和，实际上是完成了 1+2+3+……+100 的计算。最后，resuslt 的结果是 5050。

```
# 导入 reduce
from functools import reduce
# 定义函数
def f(x,y):
    return x+y
# 定义序列，含 1~100 的元素
items = range(1, 101)
# 使用 reduce 方法
result = reduce(f, items)
print(result)
```

对比来看，Map 是针对列表中单个元素的独立操作，Reduce 是针对整个列表的汇总操作。

2.5.3 sorted 简介

在 Python 中，如果想对列表进行排序，可以使用 sorted 函数，它的原型如下。第一个参数 iterable 代表要处理的序列，key 代表自定义排序的方式，reverse 代表是否逆序，默认是 False。它的返回值是排序后的列表。

```
list = sorted(iterable, key=None, reverse=False)
```

接下来，通过下面的示例代码来介绍 sorted 函数的使用，这个示例展示了 sorted 函数分别对列表、元组、集合和字符串进行排序。如果想要逆序排序，在函数调用时增加 reverse=True 的参数就可以实现。

```
# 对列表进行排序
a = [5,3,4,2,1]
print(sorted(a))
# 对元组进行排序
a = (5,4,3,1,2)
print(sorted(a))
# 对集合进行排序
a = {1,5,3,2,4}
print(sorted(a))
# 对字符串进行排序
a = "51423"
print(sorted(a))
```

下面的代码展示了 key 参数的使用。key 参数可以使用 lambda 表达式来定义排序条件，如下面的代码中第一次排序时使用字符串的第 3 个字符（索引为 2，因为索引从 0 开始）作为排序条件，第二次排序时则使用字符串的长度作为排序条件，并且通过 reverse = True 参数指定了降序排序。

```
sites = ['abcde', 'babdef', 'cdae', 'def']
print(sorted(sites, key=lambda x:x[2]))
print(sorted(sites, key=lambda x:len(x), reverse=True))
```

2.5.4　filter 简介

若需要对序列数据进行过滤，可以使用 Python 内置的 filter 函数。filter 函数有两个参数，一个是过滤函数（用于判断元素是否满足条件），另一个是要过滤的可迭代对象。具体执行时，序列的每个元素作为参数传递给函数进行判断，函数内返回 True 或 False。所谓过滤也就是保留函数返回 True 的那部分元素。在 Python 3 中，filter 函数返回的是一个迭代器对象，而不是列表。

```
filter(function,iterable)
```

接下来介绍 filter 函数的使用。is_odd 函数用来判断一个数是否为奇数，它充当 filter 函数的第一个参数，filter 的返回结果是一个迭代器，对它使用了 list 强制转换后输出。输出结果为：[1, 3, 5, 7, 9]，示例代码如下。

```
def is_odd(n):
    return n % 2 == 1

# 保留奇数
newlist = filter(is_odd, [1, 2, 3, 4, 5, 6, 7, 8, 9, 10])
print(list(newlist)) # 使用 list 对 newlist 对象强制转换
```

2.6 | 网络编程

当今世界，人们已经无法离开网络。对于一门编程语言来说，网络编程也必然是至关重要的部分。Python对于网络协议的封装也非常完善，本节将具体介绍。

2.6.1 TCP 协议简介

TCP（Transmission Control Protocol）是传输控制协议的缩写，它是一种面向连接的、可靠的、基于字节流的传输层通信协议。TCP和IP（Internet Protocol）协议是TCP/IP协议簇中最为重要的两个协议。IP协议主要解决网络中主机的识别问题，即确定数据报从源主机到目的主机的传输路径；TCP协议则解决了如何在主机上识别唯一进程的问题，这通常是通过绑定端口号来实现的。通过IP地址和端口号的组合，可以确定网络中唯一一台主机上的唯一一个进程。两台主机上的进程想要通信，按照TCP协议就可以实现了，如图2-5所示。

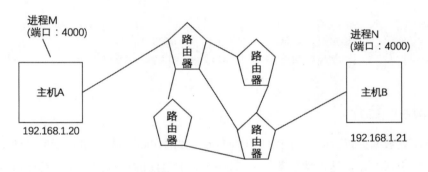

图2-5　IP地址端口号的作用

TCP协议除了端口号外，还定义了数据报的请求序号和确认序号，这些序号的作用是为了确保数据的准确、有序传输。此外，TCP协议为了保障传输的安全性、可靠性和有序性，还规定了建立连接和断开连接的步骤，这就是广为流传的TCP三次握手和TCP四次挥手。

TCP三次握手是建立连接的过程，由主动方发起连接请求，携带SYN标志位与初始序列号，接收方接收到请求后，回发SYN标志位、ACK标志的应答，原请求方收到请求应答后再做一次应答，双方就可以开始传输数据了。整个过程进行了三次交互，因此形象地称为三次握手。读者需要仔细观察图2-6的序号变化，应答序号会在原请求序号基础上加上数据长度，对于连接请求，数据长度就是标志位的长度（1个字节），因此当请求序号是100时，应答序号是101。

TCP建立连接时需要三次握手，而断开连接时需要四次挥手。断开连接时，主动方发送FIN标志位和序列号，对方应答，对方应答后再次发送FIN标志位和序列号，原主动方进行应答之后完成断开连接的整个过程，如图2-7所示。

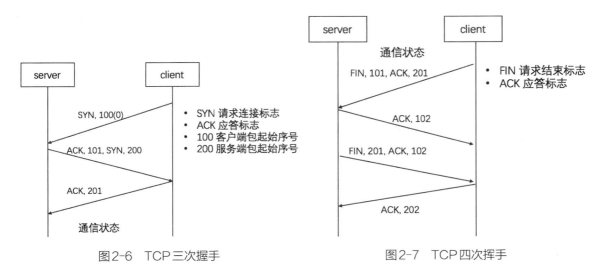

图2-6　TCP 三次握手　　　　　　　　　图2-7　TCP 四次挥手

对于网络、TCP 的相关知识，在这里仅介绍了一点皮毛，对网络知识不太了解的读者可以自行阅读一些网络技术相关的资料。

2.6.2　如何搭建 TCP 服务器

TCP 协议的核心思想是建立连接，多数情况下基于 TCP 协议开发的网络服务都是 C/S 模式。服务器和客户端若想建立连接都需要绑定 IP 和端口，IP 和端口的绑定依赖于套接字（Socket）。当连接建立后，双方的通信其实也就是针对网络的读写操作，如果通信完成就可以选择关闭连接并退出。客户端与服务器的编写流程如图 2-8 所示。

下面的示例代码用于实现一个简单的并发回射服务器，它允许多个客户端同时连接，并将客户端的请求内容原封不动地回发给客户端。读者可以结合这个代码来了解 TCP 服务器建立的详细过程。

因为 TCP 连接需要 Socket 绑定 IP 和端口，因此在代码中导入了 socket 模块。使用 socket.

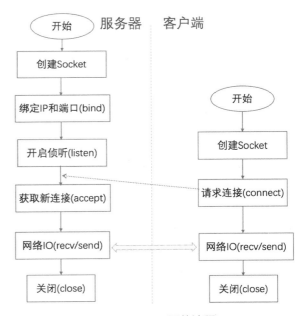

图2-8　TCP 通信流程

socket 创建一个 Socket 对象，socket 模块内的 socket 函数需要 2 个参数，第 1 个参数是协议类型，socket.AF_INET 代表 TCP（IPv4），第 2 个参数 socket.SOCK_STREAM 代表流式协议，它和 TCP 协议特点有关。socket 函数的返回值是一个 Socket 对象。Socket 对象的 bind 方法用于绑定 IP 和端口。

listen方法的功能是启动监听，listen方法的参数通常会被描述成最大连接数，实际上它代表的是同一时刻请求连接队列的最大上限。client函数的核心功能是用来处理客户端连接，recv方法负责读取客户端的请求数据，send方法负责将数据发送回客户端，close方法负责关闭客户端连接。因为要创建一个支持多个客户端的服务器，所以使用了while True循环来持续运行。accept方法会把已建立连接队列中的请求取出，并获得客户端连接，它的第一个返回值是客户端的连接句柄对象，也就是client函数的参数，第二个返回值是链接地址信息。为了支持高并发，服务器可以为每个客户端连接创建一个新的线程来执行client函数进行通信。

```python
import socket
import threading
web = socket.socket(socket.AF_INET, socket.SOCK_STREAM) # 创建 TCP/IP 套接字
web.bind(('127.0.0.1', 8181)) # 绑定端口
web.listen(2) # 设置最大连接数
print("server begin...")


def client(conn):
    data = conn.recv(1024)
    print("read:", data)
    conn.send(data)
    conn.close()
# 创建一个死循环
while True:
    conn, addr = web.accept()          # 获得客户端连接
    print('new conn:', addr)
    t1 = threading.Thread(group=None, target = client, args=(conn,),
daemon=True)
    t1.start()
```

可以运行上面编写的服务器代码并测试，客户端可以借助类似UNIX系统提供的nc命令来模拟，它可以做到读取标准输入的内容并发送给连接的服务器，测试效果如图2-9所示。服务器启动后，可以开启多个终端，分别连接该服务器，并发送消息。由于服务器端会主动关闭与客户端的连接，所以nc命令在发完消息后就会因为服务器断开而退出。

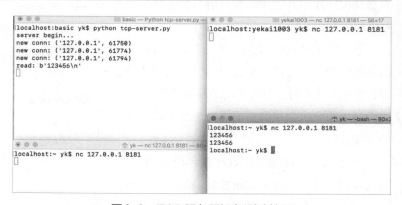

图2-9　TCP服务器运行测试效果

2.6.3　HTTP 协议简介

HTTP 是 HyperText Transfer Protocol 的缩写，翻译为超文本传输协议。顾名思义，HTTP 是用来传输超文本的协议，它位于 TCP/IP 模型的应用层，并专注于描述浏览器与服务器之间的通信细节。HTTP 通过一系列键值对的形式来描述 HTTP 的请求与响应消息。请求消息是浏览器向服务器发送请求时的消息，而响应消息则是服务器响应浏览器请求后所返回的消息，如图 2-10 所示。

图 2-10　HTTP 通信示意图

在明确了基本的原则后，需要简单了解一下 HTTP 协议的请求消息格式与响应消息格式。先来说说请求消息，它主要包含以下四部分内容：

（1）请求行；

（2）请求头（可以包含多个键值对）；

（3）空行（所有换行用 "\r\n"）；

（4）请求正文（可以省略）。

请求行中包含三个部分：请求方法、请求资源路径、版本协议。其中请求协议一般是"HTTP/1.1"，请求方法可以是 GET、POST、HEAD、PUT、DELETE 等，其中最为常用的是 GET 和 POST 方法，当需要安全提交信息时多用 POST 方法，一般的数据请求使用 GET 方法。

请求消息的请求头部分可以是多行消息，此部分主要描述请求的一些关键信息，如浏览器描述、主机信息、连接情况、编解码和语言信息等。需要注意的是此部分的换行需要使用 "\r\n"。如果想要观察一下浏览器的请求消息内容，非常简单，编写一个 TCP 服务器协议，然后让浏览器发起请求就可以了，示例代码如下。

```
import socket
sock = socket.socket(socket.AF_INET, socket.SOCK_STREAM)
sock.bind(('127.0.0.1', 8181))
sock.listen(2)
conn,_  = sock.accept()
data = conn.recv(4096)
print(data.decode())
conn.close()
sock.close()
```

将服务器启动，在浏览器请求 http://localhost:8181 就可以了，此时在服务器端就会出现浏览器的 HTTP 请求，如图 2-11 所示。

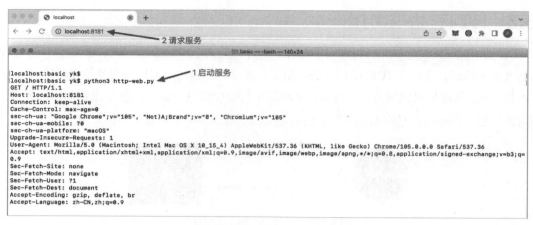

图2-11　HTTP请求消息

介绍完请求消息后，再来介绍响应消息。响应消息是服务器发给浏览器的消息，它也有自己的格式要求，整体上也可以分为以下四部分：

（1）响应行；

（2）响应头（多个键值对组合，以"\r\n"作为换行）；

（3）空行（"\r\n"）；

（4）响应正文。

响应行包含三个部分：响应码、响应信息、版本协议。响应码和响应信息是固定搭配的，代表了服务器对浏览器的基本情况，常见的有200（正常）、301（服务重定向）、404（资源不存在）、50X（服务器存在问题）等。响应头是响应消息里应被重点关注的部分，服务器会在响应头描述资源的类型是什么，资源的长度是多少等信息。HTTP协议的特点之一就是"重在描述"，目的是浏览器能够很好地显示出消息内容。人们看到的各式各样的网站，都是遵循这样的协议展示出来的。

响应正文是服务器返回给浏览器的请求资源内容，服务器判断资源是否存在，如果不存在则响应404错误，如果存在，则组织一个响应消息，发送给客户端，这样算是完成了一次通信。

HTTP协议知识点同样很多，在这里仍然只是介绍了一点点，感兴趣的读者自行查阅资料。

2.6.4　如何搭建 Web 服务器

在学习了HTTP协议后，搭建一个Web服务器成了许多人的关注点。Web服务器是Web应用的基础设施，它基于HTTP协议进行通信，为我们每天使用的各种Web应用提供服务。

那么如何基于HTTP协议去搭建Web服务器呢？实际上，Web服务器有两个核心功能，第一个是静态文件服务，第二个是执行业务逻辑的路由服务。静态文件服务这个功能看上去更像是HTTP协议名称的由来，因为它主要是向浏览器传输HTML、CSS、Javascript等格式的静态文件。需要注意的是，即使是传输静态文件，它仍然遵循HTTP协议规则，每次传输前都要添加HTTP协议响应消息头。

接下来，重点讨论HTTP业务逻辑的路由服务。以一个简单的需求为例，假设希望在浏览器地址栏输入"http://localhost:8080/ping"时，能看到页面上显示"pong"。这是一个常用的测试用例，用来检查HTTP服务是否正常工作。

可以先来看看图2-12，当用户在浏览器中输入"http://localhost:8080/ping"并按下回车键时，浏览器会根据HTTP协议格式去组装一个请求报文，它的请求头部分包含请求的资源路径，也就是/ping。对于这个请求，服务器最核心的诉求是解析出这个路径是什么，然后根据路径来决定响应报文的内容。虽然设计的响应消息只是pong，但需要注意响应消息仍然

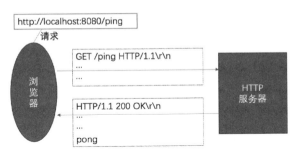

图2-12　HTTP路由服务示意图

需要安装HTTP协议来封装，所以看到了类似图中那样格式的响应报文。浏览器收到这个报文，就可以把它显示到页面上了，一次请求服务也就完成了。

学习问答

1. 为什么多数网站都是基于HTTP协议搭建的?

答：HTTP协议属于TCP/IP协议簇中的应用层协议，它更贴近应用实现。在现代网络服务开发中，通常会选择C/S模式或B/S模式。C/S模式通常会选择TCP协议进行通信，这种方式需要自定义消息格式，灵活度更高，但是也更复杂。相比而言，支持B/S模式的HTTP协议则更简单，它在协议层面已经为传输数据定义了丰富的表达方式。只要服务器处于运行状态，用户只要拥有一个浏览器就可以享受到服务了，这种模式让用户使用起来更简单、更方便。

通常人们会把传统互联网的应用称为Web 2，HTTP协议是Web 2的基石。然而，随着技术的发展和互联网应用的需求变化，人们渐渐发现HTTP协议已经不能满足Web 3时代的需求，Web 3时代属于价值互联网，网络不仅传递资源，也可以传递价值，这时候就需要更加先进的协议或技术来替代HTTP协议。以区块链为基础的Web 3正在引领这场变革。

2. 进程与线程的区别是什么?

答：站在操作系统角度，进程是最小的系统资源分配单位，而线程是最小的执行单位。为了更直观地理解这个概念，我们可以用一个工厂的例子来解释。如图2-13所示，一个工厂内可能包含若干个车间，每个车间内包含若干个工人，车间要想正常运转需要水和电等资源。如果把工厂比喻为计算机，车间就相当于进程，它们可以去申请资源，所以说进程是最小的资源分配单位。车间内的工人就相当于线程，他们是具体执行任务的，也就是所说的最小的执行单位。

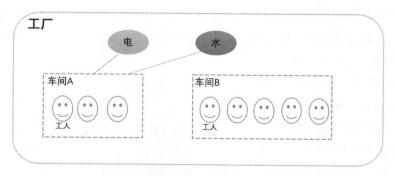

图2-13　进程和线程关系示意图

　　显然，一个进程内是可以包含多个线程的，而且进程要想执行具体的任务至少要包含1个线程。无论是多进程，还是多线程技术，都是为了并发，而并发的最终目标也就是充分利用计算机中的系统资源。

实训：利用 Python 实现简单的 HTTP 服务器

　　介绍的这个例子仅仅是针对GET方法进行的响应操作，实际开发时还会用到POST、PUT等其他方法。

　　首先，明确需求，要做的HTTP服务器很简单，主要包含以下3个功能。

　　（1）当请求路径为"/"或"/index"时，返回"Welcome to world of Python & blockchain!"。

　　（2）当请求路径为"ping"时，返回"pong"。

　　（3）当请求路径为"hello"时，返回"world"。

　　分析上述需求，需要做的正是解析请求报文中的请求路径，然后根据请求路径的不同来决定回应不同的数据，可以按如下步骤来完成该需求。

　　第1步 ▶　基于HTTP协议编写服务器启动方法。使用TCP协议搭建服务器，代码如下。因为后面会使用到正则表达式处理请求数据，所以提前导入了re模块。第6行的代码要稍稍解释一下，它的作用是为了处理TCP连接断开时，端口被暂时占用而无法启动服务的情况，它的实现方式为通过设置sock选项的机制来完成，SO_REUSEADDR宏代表的含义是端口复用。accept在获取新客户端连接后，交由service_client来处理。

```
import socket
import re


def main():
    socksvr = socket.socket(socket.AF_INET, socket.SOCK_STREAM) # 1. 创建套接字
```

```
socksvr.setsockopt(socket.SOL_SOCKET, socket.SO_REUSEADDR, 1) # 端口复用，
避免端口被占用时无法启动
    socksvr.bind(("", 8080))  # 2.绑定
    socksvr.listen(128)        # 3.变为监听套接字

    while True:
        conn, client_addr = socksvr.accept()   # 4.等待新客户端连接
        service_client(conn)  # 5.为这个客户端服务

    socksvr.close()                  # 关闭监听套接字
```

第2步 ▶ 客户端服务编写。service_client 函数的实现代码如下，在获得请求数据（HTTP请求消息）后，通过splitlines将其拆分，并用re.match来解析第一行的请求信息，包括资源的路径。如果正则生效了，可以用ret.group(1)重置path_name。router 函数用来处理请求的资源路径。

```
def service_client(conn):
    request = conn.recv(4096).decode('utf-8')    # 读取请求数据
    request_header_lines = request.splitlines() #按换行分割数据
    ret = re.match(r'[^/]+(/[^ ]*)', request_header_lines[0]) #解析第一行请求
    path_name = "/"

    if ret:
        path_name = ret.group(1)
    router(path_name, conn)
    conn.close()
```

第3步 ▶ 路由服务处理。router 函数主要用来处理路由规则，实际上也就是按照请求路径的不同来响应不同的结果，别忘了响应的结果需要带上HTTP协议头，代码如下。

```
def router(path, conn):
    response = 'HTTP/1.1 200 OK\r\n\r\n' # 两个 \r\n
    conn.send(response.encode('utf-8'))
    if path == "/index" or path == "/":
        conn.send('<p >Welcome to world of Python & blockchain!</p>'.encode())
    if path == "/ping":
        conn.send("pong".encode())
    if path == "/hello":
        conn.send("world".encode())
```

第4步 ▶ 启动服务调用。在Python工程中，通常会使用如下的代码来启动服务，类似于其他语言中的main 函数入口。

```
if __name__ == '__main__':
    main()
```

将上述代码运行，就可以在浏览器分别请求 http://localhost:8080/ping、http://localhost:8080/hello 和 http://localhost:8080 了，将看到不同的响应效果。

本章总结

通过学习本章，读者能深入了解 Python 语言在多个方面的优势。Python 拥有众多强大且丰富的第三方模块和包，在数据处理领域具有显著优势，正则表达式的使用简洁且高效，同时并发编程与网络编程也展现了其灵活性和易用性等特点。学习这些内容后，读者能够开发出具备高并发处理能力和稳定的 HTTP 服务器等网络应用程序，为后续深入学习区块链技术及其开发应用打下坚实的基础。

第 3 章
Python 与数据库操作

本章导读

Python程序在运行时，其产生的数据存储在内存中。当程序停止后，运行产生的数据通常会随之消失。为了持久化存储这些数据，当数据量较少时，可以使用IO操作将其写入文本文件或电子表格中。然而，当数据量较大，或者在运行时期望对数据进行筛选、查询或基于数据执行其他业务逻辑时，就需要采用更为完善的数据处理机制，这时数据库就显得尤为重要。实际上，区块链也可以被视为一个数据库，但它具有去中心化的特性，本章主要介绍Python对中心化数据库的操作。

知识要点

通过本章内容的学习，您将掌握以下知识：

● 使用Python操作MySQL；

● 使用Python操作MongoDB；

● 使用Python操作Redis；

● 使用Python编写爬虫抓取数据并保存。

3.1 Python 与关系型数据库

关系型数据库，顾名思义，是指以关系模型来组织数据的数据库系统。在关系型数据库中，数据通常以行和列的形式存储，以便于用户理解。一系列的行和列组合在一起，形成了数据库中的表，而多张表共同组成了数据库。当用户需要查询数据时，可以通过指定表中某些列的条件来查询并获取所有满足这些条件的行数据。

关系模型可以被理解为一种二维的表格模型，其中每张表都对应一种关系。因此，关系型数据库本质上就是由多个这样的二维表格以及它们之间的关系组成的。在实际应用中，常用的关系型数据库包括MySQL、Oracle、SQLite和PostgreSQL等。

下面以MySQL为例，学习如何使用Python操作关系型数据库。

3.1.1 Python 与 MySQL 开发环境准备

MySQL是一个快速、易于使用且功能强大的关系型数据库，它也是目前最流行的数据库之一。为了在本地开发环境中使用MySQL，你需要下载并安装MySQL数据库，然后配置好相关参数。

1. 下载MySQL

你可以在MySQL官网下载页面中找到MySQL的安装程序，这里建议选择下载5.7.35版本，如图3-1所示。

图3-1　下载MySQL

2. 安装MySQL

第1步 ▶ 双击此前下载的安装包，将看到如图3-2所示的界面，在开发学习阶段，安装类型建议选择【Developer Default】开发者模式，单击【Next】按钮进入下一步。

第2步 ▶ 随后MySQL安装程序会检查所需的依赖程序，如图3-3所示，此处会因为系统版本及已安装程序稍有差异，单击【Next】按钮进入下一步。

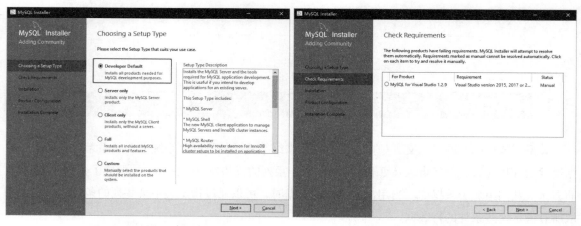

图3-2　选择安装类型　　　　　　　　　　图3-3　检查依赖程序

第3步 ▶ 安装程序时会弹出如图 3-4 所示的依赖程序安装确认对话框，单击【Yes】按钮，确认等待依赖程序安装完成。

第4步 ▶ 依赖程序安装完成后，会弹出如图 3-5 所示的界面，展示需要安装的 MySQL 组件，单击【Execute】按钮，等待全部执行。

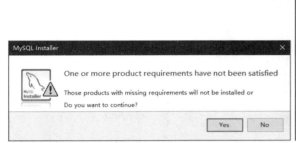

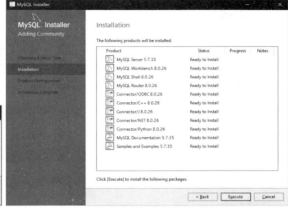

图3-4　确认安装依赖程序　　　　　　　　　图3-5　安装MySQL

第5步 ▶ MySQL 的对应组件安装完成后，会弹出如图 3-6 所示的界面，此处需要对 MySQL 的网络参数进行配置。在开发学习阶段，配置类型选择【Development Computer】选项即可，MySQL 服务对应的默认端口号为 3306，随后 Python 连接 MySQL 服务时需要指定该端口号，无需修改，单击【Next】按钮进入下一步即可。

第6步 ▶ 进入如图 3-7 所示的 MySQL 账号和密码配置界面，MySQL 的管理员账号默认为 root，在两个输入框中输入两个相同的 root 密码，单击【Next】按钮进入下一步。

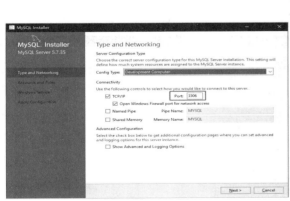

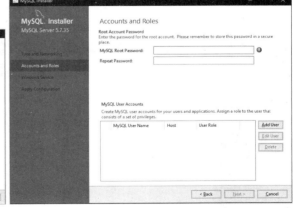

图3-6　配置网络参数　　　　　　　　　　　图3-7　设置账号及密码

第7步 ▶ 进入如图 3-8 所示的界面，MySQL 安装后会在本地启动一个服务程序，在这里配置 MySQL 的服务名称等信息，使用默认配置单击【Next】按钮进入下一步。

第8步 进入如图3-9所示的界面，等待所有配置执行生效后，单击【Finish】按钮完成 MySQL 服务的安装。

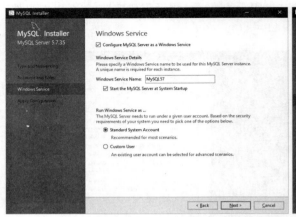

图3-8　配置MySQL的Windows服务

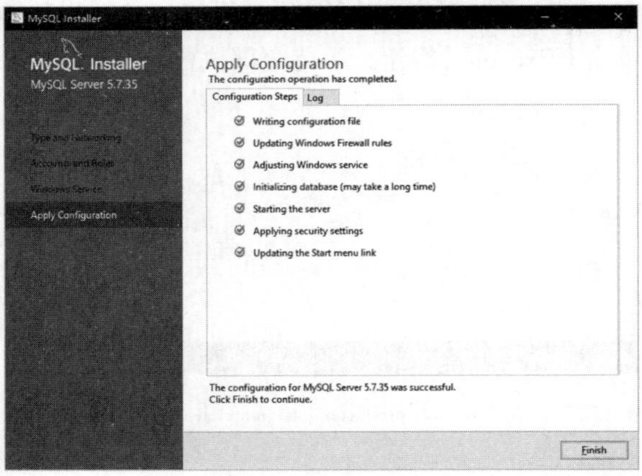

图3-9　安装完成

第9步 MySQL 服务安装完成后，进入如图3-10所示的界面，输入前面设置的账号和密码后，单击【Check】按钮检查是否可以连接到 MySQL 服务，连接成功会在【Check】按钮后显示一个对钩，单击【Next】按钮进入下一步。

第10步 进入如图3-11所示的界面，单击【Execute】按钮后，MySQL 安装程序会检查是否有其他配置及特性需要安装，等待执行完成。

第11步 执行完成后，单击【Finish】按钮完成安装，如图3-12所示。

图3-10　测试连接MySQL服务

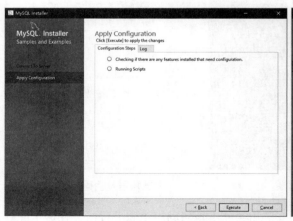

图3-11　应用配置

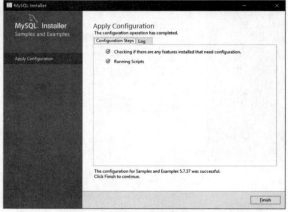

图3-12　完成安装

3. 验证 MySQL 安装

安装完成后，单击【开始】按钮，选择 MySQL 文件夹中的【MySQL 5.7 Command Line Client】程序命令，输入密码，即可进入 MySQL 的命令行模式。

在 MySQL 的命令行模式，输入如下的命令，查看当前的 MySQL 版本号，需要注意的是，语句要以分号结束。

```
select version();
```

看到类似如下的显示，代表 MySQL 安装成功。

```
+------------+
| version()  |
+------------+
| 5.7.35-log |
+------------+
1 row in set
```

若要使用 SQL 语句创建一个 test 数据库，可以使用如下的命令。需要格外注意的是，Sql 命令一定要在 MySQL 命令行模式下执行。

```
CREATE DATABASE test;
```

当命令行出现下面的提示，说明数据库创建成功。

```
Query OK, 1 row affected
```

可以用 "SHOW DATABASES;" 验证一下 test 数据库是否创建成功。如果在输出的结果中，存在 test 数据库，说明刚才的数据库创建成功了，效果如下所示。

```
+--------------------+
| Database           |
+--------------------+
| information_schema |
| MySQL              |
| performance_schema |
| sakila             |
| sys                |
| test               |
| world              |
+--------------------+
7 rows in set
```

（1）下载数据库连接组件

pip 是 Python 提供的一个包安装程序，在安装 Python 时会默认一同安装，使用 pip 安装 MySQL 的连接组件。

按下【Win + R】组合键，输入 cmd 后打开命令行工具，在命令行工具中输入如下命令，就可以安装 PyMySQL 这个 Python 的 MySQL 开发工具。

```
pip install PyMySQL
```

（2）使用 MySQL 的 Python 连接组件连接数据库

下载完成后，打开 PyCharm，新建项目 Chapter3，尝试使用 Python 连接 MySQL 数据库。下面的代码演示了如何连接 MySQL 数据库，并获取版本信息。pymysql 是要导入的包，connect 用于连接数据库，要填写 IP、端口、用户名、密码和数据库名。db.cursor 用于创建游标对象，execute 用来执行 SQL 语句，fetchone 用于获取单条数据，close 用于关闭数据库连接。

```python
import pymysql
# 打开数据库连接
db = pymysql.connect(host="localhost", port=3306, user="root",
password="******", database="test")
# 使用 cursor() 方法创建一个游标对象 cursor
cursor = db.cursor()
# 使用 execute() 方法执行 SQL 查询
cursor.execute("SELECT VERSION()")
# 使用 fetchone() 方法获取单条数据
data = cursor.fetchone()
print("MySQL 的数据库版本是 : %s " % data)
# 关闭数据库连接
db.close()
```

（3）使用 MySQL 的 Python 连接组件创建表

在数据库连接成功后，就可以执行各种 SQL 语句。接下来演示如何创建数据库表。下面的代码展示了如何创建数据库表，它的核心步骤是通过 execute 来执行创建表的 SQL 语句，代码中创建了 mysql_study 表，commit 则是用来提交数据库操作。

```python
import pymysql
# 打开数据库连接
db = pymysql.connect(host="localhost", port=3306, user="root",
password="*******", database="test")
# 使用 cursor() 方法创建一个游标对象 cursor
cursor = db.cursor()
# 使用 execute() 方法执行 SQL 查询
result = cursor.execute('''
    CREATE TABLE IF NOT EXISTS mysql_study
(`id` INT AUTO_INCREMENT ,
      `name` VARCHAR(100) NOT NULL,
      `age` INT,
```

```
        PRIMARY KEY (`id`)) default charset = utf8;
    ''')
print("数据表创建结果 : %s " % result)
db.commit()
# 关闭数据库连接
db.close()
```

执行该代码，数据表的创建结果返回为 0，说明创建成功。也可以在 MySQL 的命令行中查询 test 数据库中的表，命令如下，确认 mysql_study 表是否创建成功。

```
use test;
show tables;
```

返回的结果如下时，说明 mysql_study 已经创建成功。

```
+-----------------+
| Tables_in_test  |
+-----------------+
| mysql_study     |
+-----------------+
```

3.1.2　通过 Python 对 MySQL 数据进行增改删

接下来学习使用 PyMySQL 对 MySQL 数据库进行增、改、删操作。

简单来讲，对数据库的增、改、删操作，都是借助游标 cursor 执行对应的 SQL 语句。

1. 新增数据

在 MySQL 中，新增数据的语法如下。

```
INSERT INTO table_name ( field1, field2,...fieldN )
                        VALUES
                        ( value1, value2,...valueN );
```

使用 PyMySQL 执行新增操作，只需要将之前示例中 execute 方法中的 SQL 语句修改为新增语句即可，代码如下所示，在 MySQL 中新增了一条 name 为 blockchain，age 为 5 的数据。

```
import pymysql
# 打开数据库连接
db = pymysql.connect(host="localhost", port=3306, user="root",
password="******", database="test")
# 使用 cursor() 方法创建一个游标对象 cursor
cursor = db.cursor()
# 使用 execute()　方法执行 插入 SQL
```

```
insertResult = cursor.execute("INSERT INTO mysql_study (name, age) VALUES
('blockchain', 5)")
print(" 新增数据的结果 : %s " % insertResult)
# 提交 sql
db.commit()
# 关闭数据库连接
db.close()
```

新增SQL的返回结果是1，说明此次插入操作成功。读者可以在MySQL命令行工具中查看代码的执行结果，检查数据是否插入成功。

2. 更新数据

在MySQL中，更新数据的语法如下。

```
UPDATE table_name SET field1=new-value1, field2=new-value2
[WHERE Condition]
```

同新增数据类似，使用PyMySQL更新数据时，只需要修改execute中的SQL语句，即可实现对特定数据的修改，示例代码如下。

```
import pymysql
# 打开数据库连接
db = pymysql.connect(host="localhost", port=3306, user="root",
password="******", database="test")
# 使用 cursor() 方法创建一个游标对象 cursor
cursor = db.cursor()
# 使用 execute() 方法执行 更新 SQL
updateResult = cursor.execute('UPDATE mysql_study SET name="python", age = 3
where name="blockchain"')
print(" 更新数据的结果 : %s " % updateResult)
# 提交 sql
db.commit()
# 关闭数据库连接
db.close()
```

上面的代码演示了更新mysql_study表中name是blockchain的数据，修改其name为python，age为3。

updateResult的返回结果为1，说明此次更新操作成功，修改了一条数据。再次运行这段代码，因为表中的name已经被修改，不存在name为blockchain的数据，第二次执行的updateResult的结果是0，这并不代表执行失败，只是更新的目标不存在。

3. 删除数据

接下来删除上面示例中被修改的数据，在MySQL中，删除数据的语法如下。

```
DELETE FROM table_name [WHERE Condition]
```

示例代码如下所示，修改 execute 方法中的 SQL 语句为删除语句即可删除数据。删除数据的时候，读者应注意删除条件，避免误删除数据，这个操作的风险极高。

```
import pymysql
# 打开数据库连接
db = pymysql.connect(host="localhost", port=3306, user="root",
password="******", database="test")
# 使用 cursor() 方法创建一个游标对象 cursor
cursor = db.cursor()
# 使用 execute() 方法执行 删除 SQL
deleteResult = cursor.execute('DELETE From mysql_study where name="python"')
print(" 删除数据的结果 : %s " % deleteResult)
# 提交 sql
db.commit()
# 关闭数据库连接
db.close()
```

执行上面的代码，deleteResult 的返回结果是 1，说明执行成功，删除了一条数据。

3.1.3　通过 Python 查询 MySQL 数据

MySQL 的查询语法如下。

```
SELECT column_name,column_name
FROM table_name
[WHERE Condition]
```

查询操作与前面的增、删、改稍有不同，除了在 execute 中修改 SQL 语句为查询语句外，还需要知道如何获取查询到的数据。

使用 PyMySQL 执行查询操作，主要是借助 cursor 获取查询结果。PyMySQL 为开发者提供了 3 种方法获取查询到的数据。

（1）fetchone()：获取一条数据。

（2）fetchall()：获取所有查询到的数据。

（3）fetchmany(count)：获取指定条数的数据。

开发者可以根据实际情况调用不同的接口，当数据量不大时，可以通过 fetchall() 方法获取到所有的数据，然后再遍历结果即可。如果只想获取部分数据，可以通过 fetchmany() 方法获取 cursor 游标后指定个数的数据，当然也可以使用 fetchone() 只获取一条数据。在使用 fetch* 相关函数前，仍然要执行 execute，示例代码如下。

```python
import pymysql
# 打开数据库连接
db = pymysql.connect(host="localhost", port=3306, user="root",
password="******", database="test")
# 使用 cursor() 方法创建一个游标对象 cursor
cursor = db.cursor()
# 使用 execute() 方法执行 查询 SQL
cursor.execute('SELECT * FROM mysql_study')
# 通过游标获取所有查询到的数据
result = cursor.fetchone()
while result != None:
    print(result, cursor.rownumber)
    result = cursor.fetchone()

# 提交 sql
db.commit()
# 关闭数据库连接
db.close()
```

读者应该发现了，Python 与 MySQL 数据库的交互主要是各种 API 的使用，其中关键的一步是使用 execute 来执行 SQL 语句，因此利用 Python 与数据库编程要想做到精通，首先还是要掌握 SQL 语法。

另外，cursor 还提供了 scroll() 方法，这个方法是让 cursor 跳过指定条目的数据，这样结合 fetchmany() 就可以轻松获取需要翻页显示的数据。

3.2　Python 与非关系型数据库

非关系型数据库是相对于传统的关系型数据而言的，它们不依赖于关系模型中的表、行和列来组织数据。其最常见的解释是 "non-relational"（非关系），而 "Not Only SQL"（不仅是结构化查询语言）也被很多人接受。非关系型数据库的主要优点包括易于扩展、能够处理大量数据以及高性能，这些特性非常适合高速发展的互联网行业。目前应用比较广泛的非关系型数据库主要有 Redis、MongoDB、HBase 等，接下来介绍如何使用 Python 来操作 MongoDB 和 Redis 数据库。

3.2.1　Python 与 MongoDB 开发环境准备

MongoDB 是一个由 C++ 编写的，基于分布式文件存储的开源数据库系统。它的特点是高性能、易部署、易使用，存储数据方便。MongoDB 中的数据以文档的形式存在，每个文档是一个键值对集合，类似于JSON对象。多个文档组合成为一个集合，类似于关系数据库的表。多个文档集合又组成了MongoDB中的一个数据库。因此，当需要访问指定的数据时，一般需要通过指定对应的"数据库→数据集→文档数据"的方式获取数据。

1. 安装MongoDB数据库

第1步 ◆ 在MongoDB官网的下载中心下载编译好的MongoDB安装文件，如图3-13所示，选择对应的系统和版本号，单击【Download】按钮下载。

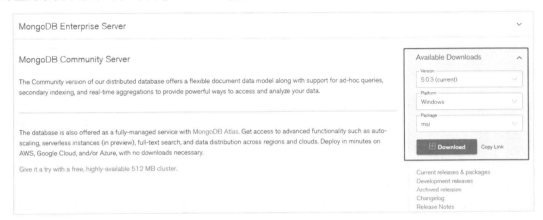

图3-13　下载MongoDB安装包

第2步 ◆ 双击下载好的安装包开始安装，如图3-14所示，单击【Complete】按钮，选择默认的完全安装，然后单击【Next】按钮进入下一步。

第3步 ◆ 如图3-15所示，设置MongoDB的服务名称、数据和Log文件保存目录，单击【Next】按钮进入下一步。

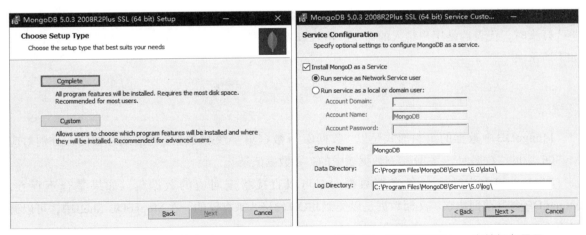

图3-14　选择安装类型　　　　　　图3-15　配置数据及Log文件保存目录

第4步 ◆ 进入MongoDB Compass界面，如图3-16所示。MongoDB Compass是MongoDB官网提供的一个集创建数据库、管理集合和文档、运行临时查询等功能为一体的可视化管理工具，默认勾选安装，单击【Next】按钮进入下一步。

第5步 ▶ 如图3-17所示，进入最终的安装确认界面，单击【Install】按钮等待安装完成即可。

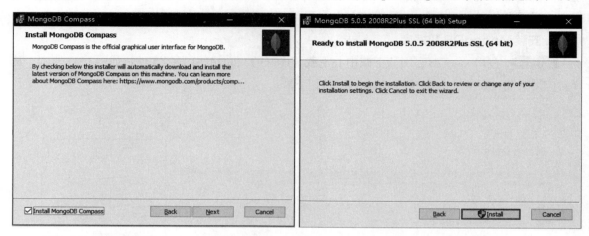

图3-16　MongoDB Compass安装确认　　　　　　　图3-17　完成安装

2. 启动MongoDB数据库

打开命令行工具界面，进入MongoDB的安装目录，默认为C:\Program Files\MongoDB\Server\5.0\bin，使用mongod命令启动MongoDB服务。

```
cd C:\Program Files\MongoDB\Server\5.0\bin
mongod
```

服务启动后，双击该目录下的mongo.exe（客户端程序），即可进入MongoDB自带的Shell交互环境，连接到本机的MongoDB服务。

默认情况下，Mongo Shell会自动连接到test数据库，在Mongo Shell环境下，当一行以大于号">"开头时，代表这是用户输入的命令，输入db命令可以查看当前正在使用的数据库名称，效果如下所示。

```
> db
test
```

MongoDB中数据的组织形式是以"数据库→数据集→文档数据"的形式存在的，分别对应MySQL中的"数据库→数据表→数据表中的一条数据记录"。

向MongoDB中插入一条文档数据时，可以直接指定对应的数据集，如果集合不存在，MongoDB会自动创建它。文档数据是以类似JSON的格式来存储的。在MongoDB Shell中，可以通过下面的命令向blockchains数据集中插入一条数据。

```
> db.blockchains.insert({"name":"blockChain"})
WriteResult({ "nInserted" : 1 })
```

在上面的示例代码中，db.blockchains.insert({"name":"blockChain"}) 语句代表向 blockchains 集合中插入一条数据 {"name":"blockChain"}，WriteResult 代表返回结果，从返回结果可以看出插入操作成功。

查询当前数据库中的数据集，以及 blockchains 数据集中的文档数据，可以使用如下所示的命令。从效果来看，该命令可以查询所有 blockchains 集合内的数据。从返回的结果看，MongoDB 自动为插入的数据赋值了一个 _id，这个 _id 是唯一的。

```
> show collections
blockchains
> db.blockchains.find()
{ "_id" : ObjectId("61715a409f81ba968524e0da"), "name" : "blockChain" }
```

经过测试，MongoDB 运行环境良好，可以尝试通过 Python 来访问它了。

3.2.2　通过 Python 操作 MongoDB 数据库

通过 Python 操作 MongoDB 与操作 MySQL 类似，也需要先下载 MongoDB 数据库的连接组件。仍然在命令行工具界面使用 pip 执行如下命令。

```
pip install pymongo
```

1. PyMongo 连接数据库

下面使用 PyMongo 测试连接本地 MongoDB 数据库，代码如下所示，连接 MongoDB 数据库时，通过 pymongo.MongoClient 方法，给定对应的 IP 地址和端口号即可。默认情况下，本地 MongoDB 的地址和端口号为 localhost:27017。mongoClient.list_database_names 可以获取当前所有的数据库名称。

```
import pymongo
# 连接 MongoDB 数据库
mongoClient = pymongo.MongoClient("mongodb://localhost:27017/")
# 获取所有的 MongoDB 数据库
dbNameList = mongoClient.list_database_names()
# 遍历输出所有的数据库名称
for dbName in dbNameList:
  print(dbName)
```

上面的代码执行成功后，会输出服务器中所有的数据库名称，默认情况下，MongoDB 安装后会自动创建 admin、config、local、test、testDB 等数据库。

2. PyMongo 创建数据集

接下来直接使用 MongoDB 中的默认数据库 testDB，在该数据库下建立一个名为 "testCollection" 的数据集。使用指定的数据库可以调用 mongoClient.get_database 方法，如果该数据库不存在，会自动创建一个新的数据库，返回值为此数据库的对象。随后对 MongoDB 数据库的操作都是通过该对象完成，查询数据库中的数据集有哪些，可以通过 db.list_collections 方法获取数据库中所有的数据集。

可以使用 PyMongo 连接本地 MongoDB 的 testDB 数据库，之后判断是否存在 testCollection 数据集，如果不存在则创建该数据集，随后输出该数据库中所有的数据集。示例代码如下。

```python
import pymongo
# 连接 MongoDB 数据库
mongoClient = pymongo.MongoClient("mongodb://localhost:27017/")
# 获取 mongoTest 数据库，如果不存在，则自动创建
db = mongoClient.get_database("testDB")
# 获取数据集，如果不存在，则创建该数据集
if db.get_collection("testCollection") is None:
    db.create_collection("testCollection")
# 查询数据集
for collection in db.list_collections():
  print(collection)
```

3. PyMongo 写入文档数据

MongoDB 中的数据集与 MySQL 中的数据表类似，在创建并定位到数据集后，就可以向该数据集中写入对应的数据了。

PyMongo 提供了 insert_one 和 insert_many 两种插入数据的方法，分别为插入一条数据或插入多条数据。下面的代码演示了两种插入数据方法的使用方式。

```python
import pymongo
# 连接 MongoDB 数据库
mongoClient = pymongo.MongoClient("mongodb://localhost:27017/")
# 获取 mongoTest 数据库，如果不存在，则自动创建
db = mongoClient.get_database("testDB")
# 获取数据集，如果不存在，则创建数据集
collection = db.get_collection("testCollection")
if collection == None:
  collection = db.create_collection("testCollection")
# 插入一条数据
collection.insert_one({"name":"dataTest1", "value": "dataValue1-edit"})
# 插入多条数据
collection.insert_many([{"name":"dataTest2", "value": "dataValue2"},
{"name":"dataTest3", "value": "dataValue3"}])

# 查询数据集中的数据
for data in collection.find():
  print(data)
```

4. PyMongo 查询文档数据

再来尝试通过 PyMongo 查询 MongoDB 中的数据集。collection.find() 方法可以查询该数据集内

的所有文档数据。也可以在find方法中指定查询条件，如查询name是dataTest2的数据，则参数为{"name":"dataTest2"}，如果给定条件为{}，则说明条件为空，会返回数据集内的所有数据，示例代码如下。

```python
import pymongo
# 连接 MongoDB 数据库
mongoClient = pymongo.MongoClient("mongodb://localhost:27017/")
# 获取 mongoTest 数据库，如果不存在，则自动创建
db = mongoClient.get_database("testDB")
# 获取数据集，如果不存在，则自动创建
collection = db.get_collection("testCollection")
if collection == None:
  collection = db.create_collection("testCollection")
# 查询所有数据
listData = collection.find()
print("查询所有数据的结果: ")
for data in listData:
  print(data)

# 查询 name 是 dataTest2 的数据
dataTest1 = collection.find({"name": "dataTest2"})
print("查询 name = dataTest2 的结果: ")
for data in dataTest1:
  print(data)
```

5. PyMongo 更新数据

若要用PyMongo更新数据，可以调用数据集collection的update方法实现。更新数据主要有两个方法，update_one为更新一条数据，update_many可以同时更新多条数据。方法中的第一个参数为匹配条件，第二个参数为更新后的数据内容。$set是更新的操作符，更新数据的子句也要是JSON格式，示例代码如下。

```python
import pymongo
# 连接 MongoDB 数据库
mongoClient = pymongo.MongoClient("mongodb://localhost:27017/")
# 获取 mongoTest 数据库，如果不存在，则自动创建
db = mongoClient.get_database("testDB")
# 获取数据集，如果不存在，则自动创建
collection = db.get_collection("testCollection")
if collection == None:
  collection = db.create_collection("testCollection")
# 更新一条数据，name 是 dataTest2 的数据，修改 name 的值为 dataTest2-edit
collection.update_one(
```

```
        {'name':'dataTest2'},
        {'$set':{
            'name': 'dataTest2-edit',
            'edit': 'yes'
          }
      }
)
# 更新多条数据，value 都被修改为 value-edit，新增了一个键值对 'anotherValue': 'test'
collection.update_many(
    {},
    {'$set':{
        'value': 'value-edit',
        'anotherValue': 'test'
        }
    }
)
# 查询所有数据
dataTest1 = collection.find({})
print("查询 name = dataTest2 的结果：")
for data in dataTest1:
  print(data)
```

6. PyMongo 删除文档数据

删除数据与更新数据类似，可以通过 collection.delete_one 或 collection.delete_many 删除指定的一条数据或多条数据，参数为被删除数据的查询条件。还是以 testCollection 为例，删除一条 name 为 dataTest2-edit 的数据时，给定的条件为 {'name': 'dataTest2-edit'}，删除所有数据，条件为 {} 空即可，示例代码如下。

```
import pymongo
# 连接 MongoDB 数据库
mongoClient = pymongo.MongoClient("mongodb://localhost:27017/")
# 获取 mongoTest 数据库，如果不存在，则自动创建
db = mongoClient.get_database("testDB")
# 获取数据集，如果不存在，则自动创建
collection = db.get_collection("testCollection")
if collection == None:
  collection = db.create_collection("testCollection")
# 删除一条数据，删除 name 的值为 dataTest2-edit 的数据
deleteOneResult = collection.delete_one({
    'name': 'dataTest2-edit'
})
print("删除一个数据的结果："+ str(deleteOneResult.raw_result))
```

```
# 删除所有数据
deleteManyResult = collection.delete_many({})

print(" 删除多个数据的结果: "+ str(deleteManyResult.raw_result))

# 查询 name 是 dataTest2 的数据
dataTest1 = collection.find({})
print(" 查询 name = dataTest2 的结果: ")
for data in dataTest1:
  print(data)
```

3.2.3　Python 与 Redis 开发环境准备

Redis 是一个开源的、高性能的 key-value 数据库，其数据主要存储在内存中。它支持数据持久化机制，以确保数据在服务器重启后不会丢失。此外，Redis 不仅支持简单数据类型的保存，还对 List、Set 等复杂数据类型也有很好的支持。Redis 具有极高的读写效率，读取速率可达 110000 次 / 秒，写入速率也可高达 80000 次 / 秒。因此，Redis 数据库常被用作应用程序中的数据缓存解决方案，以加速数据访问和减少数据库负载。

接下来，介绍 Redis 的安装与使用。

1. 安装 Redis

第1步 ▶ 在 Redis 官方仓库的 Release 页面下载最新的安装程序，可以选择不同操作系统对应的安装版本，接下来以 Windows 操作系统为例介绍安装。如图 3-18 所示，选择 Redis 的安装路径，然后单击下一步【Next】按钮。

第2步 ▶ 配置 Redis 服务的端口号，以及配置服务是否可通过 Windows 防火墙，如图 3-19 所示，然后单击【Next】按钮后即可完成安装。

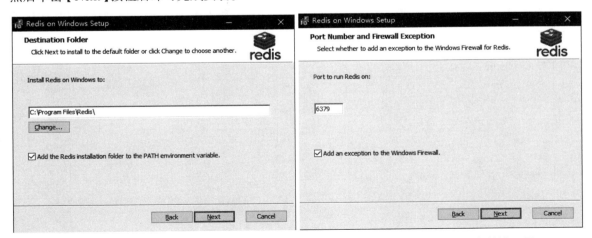

图 3-18　设置 Redis 安装路径　　　　图 3-19　配置 Redis 服务的端口号

2. 简单使用 Redis

打开命令行工具界面，可以按照如下命令进行操作，进入 Redis 的安装目录，启动 Redis 服务，保持该界面为打开状态。

```
# 进入 Redis 的安装路径中
cd C:\Program Files\Redis

# 启动 Redis 服务
redis-server.exe redis.windows.conf
```

如图 3-20 所示，说明 Redis 服务已经启动成功，保持该界面为打开状态。

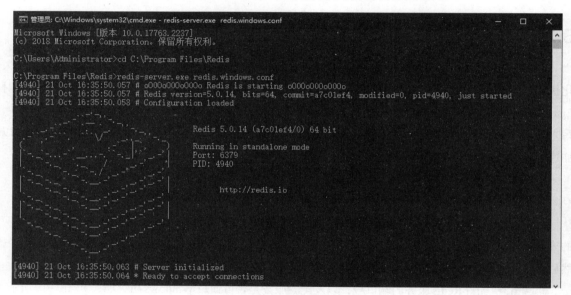

图 3-20　启动 Redis 服务

重新打开一个命令行工具界面，进入 Redis 安装目录后，使用 Redis 新增、查询数据，操作代码如下所示（#开头为命令说明）。

```
# 进入 Redis 的安装路径中
cd C:\Program Files\Redis

# 进入 Redis 客户端命令行模式
redis-cli

# 向 Redis 中存储数据：myKey-myValue
127.0.0.1:6379> set myKey myValue
# 存储成功
OK
# 获取 myKey 对应的值
```

```
127.0.0.1:6379> get myKey
# 获取成功
"myValue"
```

3.2.4　通过 Python 操作 Redis 数据库

与上述章节类似，接下来学习使用 Python 操作 Redis 数据库。同样需要先安装 Redis 的连接组件，在命令行执行如下命令，就可以安装。

```
pip install redis
```

1. 写入数据

与 MySQL 或 MongoDB 类似，在对 Redis 数据库进行操作时，通常需要先建立到 Redis 服务器的连接。使用 redis.Redis 函数来连接数据库，需要传入主机 IP、端口、编码和数据库名称，Redis 的默认端口是 6379。在连接 Redis 数据库后，可以使用 set(key, value) 方法向 Redis 中写入数据。Redis 也支持批量写入数据，此时可以使用 mset 方法。因此，Python 程序可以很方便地将字典数据按照键值对的格式存储到 Redis 数据库中。

由于 Redis 是键值对数据库，对数据库的更新与插入操作流程几乎相同，都是根据指定的 key 是否存在来决定是否执行写入操作。这里可以用 set 方法的 nx 和 xx 参数来控制，当 nx 为 True 时，表示仅当 key 不存在时才执行插入操作；当 xx 为 True 时，表示仅当 key 存在时才执行更新操作。

下面的示例代码演示了如何连接 Redis，并且写入数据，与操作 MySQL 相比要简单很多。

```
import redis
# 连接 Redis 数据库,host 为服务地址,port 为服务端口,encoding 为编码格式,db 为连接的数据
库索引 - 默认是 0
conn = redis.Redis(host='localhost', port='6379', encoding='utf-8', db=0)
# 写入值
conn.set("blockChain", "good")
# 写入值,当 key 不存在时才执行
conn.set("blockChain", "very good", nx=True)
# 批量设置值
conn.mset({"mkey1":'mvalue1', "mkey2":'mvalue2'})
```

在上面的示例代码中，对 blockChain 执行了两次写入操作，第二次增加了 nx=True 的参数，读者可以测试一下，程序执行结束后，blockChain 对应的值是什么。

2. 查询数据

对于 Redis 数据库来说，查询数据是通过给定的 key 获取对应的数据，同写入数据类似，Redis 查询同样支持单个查询 get(key) 和批量查询 mget((key1, key2...)) 数据，下面的示例代码演示了对 Redis 数据库的查询操作。

```
import redis
# 连接 Redis 数据库, host 为服务地址, port 为服务端口, encoding 为编码格式, db 为连接的数据
库索引 - 默认是 0
conn = redis.Redis(host='localhost', port='6379', encoding='utf-8', db=0)
# 读取值
print("blockChain 的值是: ", conn.get("blockChain"))
# 批量读取值
mValues = conn.mget(("mkey1", "mkey2"))
for value in mValues:
    print(value)
```

学习问答

1. 在Python结合区块链的应用中，有必要使用数据库吗？

答：区块链本身具备存储的属性，但区块链的分布式存储成本较高。例如，在以太坊中，每次存储数据都需要消耗Gas费用，且存储的数据量越大，消耗的成本也会相应增加。即使在联盟链应用中，节点服务的存储成本也远比传统的应用高很多。此外，与区块链进行交互也是应用程序的瓶颈之一。因此，很多区块链应用除了使用区块链外，还会选择使用中心化数据库。这样做的好处是可以减少区块链的存储成本，并提升用户的使用体验。Python在应用开发中，主要负责与前端进行数据交换，同时根据业务要求与区块链进行交互或把数据更新到数据库中。

2. 关系型数据库和非关系型数据库的差异有哪些？

答：关系型数据库中保存的数据主要是结构化的，每个结构化数据集组成一张表，各个表之间通过主键、外键相互关联。关系型数据库的优点是符合大多数的业务认知，维护起来相对简单，使用也十分方便，缺点就是读写效率较低，表结构因为相互关联而显得不够灵活。这些缺点恰好是高速发展的互联网行业所面临的挑战。

非关系型数据库弥补了关系型数据库的缺点，提供了更高的读写效率和更灵活的数据结构。但是，非关系型数据库的学习和使用成本可能相对较高，且对事务的支持可能不如关系型数据库完整。此外，相比于关系型数据库，非关系型数据库的查询方式也较为简单。可以说，两种数据库互有优劣，使用时根据各自的业务需要选择适合自己的数据库即可。

实训：抓取网站数据

下面以抓取登链社区的精选文章为例，演示如何使用Python抓取网站数据并将抓取到的数据保

存在数据库中。登链社区是一群区块链技术爱好者共同维护的社区，也是国内区块链较为知名的社区之一。网站自开放以来累计服务了超过百万的读者，以其高质量的内容得到广大读者的好评。

　　进入登链社区的精选文章页面，通过切换页码，会发现分页链接以较为规律的形式形成，通过参数 page 来设置当前所处的页数。下面以抓取精选文章前两页的文章内容为例，进行具体介绍。

　　抓取文章数据，需要依靠下面的几个开源组件完成。其中 request 库提供了获取指定 URL 对应HTML 源码的功能，通过 HTML 源码来获取需要抓取的信息。bs4 包提供了 BeautifulSoap 工具，可以方便地从 HTML 源码中解析需要的数据。

　　数据抓取的流程，简单来讲主要是根据起始点 URL，获取对应的 HTML 源码，从源码中筛选出下一级的链接及对应的标题、作者等信息，再根据下一级链接从 HTML 源码中继续筛选信息的过程。

　　因此，按照下面的步骤编写对应的数据抓取代码，即可实现简单的数据抓取流程。

第1步 ▶ 在代码中引入依赖，指定编码方式。首先创建一个 web_crawler.py.py 文件，用来编写代码，在其中配置数据库的连接，代码中默认使用了 blockchain 这个库，示例代码如下。

```
# -*- codeing = utf-8 -*-
from bs4 import BeautifulSoup          # 网页解析，获取数据
import urllib.request, urllib.error    # 制定 URL，获取网页数据
import pymysql # mysql 数据库

# CREATE DATABASE blockchain CHARACTER SET utf8;
mysqlDB = pymysql.connect(host="127.0.0.1", port=3306, user="root",
password="abc123", database="blockchain")
cursor = mysqlDB.cursor()
```

第2步 ▶ 编写初始化数据查看函数。该步骤主要是在 blockchain 库中创建 learnblockchain 表，示例代码如下。

```
# 初始化 MySql 数据库，建表
def initMySql():
    # 打开数据库连接
    createTableResult = cursor.execute('''
        CREATE TABLE IF NOT EXISTS blockchain.learnblockchain('id' INT AUTO_
INCREMENT ,
        'title' VARCHAR(300) NOT NULL,
        'href' VARCHAR(300) NOT NULL,
        'description' VARCHAR(300) NOT NULL,
        'author' VARCHAR(50) NOT NULL,
        PRIMARY KEY ('id'))
        default charset = utf8;
    ''')
```

```
    mysqlDB.commit()
    return createTableResult,mysqlDB
```

第3步 ▶ 编写函数通过 URL 获取网页全部内容，示例代码如下。

```
# 得到指定一个 URL 的网页内容
def getUrlHtml(url):
    request = urllib.request.Request(url)
    html = ""
    try:
        response = urllib.request.urlopen(request)
        html = response.read().decode("utf-8")
    except urllib.error.URLError as e:
        if hasattr(e, "code"):
            print(e.code)
        if hasattr(e, "reason"):
            print(e.reason)
    return html
```

第4步 ▶ 编写保存到数据库的函数，示例代码如下。

```
# 将数据保存到 MySql 数据库中
def saveIntoMySql(dataDict):
    # 定义插入数据库的语句
    sqlstr = '''INSERT INTO blockchain.learnblockchain
    (title, href, description, author)
    VALUES
    ("{title}", "{href}", "{description}", "{author}")
          '''
    # 格式化 sql 语句，将数据内容替换到 sql 语句中
    try:
        sqlstr = sqlstr.format(title=dataDict['title'].strip(),
href=dataDict['href'].strip(), description=dataDict['description'].strip(),
author=dataDict['author'].strip())
        result = cursor.execute(sqlstr)
        mysqlDB.commit()
        # 执行插入操作
        print("插入结果: ", result)
    except BaseException as e:
        print(e)
```

第5步 ▶ 从网页元素列表中获取详细内容。编写一个 getItemInfo 函数来处理网页获取的数据内容，获取其中的标题、链接等元素，示例代码如下。

```python
def getItemInfo(item):
    # 使用 dict 记录需要被保存的数据
    dataDict = {}
    # 获取 h2 标签内容，从中解析标题内容及链接
    titleSoup = BeautifulSoup(str(item), "html5lib")

    # 在代码块中获取 h2 的标签，即为标题标签，可以获取到标题的文本内容和链接
    titleTag = titleSoup.find(name="h2", class_="title")
    # 获取 titleTag 中的超链接 a 标签，获取链接地址和标题文本
    title = titleTag.find(name="a")
    dataDict["title"] = title.string
    dataDict["href"] = title["href"]

    # 从 item 中获取标题中的描述性文字
    descriptionTag = titleSoup.find(name="p")
    if descriptionTag != None:
        dataDict["description"] = descriptionTag.string

    # 从 item 中获取作者信息
    authorTag = titleSoup.find(name="ul", class_="author")
    if authorTag != None:
        dataDict["author"] = authorTag.find(name="a").text

    # 将 map 数据保存到 MySql 数据库中
    saveIntoMySql(dataDict)
```

第6步 ▶ 编写函数从网页内容中获取标题代码块，示例代码如下。

```python
# 获取标题列表页面中所有的标题代码块
def getTitleBlock(html):
    beautifulSoup = BeautifulSoup(html, features="html.parser")
    # 定义一个数组，保存所有的标题内容
    resultSet = beautifulSoup.find_all('section', class_="stream-list-item")
# 查找符合要求的字符串
    return resultSet
```

第7步 ▶ 编写 main 函数，完成数据从抓取到解析的处理，示例代码如下。

```python
# 定义抓取页面的主方法
# startPage 为抓取的起始页，endPage 为抓取的结束页
def main(startPage, endPage):
    # 定义抓取的起始页
    startUrl = "https://learnblockchain.cn/categories/all/featured?page={num}"
    for page in range(startPage, endPage+1):
```

87

```
# 获取到指定 url 的 html 源码
html = getUrlHtml(startUrl.replace("{num}", str(page)))
# 调用 Jsoup 对 html 源码解析，获取需要的标题内容数据
titleBlockList = getTitleBlock(html)
# 使用正则表达式解析标题代码块内的内容，并将数据保存在对象中
for item in titleBlockList:
    getItemInfo(item)
```

第8步 ▶ 调用main函数，只抓取第1页的数据内容。当宏 __name__ 为 "__main__" 时，代表脚本执行的入口，示例代码如下。

```
if __name__ == "__main__":  # 当程序执行时
    initMySql()
    # 调用函数
    main(1, 2)
    print("爬取完毕！")
    if mysqlDB != None:
        mysqlDB.close()
```

第9步 ▶ 运行程序。在运行之前，先安装html5lib包和pymysql（之前已经安装过），命令如下。

```
pip install html5lib
pip install pymysql
```

使用如下命令运行该程序。

```
python web_crawler.py.py
```

可以在MySQL数据库中查看运行结果，抓取的数据效果如图3-21所示。

图3-21　抓取的数据效果

　　上面的示例抓取了网站内的精选文章板块，只抓取了文章列表的标题、文章访问地址、内容简介及作者，并且将抓取的数据保存在 MySQL 数据库中。有兴趣的读者可以在此基础上尝试修改示例，根据文章访问地址获取文章的全部文本内容，然后将抓取到的数据保存在 MongoDB 数据库中。

本章总结

　　本章主要介绍了使用 Python 对 MySQL、MongoDB 和 Redis 等数据库进行简单的增、删、改操作。在此基础上实战演练了如何使用 MySQL 数据库来保存 Python 爬虫抓取到的数据。数据库可以说是一个应用程序的基础，掌握数据库的操作对于开发者来说至关重要，这也将为后续章节中学习和理解区块链的开发打下坚实的基础。

第2篇
区块链技术篇

通过学习第1篇的内容，读者已经掌握了Python语言的基础开发技能。本篇将着重介绍区块链的技术，包括以太坊等区块链平台的核心技术原理以及区块链技术的发展趋势等。在经历了10年以上的发展后，越来越多的人意识到，掌握了区块链技术，相当于得到了一把通往未来科技世界的钥匙。通过本篇的学习，读者能够深刻理解区块链的技术原理，了解区块链行业目前的前沿发展方向，这将对读者个人未来的职业规划提供一定的帮助和指导。

第 4 章
初识区块链

本章导读

在笔者看来，对于想要转行进入区块链行业的人来说，区块链技术原理无疑是首先要学习和掌握的内容，它最终决定了一个人能否在这个行业中立足。区块链作为比特币背后的核心技术，这一创新不仅让无数人认识到了区块链技术的独特魅力，还展现了其广阔的市场前景。本章将着重介绍区块链的设计理念和技术原理，旨在帮助读者深入理解为什么要使用区块链。

知识要点

通过本章内容的学习，您将掌握以下知识：

- 区块链的诞生与发展；
- P2P网络技术原理；
- 区块链的数据结构；
- PoW机制及其本质原理；
- UTXO与交易；
- 区块链账本的安全与挑战。

4.1 区块链的诞生与发展

区块链的诞生既带有一定的偶然性，也蕴含着其必然性。自比特币问世以来，区块链技术已经发展了超过10年的时间。在这期间，区块链技术蓬勃发展，催生了众多技术和思维上的创新，以至于很多人感觉区块链的技术更新速度极快，稍不留神就可能掉队。

4.1.1　区块链的诞生

2008年，全球性的金融危机爆发，如果关注近些年的财经新闻，会发现"2008年"这一年份在新闻中出现的频率相当高，如"2008年以来最高跌幅""2008年以来最低""2008年以来首次出现"等字眼频频出现。可以说，正是由于2008年这样严重的金融危机的出现，才间接地促使了比特币的诞生！

UTC时间2008年10月31日18时10分0秒，换算成北京时间是11月1日凌晨2点10分0秒，密码朋克邮件组收到了一封自称中本聪（Satoshi Nakamoto）的发件人投递的电子邮件，该邮件是一篇技术论文，题目为《Bitcoin: A Peer-to-Peer Electronic Cash System》（比特币：一个点对点的电子现金系统），这也就是大家现在所熟知的比特币白皮书，如图4-1所示。从此，比特币及其背后的区块链技术开始受到关注。

Bitcoin: A Peer-to-Peer Electronic Cash System

Satoshi Nakamoto
satoshin@gmx.com
www.bitcoin.org

图4-1　比特币白皮书的开头部分

比特币网络的实际启动时间为2009年1月3日（北京时间是2009年1月4日02:15:05，UTC时间是2009年1月3日18:15:05）。中本聪在位于芬兰赫尔辛基的一个小型服务器上挖出了创世块（Block#0，0号区块），至此，比特币网络正式诞生（从创世块的时间到Block#1的时间）。

在区块链圈子里，大家津津乐道的是中本聪在创世块（第一个区块）中留下的一句话："The Times 03/Jan/2009 Chancellor on brink of second bailout for banks."这是英国《泰晤士报》当天的头版标题，中文释义是"财政大臣正站在第二轮救助银行业的边缘"。这句话透露出中本聪对于当前世界上金融行业和相关政策的强烈不满，这也正是他发明比特币的初衷。

中本聪的蓝图是通过个人的技术手段发明一种大家可以不相互信任，但能够安全、可靠地进行交易的系统。在这个系统中，用于交易的流通货币便是比特币。要实现互相信任、放心交易，在没有强大国家机器背书的情况下，区块链技术便成为中本聪的选择。

4.1.2　认识密码朋克组织

在前文曾提到过，中本聪是向密码朋克（cypherpunk）组织内部的邮件列表内投递了比特币白皮书。想要了解比特币，不妨先来了解一下这个密码朋克组织。

2018年12月15日，《加密无政府主义者宣言》（The Crypto Anarchist Manifesto）的作者、密码朋克发起人之一 Timothy C. May（简称Tim May，蒂莫西·梅）去世。以太坊创始人 Vitalik Buterin 在推特上转发了 Tim May 的文章并表示哀悼。Tim May 在加密技术领域有着崇高的地位，1993年，Tim May 与 Eric Hughes（埃里克·休斯）共同提出了"密码朋克"的概念。密码朋克的核心是结合电脑朋克的思想，通过电脑技术，使用强加密（密文）的方式保护个人隐私。图4-2所示为Tim May画像。

为了交流的方便，Tim May与Eric又创建了"密码朋克邮件列表"。他们创建了一个加密邮件列表组织，通过这个组织，成员们使用加密的电子邮件进行沟通。在1993年，当电脑还没有普及时，已有1400位技术极客通过这个加密邮件列表组织进行着匿名的、自由的加密技术讨论和对未来世界的畅想。

图4-2　Tim May

早期的成员中包括许多IT行业的精英，如"维基解密"的创始人朱利安·阿桑奇、BT下载的作者布拉姆·科恩、万维网的发明者蒂姆·伯纳斯-李爵士、提出了智能合约概念的尼克·萨博等。

下面通过回顾历史，看一看密码朋克组织在加密数字货币技术领域取得的相关突破。

1991年，Stuart Haber和Scott Stornetta发表了论文《How to Time-Stamp a Digital Document》，其中提出了用时间戳确保数字文件安全的协议，这也是今天所谓区块链链条的雏形。1993年，他们又改进了这项技术。

1997年，英国的密码学家亚当·贝克（Adam Back）发明了哈希现金（Hashcash），其中就用到了工作量证明机制（Proof of Work）。这个原型原本是用来解决互联网垃圾邮件问题的，后来成为比特币的共识机制。

1998年，Wei Dai在密码朋克邮件列表中第一次阐述了B-Money的设想，B-Money也被认为是比特币的前身。

2008年10月31日，这个"密码朋克邮件列表"中的技术极客们收到了一封特别的邮件——比特币白皮书，从此区块链技术登上了历史的舞台。中本聪在比特币白皮书中引用了Wei Dai的论文，也正是因为密码朋克这样的组织存在，比特币及其背后的区块链技术才得以诞生。

4.1.3　区块链技术的高速发展

随着比特币声名鹊起，区块链技术也走到了前台，受到了技术爱好者的广泛关注。越来越多的技术专家加入这个领域，区块链技术在各种创新理念的推动下高速发展。

比特币诞生后，模仿者众多，但初期的一些模仿者仅仅是发行了一个新的数字货币，从技术角度来说，这些新的数字货币缺乏实质性的创新。2013年11月，以太坊白皮书问世，Vitalik Buterin（现在通常被称作"V神"或"小V"）受比特币启发提出了以太坊的概念。与以太坊相比，比特币最大的创新在于引入了智能合约，这一创新使得区块链时代从可编程货币时代进入了可编程金融时代。使用智能合约，开发者可以不再局限于数字货币的交易，而是可以开发各种金融衍生品的应用。

以太坊的诞生极大地推动了区块链行业的发展，然而，比特币、以太坊等公链项目每秒交易量（Transactions Per Second，TPS）过低的问题却总是被人诟病。2017年4月，Daniel Larimer（网名是ByteMaster，简称BM）公布了新项目EOS（Enterprise Operation System，企业操作系统）。BM对

EOS架构进行了大胆设计，通过引入21个超级节点的机制来减少矿工挖矿时的算力消耗。这种共识方式旨在支撑更高的TPS，但是EOS的共识方式也可能诱发超级节点作恶，因此EOS的发展也并非一帆风顺。

每一个区块链行业从业者或多或少都会对区块链系统的未来有所展望。出于对某些商业场景上的考虑，比特币、以太坊、EOS等区块链平台无法满足一些商业应用的需要，尤其是在安全性和准入方面。于是，有人提出了联盟链的概念。2015年12月，Linux基金会牵头启动了Hyperledger项目，该项目旨在推动区块链技术在金融、物联网、供应链、制造业等多个行业的应用。Fabric是Hyperlerger项目中的明星产品，也是目前联盟链领域的佼佼者。同时期，国内多家技术企业也在积极探索区块链技术与商业的结合，并做出了很多创新。国内的联盟链明星项目有FISCO BCOS（微众银行）、XuperChain（百度）、ChainMaker（微芯研究院）、CITA（秘猿科技）等。

区块链技术发展十余年，大家逐渐意识到当前的区块链技术仅仅是一个开端。区块链技术发展至今，各种专项技术方向都值得深度挖掘。例如，有专门研究跨链技术的团体，这方面的明星项目是Polkadot（通过Substrate框架创建）。国内众多区块链开发厂商也同样在积极探索跨链技术。另外，由于国家出台了新的法律规定，将数据视为新的生产资料，因此隐私保护显得尤为重要。密码学家们一直在积极研究各种隐私保护技术，包括零知识证明、环签名、群签名、同态加密等技术。

区块链技术的创新日新月异，对于开发者来说，这是一个既竞争激烈又充满机遇的时代。

4.2 P2P 网络

区块链第一个让人想到的特点是去中心化。中本聪必须通过技术手段确保记账方式是安全的、可信的、可靠的。很显然，传统的中心化账本记账方式不能满足这种要求，因此最合理的方式是采用分布式多点记账。于是，中本聪选择了P2P网络技术来实现这一目标。

4.2.1 P2P 网络概述

P2P（Peer to Peer，简称P2P）也称为对等网络，网络内的节点之间是平等的。这种平等性是相对于C/S（客户端—服务器）拓扑结构而言的。在C/S结构的中心化系统中，服务器扮演着至关重要的角色，一旦服务器出现故障，整个系统将可能无法正常使用。而P2P网络则不存在这个问题，因为每个节点既是服务器也是客户端，单点故障不会影响整个网络的服务能力。

1998年，美国波士顿大学的一年级新生，18岁的肖恩·范宁开发了一个可以在网上免费下载MP3音乐的软件Napster。Napster的网络拓扑结构实际上是中心化拓扑（Centralized Topology），它的中心化服务器记录了与之连接的节点的资源信息。虽然Napster的中心化服务器并不直接提供资源下载服务，但它通过为用户提供下载资源列表和对应的客户端地址，间接地促进了资源的共享。然而，正是因为这一点，Napster后来遭到了唱片公司的起诉，最终败诉。Napster的网络拓扑结构如图4-3所示。

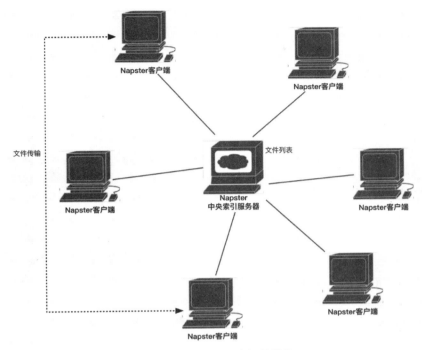

图4-3 Napster的网络拓扑结构

虽然唱片公司赢得了诉讼，但并没有获得最终的胜利。互联网的用户们通过Napster，认识了P2P技术的魅力和玩法，并且对其进行不断改进。之后，又先后诞生了全分布式非结构化拓扑（Decentralized Unstructured Topology）、全分布式结构化拓扑（Decentralized Structured Topology）、半分布式拓扑（Partially Decentralized Topology）这几种网络拓扑结构。具体介绍如下。

（1）全分布式非结构化网络在重叠网络中采用了随机图的组织方式。节点度数服从"Power-law"（幂律）分布规律，因此能够较快地发现目的节点。面对网络的动态变化，这种网络结构体现了较好的容错能力，从而具有较好的可用性。此种网络结构最典型的案例是Gnutella。Gnutella实际上是一种协议，它和Napster最大的区别在于Gnutella是纯粹的P2P系统，没有索引服务器，而是采用了基于完全随机图的洪泛发现和随机转发机制。然而，随着联网节点的不断增多，网络规模不断扩大，网络流量也会急剧增加，导致数据发现的准确性和网络的可扩展性都不太理想。Gnutella的网络拓扑结构如图4-4所示。

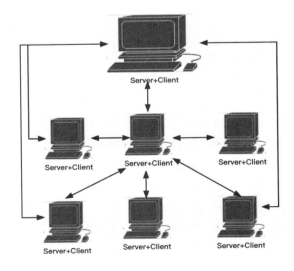

图4-4 Gnutella的网络拓扑结构

（2）全分布式结构化拓扑的P2P网络主要是采用分布式散列表（Distributed Hash Table, 简称DHT）技术来组织网络中的节点。

（3）半分布式拓扑结构吸取了中心化结构和全分布式非结构化拓扑的优点。它选择性能较高（在处理、存储、带宽等方面）的节点作为超级节点（英文表达为SuperNodes或Hubs）。在各个超级节点上存储了系统中其他部分节点的信息。发现算法仅在超级节点之间转发，超级节点再将查询请求转发给适当的叶子节点。半分布式拓扑结构如图4-5所示。

半分布式拓扑结构也是一个层次式结构。其中，超级节点之间构成一个高速转发层，超级节点和其所负责的普通节点则构成若干层次。半分布式结构的优点是性能较好、可扩展性强、较容易管理；但对超级节点的依赖性大，易受攻击，因此容错性也受到影响。采用这种结构的最典型的案例就是KaZaa。

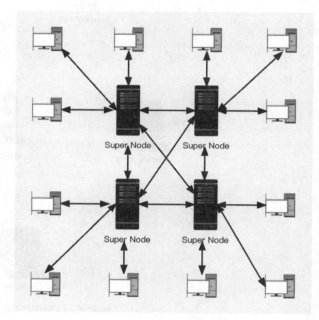

图4-5　半分布式拓扑结构

2008年，中本聪在编制比特币白皮书时，P2P网络技术已经非常成熟，比特币选用的是半分布式拓扑结构。

4.2.2　P2P 网络的搭建要点

P2P网络虽然拼写简单，但搭建起来并不轻松。在同一个局域网内，两个节点之间建立连接相对容易。然而，如果它们不在同一个网络中，这种连接的建立就要借助NAT（Network Address Translation，网络地址转换）技术或UPnP（Universal Plug and Play，通用即插即用）协议来实现连接。

以NAT举例，其技术原理如图4-6所示。客户端A与客户端B想要通信，双方都需要通过NAT技术生成公网映射IP，因为它们各自处于不同的局域网内。由于一开始双方并不知道双方的公网地址，所以它们必须通过一个中间服务器进行介绍，这样两个客户端才能相互识别并建立连接。

另外，由于路由器的安全设定，陌生IP发送来的消息通常会被直接丢弃。两个节点建立P2P连接的步骤如下（以UDP模式举例）。

图4-6　P2P网络搭建示意图

第1步 ▶ 客户端A与服务器建立连接。

第2步 ▶ 客户端B与服务器建立连接（此时，服务器已经同时获得了客户端A和客户端B的公网IP和端口信息）。

第3步 ▶ 服务器将客户端A的地址信息发给客户端B，同时将客户端B的地址信息发给客户端A。

第4步 ▶ 客户端A尝试向客户端B发送数据包（也可以是客户端B先发起）。然而，当此消息到达客户端B所在的路由器时，由于路由器不认识这个来源的IP，消息可能会被路由器丢弃。

第5步 ▶ 客户端B向客户端A发送数据包。由于之前客户端A已经向客户端B发起过连接请求，这个请求已经在客户端A所在的路由器中留下了客户端B的公网地址信息。因此，此时客户端A的路由器不会丢弃客户端B的请求。同时，客户端B所在的路由器也会因为客户端B发送消息而记录客户端A的公网地址。至此，客户端A和客户端B之间的通信通道已经建立完成。

区块链网络启动时，软件内部通常会内置一些DNS种子节点或硬编码节点作为初始连接点。其中，DNS种子节点是首选，当这些节点都不可用时，会使用硬编码节点。比特币软件通过种子节点或硬编码节点列表来获取其他节点的信息，并通过TCP/IP协议尝试建立连接。当连接建立成功后，就代表本机已经成功加入了区块链节点网络。

4.2.3 区块链网络的数据同步机制

为了实现去中心的账本，需要构建P2P网络。但是，账本的交易数据是如何在这些节点之间同步的呢？这就涉及区块链的交易传播协议——Gossip Protocol。习惯上，我们把Gossip称为"流言算法"，它也有一个较为形象但可能让人联想到负面场景的名字——"流行病协议"。这个协议的工作原理就像其名字所表示的那样，非常直观且易于理解，它的传播方式非常直观，且在我们日常生活中有很多类似的例子，比如，电脑病毒的传播、森林大火的蔓延、细胞的繁殖等，都展示了其快速的传播速度。

在Gossip数据同步过程中，通常由一个或多个种子节点发起，当一个种子节点有状态更新需要传播到网络中的其他节点时，它会随机选择周围的几个节点来散播消息。收到消息的节点也会重复这个过程，直至最终网络中所有的节点都收到了消息。这个过程可能需要一定的时间来完成。虽然无法保证某个特定时刻所有节点都收到了消息，但是理论上，随着时间的推移，所有节点最终都会收到消息。因此，Gossip Protocol是一个最终一致性协议。图4-7是一个数据正在节点间同步的过程。

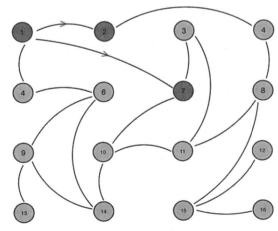

图4-7　Gossip协议示意图

4.3 区块链的数据结构

在4.2节，介绍了区块链如何通过P2P网络技术，实现分布式多点记账，以此来保证账本的安全。本节将继续介绍中本聪如何通过技术手段保证账本的安全及不可篡改性。

4.3.1 哈希函数

哈希函数在区块链技术中扮演着至关重要的角色。哈希函数，音译自hash，通常被翻译为"散列"或"杂凑"。本书中所提及的哈希函数特指密码学领域的哈希函数，它们是一类特殊的函数，主要作用是将任意长度的输入数据变换成固定长度的输出值。

哈希函数的出现主要是为了满足数据防篡改的需求。例如，小叶在前一晚编写了一个重要的文件（可能包含多人的工资信息），第二天早上需要继续使用。他如何确保第二天早上来的时候这个文件没有被他人篡改呢？

考虑到他的电脑可能被同事操作或被黑客侵入，如果他不想将文件存放在物理上绝对安全的空间里，就需要借助技术手段来验证文件是否被篡改过。这就是哈希函数的一个重要应用场景。小叶可以在文件编辑完成后计算其哈希值，并将该哈希值记录下来（确保记录不会被篡改）。第二天早上，他再计算一次文件的哈希值，并与之前记录的哈希值进行比较。如果两者一致，就说明文件没有被篡改过。实际上，很多软件提供商在对外发布程序时都会提供哈希校验值，以便下载者验证下载的程序是否经过了未知改动。

通过上面的例子，大家可以很容易地联想到，比特币也要考虑账本的防篡改性，哈希函数正是解决这一问题的理想工具。中本聪之所以选择使用哈希值进行验证，主要是基于哈希函数的三个关键特性，一是空间压缩，哈希值是一个固定长度的数值，只需32个字节，远小于源文件的大小；二是易于计算，哈希值的计算应该相对高效，如果计算哈希值非常困难，那么这种方法将失去实用价值；三是防碰撞性，即对于不同的输入，产生相同哈希值的概率极低。如果攻击者很容易找到一种修改文件的办法，并且使新计算的哈希值与原哈希值相同，那么他将能够成功骗过验证系统。因此，哈希函数的防碰撞性是确保比特币安全的关键之一。在密码学领域，只有经过严格验证和广泛应用的算法设计才能确保安全。实际上，加密哈希函数的算法都是公开的，并且主流的编程语言都提供了相应的算法库支持。

再解释一下什么是碰撞。如图4-8所示，对于Y=H(x)这样的算式，其中H是哈希函数。所谓碰撞，就是指存在两个不同的输入x和x'，产生了相同的输出（哈希值），此时就发生了碰撞。哈希函数的碰撞是一定存在的，因

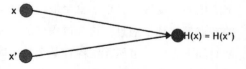

图4-8 哈希碰撞示意图

为哈希函数的输入没有限制，输出是固定长度，换句话说就是无限的输入对应有限的输出，发生相同哈希值的情况一定会存在，但这种情况在密码学里叫理论上的存在，实际上由于哈希值的取值范围过大，没有人能够做到真实碰撞。

常用的哈希函数包括MD4、MD5、SHA-1、SHA-256、RIPEMD-160、SHA-512、KECCAK-256、SM3等。比特币使用的哈希函数为SHA-256，以太坊使用的哈希函数为KECCAK-256，SM3属于国产加密哈希函数。在上述哈希函数中，MD4、MD5、SHA-1已经不推荐使用，因为他们的碰撞算法已经被破解。

4.3.2　时序的链块式结构

前一小节介绍了哈希函数相关的特性，并了解到哈希函数可以用来防篡改。那么哈希函数是如何在比特币中使用的呢，这就要看比特币的数据结构了。比特币要维护一个公共账本，账本内记录比特币网络内的交易记录。实际存储时，比特币使用一个个区块（block）来存储交易数据，并且通过哈希指针连接这些区块，这样就形成了链块式结构，这也是"区块链"名称的由来。

如果把区块链结构简化理解的话，可以认为它内部主要包含交易信息、时间戳、前一区块的哈希值和当前区块的哈希值。时间戳实际上是一个距离UNIX纪年（1970年1月1日0时0分0秒）的秒数，用来记录区块的生成时间。链块式结构的重点是，后一个区块中始终会包含并存储前一个区块的哈希值，这样就可以保证每次拿到一个区块，都可以通过查找并验证前一个区块哈希的方式，依次找到它前面的区块，直至遍历完整的区块链数据，如图4-9所示。

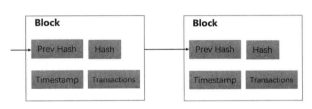

图4-9　区块链结构示意图

这样设计的好处是非常明显的，如果有人想要篡改账本，即修改区块中的交易记录，那么必将导致该区块的哈希值发生变化。由于区块链是通过哈希指针连接各个区块的，一旦某个区块的哈希值改变，它之后的区块将无法再与其正常连接，篡改行为将很容易被发现。为了保证链块能够顺利连接，篡改者甚至需要重新计算此后所有区块的哈希值，这个修改成本无疑是巨大的。而且，即使篡改者成功修改了自己机器上的账本，网络中的其他节点也不会认可这一修改结果。

另外，由于每个区块中都会包含一个创建区块时的时间戳，区块链是按照时间顺序逐渐递增的链表结构。因此，整体上而言，区块链是一个有着时序性的链块式结构。

4.3.3　默克尔树

利用哈希指针可以极大地防止数据被篡改，从设计上来说确实非常巧妙。比特币的巧妙之处远不止于此，通过运用哈希函数，它还进一步增加了数据篡改的难度。接下来，介绍默克尔树和区块结构。

比特币的每个区块分为两部分，分别是区块头和区块体。区块体结构相对简单，主要存储交易记录，因此也占用更大的存储空间。而区块头部分只保留了区块链的部分关键信息，虽然其结构比区块体复杂，但数据量更为轻量。对于轻节点来说，它们只需要同步区块头数据就可以完成区块链信息的验证，而无需同步大量的完整区块数据。

将区块头和区块体能够分开存放的关键就在于默克尔树这样的数据结构设计。默克尔树是一个平衡二叉树，它的特点是所有叶子节点都存储交易数据的哈希值，而非叶子节点是由其下属两个节点的哈希值通过哈希函数计算得到的，如图4-10所示。当某个交易数据被篡改时，由于哈希函数的雪崩效应，该交易对应的叶子节点的哈希值会发生变化，这一变化会逐级向上传递，进而影响到其父节点、祖父节点等，一直到根节点的哈希值。因此，篡改行为可以快速被发现，且无法通过验证。默克尔树不仅可以用于快速验证交易数据是否被篡改，还可以快速定位一个交易是否存在于某个区块中。

默克尔树很容易验证交易是否在交易树中，如图4-11所示，它无需知道所有默克尔树的所有节点情况，只需要知道关键路径上的几个节点就可以完成验证。

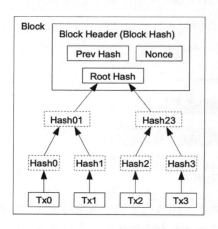

图4-10　默克尔树结构示意图

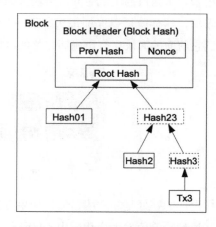

图4-11　默克尔树交易验证示意图

比特币的区块头包含了6个核心字段，它们分别是版本号、前一个区块的哈希值、默克尔树的根哈希、区块生成的时间戳、区块生成的难度目标、用于工作量证明的随机数Nonce。每个字段对于比特币的运行都是必不可少的。

4.4　PoW 机制

此前，通过P2P网络、哈希函数、时序的链块式结构及默克尔树等技术，确保了区块链的数据不可篡改。然而，这对于发行一个数字货币是远远不够的。中本聪还需要解决两个问题，一是比特币的可信发行问题，二是节点的激励问题。节点维护比特币账本需要服务器，这无疑需要很高的成本。因此，仅仅依靠情怀是无法维持这种高成本的，必须对节点进行激励。本节主要介绍如何利用 PoW 这个妙计同时解决这两个问题。

4.4.1　分布式网络中共识的意义

比特币从设计之初就决定了它必然是一个分布式网络。作为分布式网络，最重要的问题自然是共识问题。提到共识，就避不开拜占庭将军问题。

拜占庭位于如今的土耳其伊斯坦布尔，曾是东罗马帝国的首都。由于当时拜占庭罗马帝国国土辽阔，军队与军队之间间隔很远，将军与将军之间只能靠信差传递消息。在战争的时候，拜占庭军队内所有将军和副官必须达成共识，决定是攻击还是继续防御。但是，在军队内有可能存在叛徒或敌军的间谍。在已知有成员谋反的情况下，其余忠诚的将军如何能够不受叛徒的影响达成共识，拜占庭将军问题就此形成。

将这个问题类比到分布式网络架构的语境中，拜占庭将军问题可以理解为在缺少可信任的中央节点和可信任的通道的情况下，分布在网络中的各个节点应如何达成共识。回到区块链和比特币的讨论中，如果大家无法达成共识，那么将会导致账本不可靠、不可用。因此，很多人会说，共识算法才是区块链的灵魂。

关于分布式共识，有一个著名定理：FLP 不可能性定理。该定理的论文是由 Fischer、Lynch、Patterson 三位作者于 1985 年发表，该论文也获得了 Dijkstra 奖。FLP 定理表明，在异步通信场景下，即使只有一个进程失败，也没有任何算法能保证非失败进程达到一致性！

FLP 定理指出，不存在适用于任何场景的分布式一致性算法。但是，在假设一些特定情况的前提下（即将分布式场景固定化并作出一定假设），是可以得到一些一致性算法的。

例如，假设网络中不存在恶意节点，只可能存在故障节点。此时，只要网络中节点数符合条件（2N+1，N 代表故障节点数量，正确节点可以超过半数），就可以达到一致性，基于这样假设的算法有 Paxos、ZAB、Raft 等。

更为复杂的情况是，网络中不仅存在故障节点，还存在恶意节点。恶意节点会故意散发错误消息。假设每个节点的身份都可以被识别（通过数字签名技术），这样节点间也可以通过彼此间互通消息的核验来识别出恶意节点。此时，若节点数量符合一定要求（3F+1，F 为拜占庭错误节点数量），也可以完成共识，这样的算法被称为拜占庭容错算法。比较常见的有 BFT（拜占庭容错算法）、PBFT（Practical Byzantine Fault Tolerance，实用拜占庭容错算法）。

说到底，面向假设的分布式一致性算法都是少数服从多数的算法，这些算法对节点数量有着严格的要求。

4.4.2　什么是 PoW

对于中本聪来说，他创造的比特币同样需要解决类似拜占庭将军问题这样的共识难题。然而，在比特币的白皮书中并未直接提到拜占庭将军问题，这并非因为中本聪不知道这个问题，而是因为这个问题已经被FLP定理证明过了，是无解的。

比特币面对的是一个开放性网络，在节点数量这一环节上是无法假设的。中本聪并没有逃避这个问题，而是采用了区块链+PoW的解决方案。

PoW是Proof of Work的缩写，翻译过来是工作量证明。PoW的设计灵感来自Hashcash，Hashcash使用一种叫作工作量证明的技术来防止垃圾邮件。简单来说，PoW就是通过提交工作成果来证明为之付出了大量的计算工作。

比特币面临的另外一个问题是可信发行。为了确保比特币不由某个机构或个人特定发行，中本聪借鉴了贵金属发现困难的思想，比特币可以由人为发现并流通，但发现的过程一定是困难的，并且一次只能发现少量比特币。这个发现的过程就可以被设计为工作量证明，只有付出了足够计算工作的节点才能发现比特币。因此，在比特币网络内就产生了一个非常重要的角色：矿工。

矿工在付出工作量并得到网络确认后，就可以在区块链上增加一个区块。这样既解决了账本维护的问题，也解决了比特币的发行问题。比特币的共识还要遵循最长链原则，所有矿工节点都会默认在最长链之后增加新的区块，否则其提交的区块将不会被网络接受。因此，可以说区块链+PoW为拜占庭容错问题提供了一个有效的解决方案。

4.4.3 PoW 的本质原理

根据前面的介绍，大家知道PoW对于比特币来说非常重要，那么PoW如何来实现呢？实际上，对于工作量证明有很多解决办法，比特币选择的是解决一个数学难题。这个难题必须符合三个要求：第一，求解方式明确；第二，求解过程困难；第三，可快速验证。

比特币所选用的数学难题是求解小于某个数值的区块哈希值。对于程序员来说，更直观的解释是求解一个前面N位都是0的哈希值。图4-12展示了一个区块的哈希值。

由于哈希函数是单向函数，哈希值的产生看似没有规律可言，因此无法从哈希值直接推断出输入内容。这意味着计算符合条件的哈希值没有比蛮力破解更快的办法。对于新产生的一个区块来说，由于交易形成的默克尔树根、时间戳、前一区块的哈希值、版本号都是固定的，要想每次获得一个不同的哈希值，必须引入一个变化因子。这个因子在比特币中被称为Nonce（随机值），它是一个在区块生成过程中不断尝试变化的数值。矿工所谓的"挖矿"实际上就是在不停地尝试不同的Nonce值，直到找到符合条件的哈希值。当计算得到符合条件的哈希值后，矿工需要立即广播该区块信息，以便其他节

图4-12　一个区块的哈希值

点对该区块内容进行验证。验证通过后，矿工们会更新自己的挖矿计划，包括更改前一区块的哈希值，剔除掉已经被打包过的交易，添加新的交易到新的区块，然后重新开始新一轮的哈希值计算比拼。

在中本聪的设计中，比特币被设计为一个通缩的货币系统。最初，矿工每增加一个区块可获得 50 个比特币作为奖励。随着时间推移，每当全网成功挖出 21 万个区块后，比特币单个区块的奖励会减半。因此，奖励会依次减半为 25 个、12.5 个、6.25 个比特币等，直到最终趋近于 0。由于比特币网络可以动态调节挖矿难度，基本可以保证平均大约 10 分钟会产生一个新区块的速度，这样算来，大约每 4 年比特币的挖矿奖励就会减少一半。最终，比特币的总产量将限制在 2100 万个左右。

大家可能马上会想到，如果最终没有区块奖励，矿工还会参与挖矿来维护比特币账本吗？这个不必担心，中本聪必然考虑到了。矿工在打包交易的时候也会赚取交易的手续费，这也足以支撑未来的矿工去维护比特币账本了。

4.5　UTXO 与交易

区块链要维护一个去中心化的账本，在这个账本（区块）内记录的是交易信息。因此，说交易是区块链的核心组成部分也不为过。中本聪在设计这个账本时，并未采用传统的账户余额模型，而是创新性地使用了 UTXO 模型。接下来，本节将详细介绍 UTXO 模型及其交易原理。

4.5.1　什么是 UTXO

UTXO（Unspent Transaction Outputs）翻译为未使用的交易输出，这个名字可能听起来有些奇怪。为了更好地理解它，我们可以将其与传统的账户余额模型进行对比学习。

假设有这样一个业务场景：张三、李四、王五共同参与区块链交易，张三一开始获得系统奖励 12.5，之后他向李四转 2.5，最后张三、李四每人给王五转 2.5，所有交易环节完成。

首先，用账户余额模型来模拟这样的过程，整个数据变化的过程如图 4-13 所示。

接下来，用 UTXO 模型来表达同样的过程，在这里先简化一下比特币的交易结构，每个交易仅包含一个交易 ID，若干个交易输入，若干个交易输出（TXO）。对于比特币系统来说存在两类交易，分别是 CoinBase 交易和普通交易，CoinBase 交易也就是挖矿交易，挖矿交易没有交易输入。

先模拟挖矿给张三 12.5 的交易，如图 4-14 所示，交易

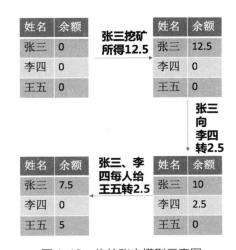

图 4-13　传统账户模型示意图

ID为#1001，最终产生了针对收款人张三的12.5个比特币的交易输出（TXO）。此时的12.5对于张

三来说就是未使用的交易输出（UTXO），所以张三此时的余额是12.5。李四和王五因为未产生相关交易，因此暂时未涉及。

CoinBase 交易 交易ID：#1001			
交易输入	交易输出		
	序号	余额	收款人
	0	12.5	张三

图4-14　UTXO交易（一）

接下来，模拟张三向李四转2.5，此时要用到之前张三的UTXO，如图4-15所示，在交易ID为#1002的交易中需要在交易输入中引用交易ID为#1001的0号输出，也就是之前张三的挖矿所得。交易完成，李四获得2.5个比特币，但由于UTXO模型的特点是一旦被引用过就代表是已经使用过的交易输出，不能再次被引用了，因此需要给张三一个找零，因此#1002交易中产生了第2笔交易输出，张三收获10个比特币。最终的结果是张三的余额为10，李四的余额为2.5。

最后，模拟张三、李四每人给王五转2.5个比特币，如图4-16所示。交易ID#1003所对应的交易要引用两个交易输出，分别是交易ID#1002的0号输出和1号输出，也就是使用张三和李四的余额。此交易同样也会产生2个输出，一个是给王五5个比特币，同时给张三找零7.5个比特币。同样，由于交易

CoinBase交易 交易ID：#1001				
交易输入		交易输出		
交易ID	输出序号	序号	余额	收款人
		0	12.5	张三

普通交易 交易ID：#1002				
交易输入		交易输出		
交易ID	输出序号	序号	余额	收款人
#1001	0	0	2.5	李四
		1	10	张三

图4-15　UTXO交易（二）

ID#1002中的0号交易输出和1号交易输出都被引用过了，此时它们代表了已经花费掉的交易输出，不能再作为统计余额使用。最终产生的数据结果是张三的余额为7.5，王五的余额为5，这个结果与之前的账户余额模型结果是一致的。

CoinBase交易 交易ID：#1001				
交易输入		交易输出		
交易ID	输出序号	序号	余额	收款人
		0	12.5	张三

普通交易 交易ID：#1002				
交易输入		交易输出		
交易ID	输出序号	序号	余额	收款人
#1001	0	0	2.5	李四
		1	10	张三

普通交易 交易ID：#1003				
交易输入		交易输出		
交易ID	输出序号	序号	余额	收款人
#1002	0	0	5	王五
#1002	1	1	7.5	张三

图4-16　UTXO交易（三）

4.5.2 比特币交易模型

此前，为了介绍UTXO原理，将交易结构简化了。本节将详细介绍区块链账本的数据结构和交易模型。

如图4-17所示，一条区块链交易包含四部分核心数据，分别是版本号、交易输入（交易输入数量和交易输入数组）、交易输出（交易输出数量和交易输出数组）、锁定时间。其中，版本号是检查兼容性的关键要点，交易输入数量和交易输入数组是一对数据组合，这实际上是按照C/C++编程风格定义的数据内容，交易输入数组里存放若干个交易输入信息，交易输入数量则是用来说明数组内到底存放了多少个交易输入。交易输出数量和交易输出数组的定义方式与交易输入类似，每个交易里新产生的交易输出，在没有被其他交易的交易输入引用时，这些交易输出就是前文介绍的UTXO。锁定时间主要是用来对交易在时间上加以限制，如延迟交易等，这个时间设定一般使用区块号作为基准。例如，可以在10个区块后解除锁定。

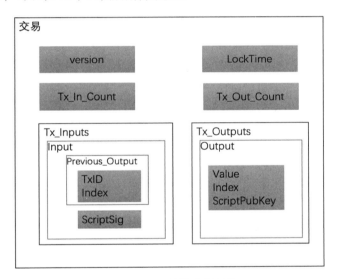

图4-17 区块链交易结构

区块链客户端软件可以构建交易，并将交易在网络中广播。每个节点都可以验证交易的合法性，验证成功的交易将会被矿工通过PoW机制打包到区块内并增加到区块链中。

4.5.3 交易脚本

在4.5.2小节，介绍了交易结构中包含交易输入数组和交易输出数组，在图4-17中，也可以看到交易输入和交易输出都是结构类型。每个交易输入内包含对UTXO的引用，还有很关键的ScriptSig（解锁脚本）。每个交易输出包含金额、序号、ScriptPubKey（锁定脚本）。这里需要简单介绍一下，比特币账户地址在创建时会基于椭圆曲线算法创建一对密钥，分别是私钥和公钥。其中私钥代表权利，交易签名时必须使用私钥来执行，公钥可以验证交易签名是否合法。

细心的读者应该在交易结构里发现了特殊的存在，那就是脚本。交易数据并没有像人们想象的那样，直接在交易内体现出张三转李四多少资金的情况，而是通过复杂的 UTXO，再加上脚本来验证和执行交易。

交易脚本由特定的脚本语言开发，该语言专门为比特币脚本而设计，比特币脚本是基于栈的、无状态的、非图灵完备的语言。图灵完备（Turing Complete）是指机器执行任何其他可编程计算机（图灵机）能够执行计算的能力。通常情况下，如果一门语言支持条件判断、循环处理等，该语言就是图灵完备语言。出于安全和运行结果确定性的考虑，中本聪在设计比特币脚本语言时并未使其支持循环，所以比特币脚本语言是非图灵完备的。

在交易输入中的 ScriptSig 一般被称为解锁脚本，交易输出中的 ScriptPubkey 一般被称为锁定脚本，比特币脚本是将配对的解锁脚本和锁定脚本合并交由栈机器执行。锁定脚本有多种分类，最为常见的有两类，一类是 P2PKH（Pay to Public Key Hash，支付给公钥哈希），另一类是 P2SH（Pay to Script Hash，支付给脚本哈希）。第一类是指收款方是收款方公钥的哈希值，99.9% 的交易都是该类型，第二类则是指收款方是一个脚本的哈希值，相对而言，第二类锁定脚本更灵活。

下面的示例是区块编号 80361 中的一个交易详情。scriptSig 定义了解锁脚本，scriptPubKey 字段定义了交易输出的锁定脚本。OP_DUP、OP_HASH160 这样的指令可以在比特币维基百科网站查询其代表的含义。这些指令实际上也就是比特币脚本虚拟机的机器码，在执行过程中可以包含地址复制、哈希运算、哈希检查、签名检查等，最终通过脚本执行结果来检测交易的合法性并完成交易的执行。

```
{
    "txid": "5c46c920fcf226985386fc16e0ae05733dcd8e1d53a371619952927ef5a780ab",
    "hash": "5c46c920fcf226985386fc16e0ae05733dcd8e1d53a371619952927ef5a780ab",
    "version": 1,
    "size": 158,
    "vsize": 158,
    "weight": 632,
    "locktime": 0,
    "vin": [
        {
            "txid": "bbf156a2a7ef8118ea13095a70dbee4e94a9beb1a124759a5bc83f34
                eecf5366",
            "vout": 0,
            "scriptSig": {
                "asm": "304502200b08abb9a4cc8d197b247c249c1b37de4174f09d34587
                    618113941998580c74502210084b1da0b7bca80c129e772ba617f5210
                    45ae02db77ec6e386e68958484672351[ALL]",
                "hex": "48304502200b08abb9a4cc8d197b247c249c1b37de4174f09d345
                    87618113941998580c74502210084b1da0b7bca80c129e772ba617f52
                    1045ae02db77ec6e386e6895848467235101"
```

```
                }
            }
        ],
        "vout": [
            {
                "value": 50,
                "n": 0,
                "scriptPubKey": {
                    "asm": "OP_DUP OP_HASH160 87ae26e46425e34cdfaac6582fd764d4d4f
                        363d4 OP_EQUALVERIFY OP_CHECKSIG",
                    "hex": "76a91487ae26e46425e34cdfaac6582fd764d4d4f363d488ac",
                    "address": "1DNQrBii7aNKnU4Q9esDpWXK3BfPG3uATt",
                    "type": "pubkeyhash"
                }
            }
        ]
    }
```

交易脚本极大地增强了区块链交易的扩展性。关于脚本的执行，就介绍到这里。对于交易脚本特别感兴趣的读者，可以在维基百科网站进行更深入的研究。

4.6　区块链账本的安全与挑战

通过前面理论性的介绍，相信读者已经了解了区块链技术确保了账本的安全。但是，针对一个发行的现金系统而言，它的安全性必须能够经受挑战，本节主要介绍比特币可能遭受的安全攻击和挑战。

4.6.1　双花攻击

所谓双花，就是一笔余额用于两次或多次支付。双花攻击是电子现金系统最容易遭受的攻击，对于纸币体系来说，大家只要遵守一手交钱、一手交货的原则就不会出现双花。当前的银行、支付宝、微信等支付工具也不存在双花攻击，因为借助中心化数据库的事务特性，同一笔资金也不可能存在消费两次的可能。

根据4.4节的介绍，大家知道区块链交易被打包到区块中大概需要10分钟，只有被打包到区块中的交易才算是被确认，也就是说交易具有10分钟左右的延迟性。既然这么长时间的延迟，区块链系统是不是有可能出现双花攻击呢？相信读者们都知道答案是什么。下面来分析一下，双花为什么不可能在区块链网络中出现。

想要双花，攻击者一定要在之前的交易未被确认时，再发起一笔新的交易。假设A在某个区块被确认后获得了100元奖励，他向B和C同时转100元，单独去验证这两笔交易，这两笔交易都是合法的。但是，如果把他们放到时序的区块链中，就会有问题了。如图4-18所示，A在某个区块获得了100元，他创建2个交易分别向B和C转100元，他想利用区块生成的时间差来制造双花。很容易想到，如果两个交易出现在同一个区块肯定无法通过验证（A只有100），因此只能有一个交易先被打包到区块中，此时另一笔交易如果在之后的区块产生是没法通过验证的，因为区块N+1已经消耗了A的余额。

通过上述分析，我们可以得出结论，若想双花，则不能按照顺序去增加区块，以图4-18来说，不能在N+1区块后去增加A的双花交易。因此，必须在N+1区块前重新生成区块，这将会导致区块链出现分叉！比特币分叉主要分为两种，如图4-19所示，一种是因软件行为差异导致的分叉，这种分叉被称为软分叉，如我们说的双花攻击就是借助软分叉的方式；另一种是因软件版本升级出现根本性分歧导致的分叉，这种分叉被称为叫硬分叉。

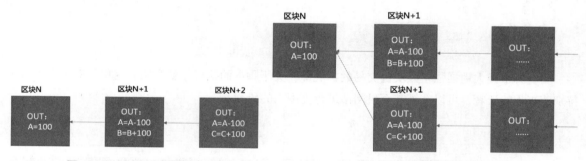

图4-18　双花攻击示意图　　　　图4-19　区块链账本分叉示意图

由于区块链网络的最长链原则，双花攻击者即使成功增加了区块，也需要不断地在其后继续增加区块，否则全网的矿工还是按照最长链原则逐渐废弃掉该分叉。另外，大家也看到，即使它的分叉成功，那么原来分支的交易也就自动无效。因此，双花攻击只是美好的幻想！但这个分析却给了我们一个提醒，通过分叉可以攻击区块链网络，只不过这需要很强的算力。

4.6.2　51%攻击

对于早期的区块链系统，矿工们的挖矿竞争主要是比拼单位时间内计算哈希值的次数，也就是算力比拼。从理论上来说，拥有更高算力的矿工在竞争新增区块的权利时具有优势，也就是说算力比较强的矿工有可能对区块链网络构成威胁。

所谓51%攻击，在网络中主要是指联合算力超过51%的矿工一起发起攻击，恶意地打包或篡改区块。在不同的共识机制网络中，51%攻击代表的含义也不同。例如，在以PoS（Proof of Stake，权益证明）为共识机制的网络中，51%攻击是指持有该网络代币数量超过51%的持有者发起攻击。如图4-20所示，当产生分叉时，攻击者们必须持续在分叉分支上增加区块，这相当于与全网的算力进行对抗。

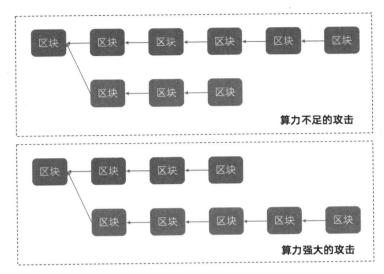

图4-20　攻击示意图

因此，若想攻击成功，很多时候要求攻击者具备超强的算力或财力。

4.6.3　激励相容

在区块链网络中，即使矿池拥有超高算力，通常也不会对区块链网络发起攻击。这是因为矿工们的利益与网络的价值紧密相连。对于矿工们来说，他们拥有的算力越强，他们就越希望持有筹码（网络中流通的代币）能够保值或增值。因为筹码本身就是一个无担保、没有信任背书的数字货币，如果矿工们为了某一次短期利益对网络发起攻击，很可能会导致筹码失去信任基础，价值大跌甚至归零。很显然，这并不符合矿工们的根本利益。

在市场经济中，每个理性经济人都会追求自身利益最大化。如果能有一种制度安排，使得参与者在追求个人利益的同时，也能促进组织实现集体价值最大化的目标，那么这一制度安排就被称为"激励相容"。

中本聪在设计时已经考虑得非常全面。在网络早期，由于价值不高，网络整体算力相对较低，此时也没有人会对网络发起攻击。随着网络中价值的增加，网络算力也随之大幅增长，此时发起攻击的成本巨大。因此，综合来看，区块链通过博弈论及经济政策方面的巧妙设计，实现了激励相容。

学习问答

1. UTXO 模型的优点和缺点分别是什么？

答：先说优点，UTXO 模型具备原子性，可以并行处理多个交易。此外，UTXO 模型不仅记录了账户余额的变动，还存储了交易的历史过程，这使得交易信息更直观。另外，UTXO模型可以更好地和交易脚本相结合，更安全可靠。

再来说缺点，UTXO模型的业务实现相对复杂，尤其是在涉及脚本的交易中，需要处理更多的状态和逻辑。此外，与普通的账户余额模型相比，UTXO模型在余额体现上可能不够直观。另外，大量的小额UTXO模型可能会造成空间的浪费。UTXO模型更像是一种基于"现金"的交易方式。

2. 区块链为什么要使用交易脚本？

答：区块链使用交易脚本的原因主要有两个方面。第一，脚本可以提升交易的扩展性，脚本给开发者在交易时提供了编程的可能，一些围绕区块链的金融衍生品正是基于脚本产生。第二，交易脚本可以提升交易的安全性，在脚本内可以完成交易签名的验证，节点可以方便地对交易合法性进行检查。

实训：体验区块链技术原理

大家可以使用在线网页感受区块链的技术原理，尤其是工作量证明机制。原理性的内容，前面已经介绍过了，在这里直接开始操作实践。

第1步 ▶ 体验哈希计算。在哈希页面可以在数据输入框内输入任意内容，将会看到下面的哈希值随着输入的变化而变化，如图4-21所示。

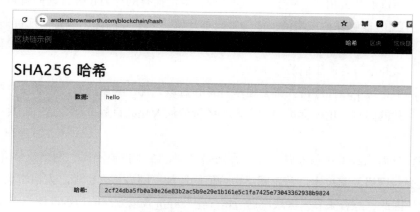

图4-21　哈希值计算演示

第2步 ▶ 体验工作量证明。单击页面上的【区块】按钮，可以切换到区块体验页面。如图4-22所示，模拟"篡改"数据内容，将会发现整个区域变红，下面的哈希值不再符合前缀4个0的要求。

此时，保持数据不变的情况下，修改随机数的值可以调整哈希值的变化。但那样需要一个一个尝试，可以单击【挖矿】按钮，通过PoW算法，暴力获取符合条件的随机数和哈希值。最后效果如图4-23所示。

图4-22 交易数据"篡改"演示　　　　　图4-23 PoW效果演示

第3步 体验区块链结构。单击页面上方的【区块链】按钮，可以切换到区块链体验页面，如图4-24所示。

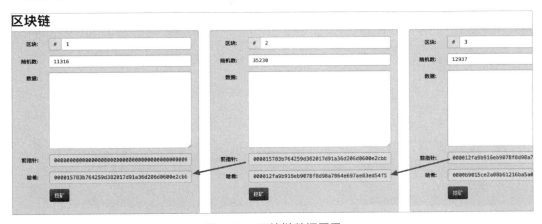

图4-24 区块链数据展示

此时，若修改某个区块的数据，将会出现本块及后续区块都无效（颜色发生明显变化，哈希值前缀不是4个0）的情况，如图4-25所示。

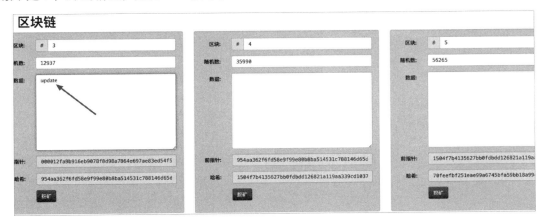

图4-25 区块链上的数据篡改演示

111

若要想这个区块链变成正确的链，需要像第 2 步那样，从有问题的区块开始逐一挖矿，才可以让区块链再次变成"绿色"。读者可以尝试一下。

本章总结

本章从技术的视角深入介绍区块链技术，并尽量站在设计者的角度来探讨为什么要使用区块链技术。通过阅读本章，读者能够了解到区块链是在密码学和相关技术的基础上发展起来的。中本聪作为比特币的创始人，他站在前人的研究成果上巧妙地完成了区块链这一创新设计。为了支撑区块链网络的安全性和去中心化特性，中本聪采用了 P2P 网络技术、以哈希函数为基础的数据结构设计，通过 PoW 设计解决了分布式系统共识的难题；通过 UTXO 模型和交易脚本相结合，提升了交易的扩展性和并发性；通过博弈学原理，区块链网络设计了激励相容特性。区块链技术正是将上述关键技术融合在一起的一项新兴技术。

第 5 章

区块链的技术原理

本章导读

比特币对于区块链的重要性不言而喻，但随着时代的进步和技术的革新，人们也应当密切关注区块链技术原理的发展。本章将深入探讨以太坊的技术原理，详细解读区块链的常见共识算法，并广泛介绍区块链技术的多个热门发展方向。本章的目标是帮助读者全面理解区块链行业，同时也为在区块链行业中找到自己的定位提供指引。

知识要点

通过本章内容的学习，您将掌握以下知识：

- 以太坊详解；
- 区块链的共识算法；
- 区块链的技术方向。

5.1 以太坊详解

比特币的价值在于教会世人还可以这样发行"货币"，作为开创者，它引领了区块链行业，但不可否认的是，它存在着较大的局限性，扩展性也比较差。如果把比特币这类数字货币式区块链网络称为第1代区块链技术的话，那么以太坊则是第2代区块链技术的开创者，它同样引领了时代，并且极大地促进了区块链行业的发展。接下来将详细介绍以太坊的相关技术原理。

5.1.1 以太坊概述

要说以太坊，就不得不提它的创始人维塔利克·布特林（Vitalik Buterin），国内有人亲切地称他为"小V"，而近些年更多人尊称他为"V神"。他在高中时期就受到父亲的影响，开始深入研究比特币，并通过撰写比特币相关的技术文章来获取比特币作为收益。正是受到了比特币的启发，再结合自身对于区块链技术的理解，他在大学期间做出了辍学创业的决定。2013年11月，布特林发布了以太坊（Ethereum）的初版白皮书。2014年1月，布特林发表了正式版白皮书《以太坊：一个下一代加密货币和去中心化应用平台》，透过标题就可以看到他的理念。同年4月，加文·伍德（Gavin Wood，前以太坊CTO）发布了以太坊黄皮书，这本书被称为"以太坊的技术圣经"，其中详细阐述了EVM（Ethereum Virtual Machine，以太坊虚拟机）等重要技术概念。

比特币的定位是一个现金系统，而以太坊的定位是"全球计算机"。很容易理解，现金系统是需要在"计算机"中运行的，以太坊的定位明显比比特币有着更大的扩展性和灵活性。当然，作为第二代区块链技术，以太坊在很多方面借鉴了比特币的技术特性，由于之前比特币技术原理已经介绍过了，因此接下来主要介绍以太坊区别于比特币的部分。

以太坊和比特币最大的不同在于智能合约的引入。为了支持智能合约，以太坊在账户模型、数据存储等方面都做出了相应的适应性改变。此外，以太坊的经济模型也是值得深入探讨的话题，接下来会分别介绍。

5.1.2 智能合约

智能合约（Smart Contract）这一术语源自以太坊白皮书。区块链主要存储的是交易信息。在以太坊网络中，ETH（ETH是Ethereum的缩写，在这里可以理解为货币符号）是主要的流通货币。如果以太坊只能记录ETH的交易信息，那么以太坊只是一个电子现金系统。然而，以太坊引入智能合约正是为了打破这一局限。智能合约的核心价值在于为区块链提供了用户自定义的数据存取能力，而非仅仅局限于固定的交易结构。

人们常将区块链比作一个去中心化的数据库。在这个比喻下，比特币更像是一个表结构固定的"数据库"。而以太坊在引入智能合约后，这个"数据库"允许用户自定义表结构，从而实现了存储形式的多样化。

在现实生活中，涉及资产转移时通常会签订合同，如劳动合同、租赁合同、贸易合同等。简言之，智能合约是自动化执行的合同，或者更直接地说，是用代码编写的合同，这正是区块链从业者常说的"Code is law"。这类合同的执行往往涉及ETH的转移。提到智能合约，很多读者可能会联想到Solidity编程语言。随着以太坊的诞生，第一个智能合约编程语言Solidity也应运而生。Solidity合约的运行环境是EVM。智能合约执行后，其执行结果数据会永久保存在区块链中，同时合约的执行记录也会记录在区块链的账本中。

实际上，比特币也存在自动化执行的代码及其虚拟机执行环境，但它存在诸多限制，例如不支持循环，这让它的扩展能力大大受限。相比之下，以太坊的 Solidity 语言是高级编程语言，具有图灵完备性。在以太坊网络中，ETH 转账交易会被打包到区块中，同样地，智能合约的执行也会形成一个交易信息被打包到区块中。因此，智能合约的执行本质上也是一种交易。

5.1.3　外部账户与合约账户

UTXO 账户模型是原子化的，由于其过于简单，因此难以支撑如智能合约等复杂信息。以太坊的账户模型采用了"用户→余额"的形式，从开发者的角度来看，以太坊的账户结构中包含 4 个核心信息：nonce、balance、codeHash、storageRoot。nonce 通常被称为随机数，它的作用是防止交易重放攻击，以太坊账户在发起交易时，必须填写 nonce（交易结构中也有 nonce）。如果同一账户发出的两笔交易具有相同的 nonce 值，那么这些交易将不会被网络验证通过。在实际使用中，它就是一个从 0 开始的递增序列。balance 就是余额，无需解释。

codeHash 是合约代码的哈希值。storageRoot 是合约状态存储的根哈希值。除了账户本身的价值外，这两个字段还可以用于区分账户类型。以太坊网络中存在两种类型的账户，分别是外部账户和合约账户。二者的数据类型完全相同，主要靠 codeHash 和 storageRoot 来区分。

（1）外部账户（Externally Owned Accounts，EOA）由密钥控制，拥有私钥，合约代码为空。基于非对称加密技术，外部账户由一对钥匙定义，私钥（Private Key）和公钥（Public Key）。通常人们所说的账户地址是账户公钥经过特定算法处理后的后 20 个字节。默认情况下，提到的账户通常指的是外部账户。对于外部账户而言，codeHash 的 storageRoot 为空。

（2）合约账户（Contract Accounts，CA）由智能合约的代码控制，没有私钥，且合约代码非空。合约账户的地址是在创建智能合约时确定的。合约账户的 codeHash 非空，storageRoot 代表合约状态存储的根哈希值，用户通过智能合约操作存储的个性化数据最终以树状结构存储下来，storageRoot 是这个树的根哈希值。

创建外部账户不需要任何花费，但创建合约账户时需要消耗以太币（ETH）。这是因为部署智能合约实际上是在以太坊网络上执行了一笔合约交易，合约交易的执行需要外部账户来买单。

5.1.4　世界状态树

为了存储庞大的数据，以太坊使用了 MPT（Merkle Patricia Trie）实现数据的树形结构存储。图 5-1 给出了简化版 MPT 的存储格式，通过多层扩展节点、分支节点、叶子节点来组成数据内容。MPT 的价值在于编码方式导致的数据存储的确定性，能够保证不同节点上的数据一致。以太坊的每个区块都包含 3 棵树，分别是世界状态树（World State Trie）、交易树（Transaction Trie）和收据树（Receipt Trie）。其中的世界状态树用来存储以太坊的状态数据（账户和合约），由于以太坊的定位是全球性的分布式计算平台，因此存储在这个平台上的状态数据被称为"世界状态"。

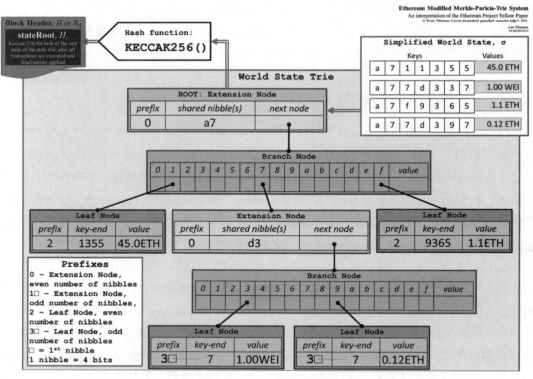

图5-1　MPT结构展示

世界状态树，也称作全局状态树，是地址和账户状态之间的映射关系。它存储了以太坊网络中所有账户的基本信息，构成了一个全局状态，因此是区块链中最为庞大的数据结构之一。在这个树形结构中，每个叶子节点都代表一个账户的信息。如果是合约账户，这些叶子节点关联的是之前提到的storageRoot，即指向该账户在账户存储树中的根节点，如图5-2所示。随着交易的持续发生，世界状态树也在不断地进行快速更新。

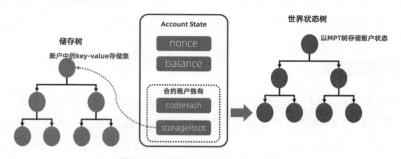

图5-2　世界状态树与账户状态

5.1.5　以太坊经济体

在以太坊网络中，ETH作为流通货币，结合以太坊的经济模型以及围绕以太坊生态的Token设计，共同构建了一个庞大的以太坊经济体。

在以太坊网络中执行交易时，需要支付一定的"手续费"，这个手续费的公式为：手续费=Gas×GasPrice。其中，Gas 代表执行交易所需的计算量或操作数量，它根据 EVM 的机器指令来计算消耗。GasPrice 代表用户愿意为每单位 Gas 支付的价格，这个价格可以上下浮动，在一定程度上可以起到调节合约调用时的总花费。矿工在打包交易时，通常会优先打包"手续费"比较高的交易。因此，当网络较为拥堵时，开发者可以通过提高单价来使自己的交易更快被打包。

此外，以太坊网络还支持通过智能合约技术发行项目 Token（代币）。这些代币可以用于各种目的，如有些机构利用智能合约发行等价于美元的稳定代币，有些项目方基于项目发行项目代币。更大的创新是基于智能合约实现的 DeFi（去中心化金融）应用，利用以太坊网络，大家可以实现ETH 与 Token 的兑换，甚至还有借贷、质押等应用。

总的来说，以太坊网络为传统金融操作提供了去中心化的实现方式，这些创新项目吸引了大量资金涌入市场，不仅推动了以太坊经济体的膨胀，也极大地促进了区块链技术的向前发展。

5.2　区块链的共识算法

共识算法在分布式系统中扮演着至着重要的角色，特别是在区块链系统中，由于对数据一致性有着更为严格的需求，因此共识算法的选择和实现显得尤为重要。比特币采用了 PoW 结合最长链的共识算法来确保数据的一致性和网络的安全性。然而，PoW 算法存在资源消耗过大的问题，因此自区块链诞生以来，关于共识算法的改进和讨论一直在持续进行。

共识算法有很多，常用的包括工作量证明（Proof of Work，PoW）、权益证明（Proof of Stake，PoS）、委托权益证明（Delegated Proof of Stake，DPoS）、权威证明（Proof of Authority，PoA）、容量证明（Proof of Capacity，PoC）、实用拜占庭容错算法（Practical Byzantine Fault Tolerance，PBFT）等。本节将介绍 PoS、DPoS、PBFT 这 3 个共识算法。

5.2.1　PoS 原理

由于 PoW 算法存在资源消耗过大的问题，受益于比特币社区的良好开源文化，社区内针对这一问题也提出了一些解决办法。其中，PoS 算法就是在这种情况下产生的。PoS 是 Proof of Stake 的简称，翻译过来就是权益证明。PoS 的原理很简单，它借鉴了现实世界中上市公司的股权分配机制，即谁拥有的股权最多，谁就拥有更大的话语权。映射到区块链世界就是谁抵押的"资产"越多，谁就更有可能获得记账权。

PoS 的工作流程如下。

第1步 ▶ 首先，验证者需要锁定他们拥有的一部分代币作为保证金。

第2步 ▶ 验证者开始参与区块的验证过程。当验证者找到一个被共同认可的、可以添加到区块链上的区块时，他们会使用其抵押的代币作为"押金"来验证该区块的正确性。

第3步 ▶ 如果验证过的区块成功被加入到区块链中，验证者将获得一份奖励，该奖励通常与验证者自身所抵押的资金成比例。

以太坊最初上线时采用了与比特币类似的 PoW 共识算法，只是在哈希计算方面存在差异。然而，以太坊自 2014 年起就开始研究 PoS 共识算法了，并将其命名为 Casper。Casper 有两种模型，分别是 Casper Friendly Finality Gadget（简称 Casper FFG）和 Casper Construction by Correction（简称 Casper CBC）。以太坊社区中有两个团队分别负责这两个共识算法的研发工作。

（1）Casper FFG 是一种 PoW/PoS 混合的共识机制。在使用 Casper FFG 共识机制的同时，区块的产生仍然依赖于 PoW 算法，但每隔一定数量的区块（如 50 个），就会有一个基于 PoS 产生的"检查点"（checkpoint）。以太坊中的验证者会通过投票来评估这些"检查点"的最终确定性，从而确保区块链的安全性和稳定性。

（2）Casper CBC 的实现要比 Casper FFG 复杂很多。它基于一种修正式的构建方法，在一开始仅指定部分协议规则，剩余部分则通过修正式的判断来满足所需的属性或必需条件。

2022 年 12 月，以太坊 2.0 升级完成，以太坊的共识算法也成功从 PoW 切换到了 PoS。

5.2.2　DPoS 原理

PoS 虽然能够解决 PoW 能耗高的问题，但在性能方面仍然存在一定的局限性。于是，有人参考民主大会的模式，设计出了一套基于投票选举的共识算法，这就是 Delegated Proof of Stake（委托权益证明），简写为 DPoS。

DPoS 算法最早受到广泛关注是因为 EOS 项目。不过在此之前，DPoS 算法已经在比特股和 Steam 两个项目中得到了实践，只是这两个项目在当时没有像 EOS 在 2017—2018 年那样引起巨大的声势。

在 DPoS 原理中，用户通过投票选取一定数量的节点（如 EOS 中是 21 个）作为超级节点。这些超级节点代表整个网络，并获得出块权。为了成为超级节点，候选人需要缴纳一定数量的保证金，并承诺遵守网络规则。超级节点会按顺序依次在规定时间内产生区块，如果按时完成，会获得奖励；如果未按时完成，区块链系统将收回其出块权，取消其代表资格，并重新选出一个新的代表。整个选举过程是动态的。

由于采用了权益投票的方式，DPoS 继承了 PoS 的高效节能的优点，不需要挖矿，也不需要全节点验证。当区块链网络的节点足够多时，攻击的成本将非常高，从而保证了整个网络的稳定可靠。

当然，DPoS 的缺点也非常明显。超级节点的设置更倾向于中心化，质押选举的过程可能会存在被操控的风险。因此，EOS 在火爆了一段时间后逐渐沉寂。这在区块链行业算是较为常见的事情。区块链行业最重要的是共识，而 EOS 的设计显然没有获得行业内人士更多的共识，因此它当时提出的超越以太坊的目标只能变成了口号。不过，EOS项目中的很多技术创新也为区块链行业做出了贡献。

5.2.3　PBFT 原理

PoW、PoS及DPoS这些算法多应用于公有链，而联盟链通常会采用效率更高的共识算法，如实用拜占庭容错算法（Practical Byzantine Fault Tolerance，PBFT）。算法设计者们总是喜欢构思一个故事背景，然后基于这个背景来提出一个问题或算法，PBFT算法的背景正是为了解决著名的拜占庭将军问题。

PBFT算法允许网络中存在一定数量的恶意节点，但这些恶意节点的数量不允许超过全部节点的1/3。此外，PBFT算法采用密码学的相关技术（RSA签名算法、消息验证编码和摘要）来确保消息在传输过程中无法被篡改和破坏。在PBFT算法中，首先需要通过提案选举出一个主节点，这个过程需要所有节点参与投票。与主节点相关的还有一个"视图"的概念，PBFT的共识算法在传递信息时需要携带视图（view）编号，这个编号会随着主节点的切换而递增。PBFT的共识算法的核心部分分为三个阶段，分别是预准备阶段、准备阶段和提交阶段。在下面的描述中，f代表拜占庭节点的数量，即故障或恶意节点的数量。

（1）预准备阶段：主节点为从客户端收到的请求分配一个提案编号n，然后发出预准备消息<<pre-prepare,view,n,digest>,message>给各副本节点。其中，message是客户端的请求消息，digest是消息的摘要。

（2）准备阶段：副本节点收到预准备消息后，检查消息的合法性。如果检查通过，则向其他节点发送准备消息<<prepare,view,n.digest,id>>，带上自己的id信息。同时，副本节点接收来自其他节点的准备信息，收到准备消息的节点对消息同样进行合法性检查。验证通过后，将这个准备消息写入消息日志中。只有当集齐至少2f+1个验证过的消息时，副本节点才进入准备状态。

（3）提交阶段：节点广播commit消息，告诉其他节点某个提案n在视图v中已经处于准备状态。如果集齐至少2f+1个验证通过的commit消息，则说明提案通过。

可以再结合图5-3来对比前面的文字介绍，其中C代表客户端，0、1、2、3代表4个节点，0代表当前的主节点（领导节点），3代表拜占庭节点。4个节点刚好符合3f+1的节点数量要求，因此可以达成共识。

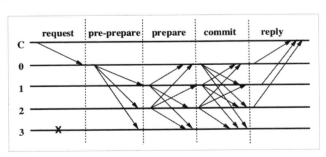

图5-3　PBFT共识算法

PBFT达成共识的时间复杂度略高，这意味着达成共识的成本不低，尤其是当整个网络中的节点数量较多时，达成共识所需的成本会更高。一般认为，参与共识的节点数达到100个就已经接近该算法的极限了。

5.3 区块链的技术方向

区块链技术自诞生以来，一直处于高速发展中。在经历了初期的摸索阶段后，人们对区块链的发展方向有了各自的理解。例如，有的人关注区块链核心技术中的关键技术点，有的人则更为关注区块链生态及架构的走势，还有的人关注其应用落地。

5.3.1 跨链

跨链技术使得在不同区块链上进行去中心化交易成为可能，而不再局限于一条区块链。例如，用比特币兑换以太币就是一个典型的跨链交易，它涉及比特币区块链和以太坊区块链。

跨链的需求是实际存在的。除了上述不同链之间资产的兑换外，跨链也是打破联盟链信息孤岛的技术手段。如果把联盟链比喻为局域网，那么跨链技术就可以让这些局域网相互连接，形成更广泛的网络。区块链行业最关心的始终是安全问题，尤其是与资产相关的操作，对于跨链来说更是如此。跨链需要解决的核心问题就是如何保证链上的资产被安全地锁定和解锁。目前常见的跨链技术包括侧链、中继链和公证人机制。

（1）侧链（Sidechains）是一条依附在主链（公链）旁的较小规模的区块链。侧链能够与主链进行交互，并通过锚定的方式锁定要验证的资产。这种锁定是通过技术手段实现的，使得侧链和主链上的资产可以双向锚定。当交易数据通过验证后，主链上的资产将被锁定，并在侧链上释放等额资产，原理与跨国的货币兑换一样。相反，当侧链上的资产被锁定时，主链上也会释放相应价值的资产。这种锁定和释出过程实际上并没有被转移资产，而是通过技术手段实现了资产的跨链使用。

（2）公证人机制（Notary schemes）是通过寻找一个公正独立的第三方来作为两条链之间的中介，由公证人来协助验证交易。这个第三方公证人可以是中心化的，也可以是去中心化的，去中心化的方式主要靠密码学支持的多重签名、分布式签名等机制来实现。

（3）中继链（relays）是与其他公链平行的独立区块链，它并不属于任何一条特定的链。中继链类似于公证人机制与侧链的结合体。中继链可连接不同链的资料调度中心，以第三方公证人的身份来验证不同链间的交易数据。在读取和验证公链上的数据后，中继链锁定原链上的资产，并在目标链上释出等值资产，达成资产锚定的功能，确保两边的交易账本一致。

此外，基于智能合约技术的哈希锁定协议和分布式密钥管理技术也是跨链上的选择方向。

跨链技术的存在很有必要，但它对资产安全确实提出了更高的要求。自跨链技术被广泛使用以来，已经发生了多起与安全相关的事故。跨链的使用确实给黑客们提供了更多的攻击可能性。

5.3.2 同态加密

同态加密（Homomorphic Encryption）是对一类加密算法的统称，这类加密算法允许在加密数据上直接进行特定的数学运算，而得到的结果与未加密数据执行相同运算后再加密的结果相同。此概念最早是由 Ron Rivest 等人在 1978 年提出的。

2021 年 9 月 1 日，我国开始实施《中华人民共和国数据安全法》，数据安全成为时下 IT 技术的热门领域。行业内经常提到的一句话是"数据可用不可见"，也就是在保证数据安全的前提下完成计算目标。我们通常把这种方式称为多方安全计算，而同态加密技术是多方安全计算的一种重要实现方式。

举一个典型的例子，在云计算场景中，如果不想泄露本地数据给云端，就可以先把原始数据加密，然后云端直接使用这些加密后的数据进行计算。由于同态加密的特性，能够保证云端计算的结果与使用原始数据的计算结果在解密后是一致的。整个过程中，云端始终没有接触到原始数据，也无法从加密数据中推导出原始数据。

同态加密从计算方式上可以分为加法同态和乘法同态。可以用一个加法的例子来解释一下同态加密的流程。具体如下。

（1）Alice 生成一对公私钥，公钥 pub 和密钥 priv，公钥用于加密，密钥用于解密。

（2）Alice 使用公钥 pub 分别加密两个原始数据 m1 和 m2，得到加密后的数据 em1 和 em2，并将它们发送给需要进行计算的实体。

（3）Bob 收到 em1 和 em2 后，使用加法同态运算计算 Add(em1,em2)，得到加密后的结果 r。

（4）Alice 接收到 r 后，使用密钥 priv 对其解密，得到解密后的结果 r1，根据同态加密的特性，r1 = m1 + m2。

在上述过程中，Bob 虽然完成了对加密数据的计算，但他并不知道原始数据是什么，这正是同态加密的目标所在。

当同态加密只支持加法或乘法之一时，它被称为半同态加密（Partially Homomorphic Encryption）。根据具体支持的运算，又可以进一步细分为加法同态加密或乘法同态加密。如果一个加密算法同时支持加法和乘法两种运算时，则被称为全同态加密（Fully Homomorphic Encryption）。

目前，同态加密受限于算法效率问题，并不能够大量商用。很多数学家和密码学家正在积极探索以提高同态加密的效率。

5.3.3　零知识证明

零知识证明（Zero-Knowledge Proof，ZKP）由 Shafi Goldwasser 和 Silvio Micali 在 1985 年提出。零知识证明是指在不给验证者提供任何有用信息的情况下，让验证者相信某个论断是正确的。与同态加密一样，零知识证明同样是多方安全计算的一项关键技术。

关于零知识证明，有一个很著名的故事很好地诠释了这个概念，在 16 世纪的文艺复兴时期，意大利有两位数学家塔尔塔里雅和菲奥争夺一元三次方程求根公式发现权，他们都声称自己掌握了求根公式。他们既要证明自己真的掌握了这个公式，又要防止公式公布出来后被对方窃取并掌握。于是设下擂台，他们分别给对方出 30 个一元三次方程，让对方解答。这样双方都不需要公布自己的公式，只需要把对方的 30 个方程解出来，就能证明自己掌握了公式。比赛的最终结果是塔尔塔里雅把菲奥出的 30 个方程都解出来了。而塔尔塔里雅出的 30 个方程，菲奥一个也没解出来。虽然，除了塔尔塔里雅，没人知道一元三次方程求根公式是什么样子的，但人们都相信塔尔塔里雅掌握了该公式，而菲奥并没有。

图5-4也很好地诠释了零知识证明的特点，A和B处于一个半封闭的通道内，在通道的中部仅有一个门可以通过，B若要证明拥有这个门锁的钥匙，只需要从图示位置向左出发，能够在A的右侧通道走出就可以证明他拥有钥匙。

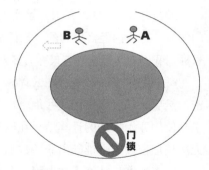

图5-4　零知识证明图示

零知识证明又可以分为交互式和非交互式，在交互式的模式下，证明者P和验证者V之间需要发生数据交互，如果P直接发送原始数据也可能会被V截获得到有效数据，这样就违背了零知识证明。在这种情况下，可以借助同态加密技术来传输交互数据。

零知识证明和同态加密一样，都涉及非常专业的数学和密码学知识。笔者在这方面也并不擅长，在这里也只是给读者引导一个方向。目前，零知识证明的效率同样不高，从业者们仍在积极探索。从未来发展来看，它是一个非常值得期待的方向，而且也是一个只能靠硬实力才能成功的赛道。

5.3.4　二层网络（Layer2）

新技术往往会伴随着新概念。Layer2（二层网络）实际上是相对于Layer1（一层网络）而言的，Layer2是Layer1公链的扩容解决方案。虽然以太坊生态目前发展势头良好，但TPS过低还是会影响它的发展，这也是Layer2出现的原因。在以太坊主网基础上创建Layer2，可以让原来只能在主网运行的交易大部分转移到Layer2上执行，这样不仅提升了以太坊网络整体的TPS，其可扩展性也得到了大幅提升。

以太坊实现Layer2的方法主要有Rollups、Plasma、状态通道、侧链等。

侧链实际上是一个独立的、与EVM兼容的链，如Polygon、BSC等都是以太坊的侧链，但是这些侧链与主链使用独立的共识机制，因此在技术方面并不认为侧链属于Layer2。

Plasma、状态通道在这里不再展开介绍，接下来主要来介绍Rollups。Rollups实际上也是一种形式的侧链，但该侧链通过将交易的集合打包后发布到Layer1主链上来实现扩容。Rollups有两种实现方式：ZK Rollups和Optimistic Rollups。

（1）ZK Rollups的核心是基于零知识证明来确保Layer2状态共识的安全性。它将数百个交易打包成一个单独的交易后提交到Layer1主链上。由于区块包含的数据少，因此验证速度快，成本也低。

（2）Optimistic Rollups在行为上更接近Layer1主链，只不过它相对乐观，默认相信节点会将最新且准确的数据发布到Layer1主链上。然而，就安全性来说，Optimistic Rollups略低于Layer1主链。其与Layer1主链的关系如图5-5所示。从技术难度上来说，ZK Rollups实现起来更复杂。

每项技术的出现都是有其实际需求的，Layer2技术的出现是为了提升以太坊的吞吐量。像Polkadot（波卡）也是通过跨链技术打造多条平行链来提升吞吐量，这相当于一个问题的不同解法。当然，也存在更直接的解法，如果一个公链能够不借助跨链或Layer2技术就能将吞吐量提升到一个可观的水平，这也是一个解题思路。从观众的角度来看，很难说哪种方案一定是对的，因为存在即合理。也许这个探索的过程才是人类的宝贵财富。

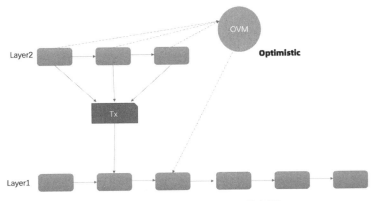

图5-5　Optimistic Rollups 示意图

5.3.5　NFT

2017年，一款基于以太坊平台的名为"CryptoKitties"的游戏风靡世界，它基于智能合约来发行可爱的小猫图片，围绕着图片还能有一些有趣的玩法。它的核心技术是智能合约，后来它设计的图片发行的方式被加入了以太坊标准中，也就是后面会介绍的ERC-721。ERC-721的学名叫作Non-Fungible Token，翻译为非同质化通证，一般会简称为NFT。

所谓的非同质化通证，就是发行的每一个通证都是唯一的，彼此之间是有区别的。NFT可以有效地证明资产的有效性和归属权，这样的特点使其非常适合应用于艺术品、图片类。随着NFT产品越来越多，OpenSea成为目前世界上最大的NFT自由交易市场，OpenSea的主页如图5-6所示。

国内基于联盟链体系的数字藏品类应用也在高速发展，如电影的衍生品、游戏的衍生品，也有各地旅游文化公司开发的具有当地文化传承的数字藏品。

相对而言，之前介绍的NFT相对来说更为偏金融属性多一些。2022年5月，小 V 发表博客解释了 Soulbound Token（灵魂代币），一般简称为 SBT。SBT的灵魂绑定是指 Token 与钱包绑定后将不可以转移，小 V 甚至引用了道家创始人老子的话，如图5-7所示，这里的道和区块链行业里的 Dao（Decentralized Autonomous Organization，去中心化自治组织）谐音。

图5-6　OpenSea 主页

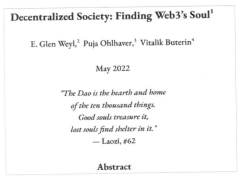

图5-7　小 V 引用老子的《道德经》

SBT的应用场景在现实中随处可见，如参加某项考试后获得的资质证书，学生毕业后拿到的毕业证，某个组织颁发的身份证明，这些证明都是产生时就与赠予人进行捆绑，所谓灵魂绑定也正是得名于此。尤为重要的是，这些证明是不允许转移的。

从技术发展上来说，NFT是智能合约技术发展非常成功的一项应用。不过，NFT技术仍然处于进化中，无论是存储问题，还是图片属性变化上都是可以改进和值得关注的方向。在未来的元宇宙世界中，NFT也是一项关键技术。

学习问答

1. 区块链中哪一个共识算法更好？

答：由于技术一直在进步，因此大多数情况下新产生的共识算法会优于之前的共识算法，但这并不绝对。共识算法与链本身的目标需要契合，PBFT在效率上比PoW要高很多，但是当节点数量过多时效率也会大幅下降。比特币虽然每10分钟才产生一个区块，但考虑到比特币的市场价值和其在加密货币领域的地位，这种设计在一定程度上是可以理解的。此外，读者也可以关注HotStuff共识算法，以它为基础的区块链系统，如长安链、Aptos公链等，都实现了10万+的TPS。

2. 智能合约一定要运行在区块链上吗？

答：先说结论，答案是否定的。事实上，尼克·萨博早在1994年就提出了智能合约的概念，那时候并没有区块链技术，所以智能合约可以独立于区块链而存在。但是，从另外一个角度来说，智能合约是区块链非常好的扩展和补充，极大地提升了区块链的可编程特性，而智能合约也需要区块链这样天然不可篡改的可靠环境来运行。所以说，智能合约不一定要运行在区块链上，但区块链是智能合约最合适的运行环境之一。

实训：实现工作量证明

在第4章已经介绍过工作量证明。工作量的关键是计算哈希值，区块链网络中的节点需要不停地将交易信息、前一区块的哈希值、时间戳等信息打包并计算新的哈希值。接下来，模拟一下交易信息、时间戳、随机数等，用这些信息打包来计算符合一定难度的哈希值。

第1步 ● 创建文件，编写代码。创建一个名为proofOfWork.py的文件，实现proof_of_work函数，参数的target为目标哈希值范围，start_time为计算的开始时间。

```python
import hashlib
import time
```

```
def proof_of_work(target, start_time):
    nonce = 0
    while True:
        data = f"transactions{nonce}{start_time}" # 模拟要打包的信息
        hash_result = hashlib.sha256(data.encode()).hexdigest() # 计算哈希值
        if int(hash_result, 16) < target:
            return nonce, hash_result
        nonce += 1
```

再设置难度，确定哈希值的范围，并调用 proof_of_work，示例代码如下。

```
# 设置目标难度（这里是一个较大的十六进制数表示难度较高）
difficulty = 16 # 前缀为 4 个 0 的难度
target = 1 << (256 - difficulty)

start_time = time.time()
found_nonce = proof_of_work(target, start_time)
end_time = time.time()
```

第2步 ▶ 测试 proof_of_work 的运行。difficulty 将决定产生哈希值前缀有多少个 0，需要注意按照十六进制显示，一个数字代表 4 位，因此 difficulty 的值除以 4 就代表前缀 0 的个数。可以分别尝试 difficulty 的值为 16、20、24 的情况，看看运行结果显示如何，效果如图 5-8 所示。可以看到随着难度增大，计算的时长也在大幅增加。

```
(base) 192:chat5 yk$ python proofOfWork.py
difficulty=16 Nonce: (40719, '0000512a230dbd2a8755f4807a4fa27e4267a43960ff6bf29b9ab406033b7a3a'), 耗时: 0.07407093048095703 秒
(base) 192:chat5 yk$ python proofOfWork.py
difficulty=20 Nonce: (799866, '00000e026d5644f3ead92d22b7327c21c76c59d0410c06e604457b89dfaeebb6'), 耗时: 1.5192060470581055 秒
(base) 192:chat5 yk$
(base) 192:chat5 yk$ python proofOfWork.py
difficulty=24 Nonce: (27560024, '0000002482892d7c14da69586edd6951691b834ffa1403c33fe31a1b89822f99'), 耗时: 49.469135999679565 秒
```

图 5-8 不同难度下的工作量证明运行结果

本章总结

本章介绍了以太坊相较于比特币的技术特点，并阐述了常见的共识算法原理以及区块链技术近年来的几个主要发展方向。通过阅读本章，读者能够深入理解以太坊的智能合约机制、数据结构、账户模型以及经济模型等核心设计。同时，读者还将学习到 PoS、DPoS、PBFT 等共识算法的技术原理。

第 6 章
区块链技术的发展趋势

本章导读

复杂的事物往往有着多面性，比特币背后的区块链技术更是如此。虽然不能说一千个人眼中有一千种区块链，但人们对于区块链技术的认知确实产生了很大的偏差性，这也导致了区块链技术发展出现了不同的分支。本章主要介绍区块链技术的发展趋势，包括公链和联盟链体系的介绍、联盟链与基础设施建设、公链的热门应用方向等内容。

知识要点

通过本章内容的学习，您将掌握以下知识：

- 公链与联盟链的区别与联系；
- 常见的联盟链平台与 BaaS 平台；
- 区块链应用的合规性设计；
- 联盟链与基础设施建设及相关产品；
- 公链的热门应用方向。

6.1 公链与联盟链

比特币诞生后，世人逐渐认识到并理解了区块链技术的独特魅力。然而，比特币、以太坊等网络的 TPS 相对较低，比特币每秒仅能处理约 7 笔交易，以太坊稍微好一点，但也难以满足大规模应用的需求，这限制了更多人使用和体验区块链技术。为了解决这个问题，2015 年 12 月，IBM 公司联合多家机构推出了超级账本项目（Hyperledger），该项目首次提出了多家商业联盟共同维护一个区块链网络的概念，即我们常说的联盟链。本节主要介绍公链与联盟链的区别和联系，以及常见的联盟链平台。

6.1.1 公链与联盟链的对比

比特币、以太坊这样的区块链网络，对接入节点没有限制，任何人都可以随意进入或退出网络，这样的区块链网络通常被称为公链或公有链。公链的概念主要是为了区分后来提出的联盟链，联盟链和公链的核心区别在于准入机制，联盟链需要获得许可才能够接入网络，所以有的时候，联盟链也被称为许可链，而公链被称为非许可链。可以通过表6-1了解公链和联盟链的区别。

表6-1　公链与联盟链对比

技术属性	公链	联盟链
节点数量	无上限	一般较少
准入机制	无	有
TPS	较低	较高
激励代币	有	无

在公链中，由于各个节点之间需要彼此竞争来出块，这会影响出块速度，进而导致TPS相对较低。相比之下，联盟链的网络建设是由信任的组织之间联合建立的，因此出块的竞争问题可以直接避免。在节点数量有限且信任度高的情况下，联盟链可以极大地提升TPS。特别是使用PBFT共识的联盟链TPS往往可以达到2万，目前一些先进的联盟链平台甚至可以把TPS提升到10万+。

节点准入机制是公链与联盟链的核心区别之一，这也决定了区块链网络的开放程度。根据开放程度的不同，区块链可以分为公链、联盟链和私有链三种类型。如图6-1所示，公链的开放程度最高，私有链的开放程度最低。私有链一般是由企业或某个组织部署，写入权限严格控制在内部，读取权限也会选择性地对外开放。

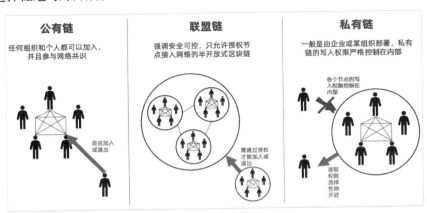

图6-1　公有链、联盟链、私有链对比

一般来说，公链适用于对可信度、安全性有很高要求，但对交易速度要求不高的场景。私有链或联盟链更适合对隐私保护、交易速度和内部监管等具有很高要求的应用。

6.1.2　常见联盟链平台

联盟链的出现不仅符合商业逻辑，也符合很多人对于互联网技术演进的认知。互联网的建设由局域网和广域网组成，很多人认为区块链早期建立的联盟链、公链就类似于"局域网"，再通过跨链技术将多个联盟链连接起来就形成了"广域网"，这是区块链行业的一种演进思路。此外，出于合规性的考虑，在一些国家内部，联盟链的场景更容易落地，并且更符合规范，因此很多厂商都相继推出了联盟链产品。

接下来，介绍一下国际、国内常见的联盟链平台（排名不分先后）。

1. Hyperledger Fabric

Hyperledger 习惯上也被称为超级账本，最初是由 IBM 主导发起的联盟链项目，包含了多个区块链系统的解决方案，Fabric 是其中的明星项目。后来，IBM 将 Hyperledger 项目交由 Linux 基金会托管。超级账本项目已经吸引了全球多个行业领导者企业参与，在全球拥有 270 多个会员组织，涵盖金

图6-2　超级账本项目的Logo

融、物联网、供应链、制造等技术领域，已经成为区块链领域全球性的技术联盟。超级账本项目的 Logo 如图 6-2 所示。

Fabric 的特色是链码（智能合约）运行在容器中，可以使用 Golang、Java、Node.js 等语言来编写链码，降低了开发者学习新语言的门槛，有利于生态的发展。

2. EEA

EEA（Enterprise Ethereum Alliance，企业以太坊联盟）由一批代表着石油、天然气行业、金融行业和软件开发公司的全球性企业推出，致力于将以太坊开发成企业级区块链。这些企业包括英国石油巨头 BP、美国商业银行摩根大通、软件开发商微软、印度 IT 咨询公司 Wipro 等 30 多家不同公司。该联盟并非以营利为目的，其目标是为以太坊创建一系列关于最佳实践、安全性、隐私权、扩容性和互操作性的标准。

3. R3 区块链联盟

R3 区块链联盟由 R3 公司联合英国巴克莱银行、高盛、摩根大通等 9 家机构共同组建，目前由 300 多家金融服务机构、科技企业、监管机构组成。该联盟正在积极与同行同步记录、管理和执行机构的财务协议，旨在创造一个畅通无阻的商业世界。R3 联盟主要推出的是 Corda 区块链平台，目前，Corda 已经从金融服务扩展到医疗保健、航运、保险等行业。

4. Quorum

Quorum 是由 J.P.Morgan（美国的金融机构摩根大通）推出的企业级区块链平台。Quorum 完全基于以太坊，紧跟以太坊的项目更新，并提供联盟链特有的网络和节点权限管理，同时也提供了交

易和合约私有化的功能，支持多种共识算法。对于以太坊网络的开发者来说，迁移到Quorum是很容易的。

5. FISCO BCOS

FISCO BCOS平台是金融区块链合作联盟（深圳）（以下简称：金链盟）开源工作组以金融业务实践为参考样本，在BCOS开源平台基础上进行模块升级与功能重塑，深度定制的安全可控适用于金融行业且完全开源的区块链底层平台。图6-3所示为FISCO BCOS项目的Logo。

图6-3 FISCO BCOS项目的Logo

金链盟开源工作组获得金链盟成员机构的广泛认可，并由专注于区块链底层技术研发的成员机构及开发者牵头开展工作。金链盟由多家金融机构构成，其中微众银行为理事长单位。事实上，FISCO BCOS也正是微众银行使用的底层区块链技术开源演化而来。

金链盟平台借鉴并优化了以太坊架构，在联盟链架构下支持群组模式，支持以太坊EVM合约，同时也支持预编译合约，从而摆脱以太坊EVM的性能瓶颈，达到支持交易并发处理，大幅提升交易处理吞吐量的能力。

6. XuperChain

XuperChain是超级链体系下的第一个开源项目，是构建超级联盟网络的底层方案。其主要特点是高性能，通过原创的XuperModel模型，真正实现了智能合约的并行执行和验证，通过自研的WASM虚拟机实现了指令集级别的极致优化。在架构方面，XuperChain借鉴了以太坊、EOS等区块链项目的优点，基于可插拔、插件化的设计使得用户可以自由选择适合自己业务场景的解决方案。通过独有的XuperBridge技术，XuperChain可插拔多语言虚拟机，从而支持丰富的合约开发语言。图6-4所示为超级链项目的Logo。XuperChain目前已经托管于开放原子开源基金会。

图6-4 超级链项目的Logo

7. ChainMaker

"长安链·ChainMaker"具备自主可控、灵活装配、软硬一体、开源开放的突出特点（这些描述摘自长安链官网），由北京微芯研究院、清华大学、北京航空航天大学、腾讯、百度和京东等知名高校、企业共同研发。取名"长安链"，喻义"长治久安、再创辉煌、链接世界"。图6-5所示为长安链项目的Logo。

图6-5 长安链项目的Logo

从ChainMaker的名称可以看出，长安链的目标是非常宏大的，可以理解为链的制造者。长安链同样是一个集众家之长的区块链项目，除了架构上的特色外，长安链还支持SQL语句式的智能合约，TPS可以达到10万。

区块链技术的开发者都知道区块链技术在未来的价值，因此国内外的大厂几乎都早早布局区块链，也就是说开发联盟链的厂商不仅仅是上述几家，在此就不一一列举了。

6.1.3 BaaS 平台

虽然大家都承认区块链技术拥有无限发展空间，但是对于企业来说，使用区块链的门槛确实不低，正是由于这个原因，很多云计算的厂商结合自身特色，提出了 BaaS（Blockchain as a Service，区块链即服务）的概念，意在降低企业使用区块链的门槛。

BaaS 是指将区块链框架嵌入云计算平台，利用云服务基础设施的部署和管理优势，为开发者提供便捷、高性能的区块链生态环境和生态配套服务，支持开发者的业务拓展及运营支持的区块链开放平台。通常情况下，一套完整的 BaaS 解决方案包括设备接入、访问控制、服务监控和区块链平台四个主要环节。图 6-6 所示为蚂蚁链 BaaS 平台架构。

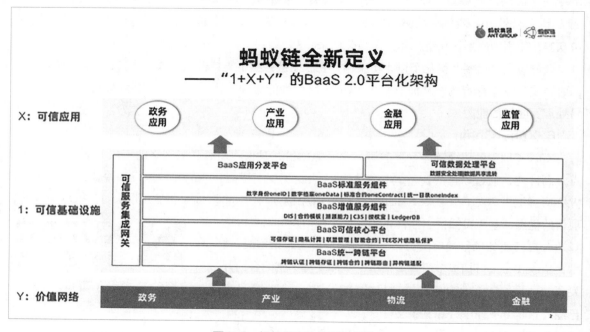

图6-6　蚂蚁链 BaaS 平台架构

BaaS 平台的建设也有多种方案可以参考，如可以基于 Fabric、以太坊、EOS 这样的项目二次开发，增加节点动态管理、访问控制、服务监控等功能就可以形成 BaaS 平台。在国内，也有一些企业自研了联盟链系统，并在此基础上设计并实现 BaaS 平台，典型的企业有蚂蚁金服、京东、腾讯、百度、趣链、纸贵科技等。

6.1.4 区块链应用的合规性

尽管比特币已经诞生了十多年，对于我们来说仍然算是新事物，针对区块链技术相关的法律法规往往具有一定的滞后性。区块链的去中心化属性使其缺乏一个可以追溯的公司或法人主体，这也给监管带来一定困难，因此，联盟链的准入机制可以更好地配合监管方实施监管，也更方便落地各类应用。

由于虚拟货币市场存在不规范、无监管的情况，导致金融风险相对较高，很多不法分子借助虚拟货币实施非法金融行为，已经严重影响了社会的稳定。因此，国家制定的相关政策也都是从保护群众的根本利益出发的。

特别要说的是，在当前数据已经成为新的生产资料要素。围绕数据和隐私保护，国家已经颁布了较为严格的法规。因此，围绕数据、隐私保护已经产生了新的赛道。而隐私保护的核心技术点主要与密码学相关，如多方安全计算、同态加密、零知识证明、联邦学习等。这些技术本身可以和区块链紧密结合，因此区块链结合隐私保护，既保证了应用的合规性，同时又具有广阔的市场前景。

作为区块链行业的开发者，不仅要强化自身的区块链技术，同时也应该增强自身的法律意识，在保护自己的同时，也许更能发现一些机遇。

6.2　联盟链与基础设施建设

2019 年 10 月 24 日，我国将区块链技术定位为国家未来发展的一个重要方向。这一天对于区块链从业者来说意义重大，因为它标志着区块链技术已经上升到国家战略层面。这一政策不难理解，因为当前全世界都在经历数字化转型，而区块链技术以其不可篡改和隐私保护等特性，被视为数字化转型的关键技术之一。以国家为层面的业务场景相对而言更适合使用联盟链技术，因此联盟链也将成为国家数字化转型的重要基础设施。

6.2.1　数字化身份

随着数字经济时代的到来，个人在社会生活中将产生各种各样的数据。随着移动互联网应用的迅速发展，用户个人身份信息被大规模地采集、处理和"共享"。在传统的中心化身份管理模式下，应用开发方对个人身份的隐私保护能力存在很大欠缺，这导致用户面临越来越多的身份泄露风险。

基于区块链技术建立的分布式数字身份认证系统具有数据可共享、用户数据可信、用户隐私安全、可移植性、难以失效等特征。分布式身份认证系统利用区块链账本的不可篡改性，并结合密码学算法，将用户的身份数据加密后上链。用户通过掌握个人身份私钥，可以对自己的身份信息进行可信授权，从而有效保护个人隐私安全。

目前，比较流行的数字身份概念是分布式数字身份（Decentralized IDentity，DID）。DID 更加强调去中心化特性，并侧重于技术的实现方式与系统的架构。万维网联盟（World Wide Web Consortium，W3C）组织制定了 DID 标准，我国多家公司或组织也积极参与了这一标准的建设。

毫无疑问，数字化身份将成为整个世界数字化转型的重要基础设施。正是因为认识到了数字化身份的巨大价值，2018 年 4 月，公安部第三研究所发布了电子身份标识（Electronic Identity，eID）

白皮书。eID是以国产自主密码技术为基础、以智能安全芯片为载体的身份认证技术。它不仅能够在不泄露身份信息的前提下在线识别自然人主体，还能用于线下身份认证。用户需持本人法定身份证件，通过在线或临柜的方式开通并使用eID。图6-7所示为eID的生态示意图。

如今，eID在数字金融服务、电子政务服务、数据合规流通、在线法律服务、现代智慧物流等领域都有典型案例。eID能为各类互联网应用的身份识别、账户管理、安全登录和交易保护等业务环节提供低成本、嵌入式、可信可靠的安全基础服务。它有效解决了互联网大规模应用下的用户隐私信息泄露、身份被冒用、被盗用及交易抵赖等安全问题。

图6-7　eID的生态示意图

6.2.2　数字人民币

早在2014年，我国就已经开始研究人民币的数字化，该项目被称为数字人民币。2019年8月10日，央行支付结算司副司长穆长春（现任中国人民银行数字货币研究所所长）发表演讲，介绍了央行法定数字货币实践DC/EP的情况。"DC/EP"是两个词的组合，其中DC为Digital Currency的缩写，即数字货币；而EP是Electronic Payment的缩写，即电子支付，这表明了数字人民币包含的两个核心职能：数字货币功能和电子支付功能。图6-8所示是数字人民币钱包的操作页面展示。

当前正处于数字化转型的时代，在这个转型的关键时期，数字化资产显得尤为重要。数字化人民币的诞生恰恰符合时代的要求，通过数字人民币技术，个人可以很容易地实现资产的数字化。个人与资产之间的结合更加紧密，同时也有利于国家政策的宏观调控，从而让国家层面的政策以更加高效的方式执行。

可能很多用户会觉得央行发行的数字货币一定使用了区块链技术，但事实并非如此。根据穆长春的介绍，数字人民币的核心部分其实并未采用区块链技术，而是借鉴了

图6-8　数字人民币钱包的操作页面

区块链技术的理论和思想。数字人民币在实现时，既要解决加解密技术问题，又要使用国家级别的安全芯片技术，这样才能保证数据传输和存储的安全可靠。另外，数字人民币同样需要预防双花交易，同时也要支持匿名技术和身份认证技术。完全的匿名化并不一定可取，在可控的范围内实现匿名才是有意义的。

虽然数字人民币没有使用区块链技术，但可以肯定的是，它的相关组件一定要和区块链系统相配合或兼容。与数字化身份一样，数字人民币也是数字化转型的基础设施。个人的数字化身份与个人的数字资产紧密结合，只有打通了这些底层的基础设施，才能够让上层的建筑更加健康、稳定地成长。

6.2.3　存证溯源平台

区块链由于其天然的不可篡改性和可追溯性，特别适合用于存证溯源类应用。在以区块链技术为基础的可编程社会中，存证溯源同样是其中的基础设施。接下来介绍几个存证溯源类的案例。

首先，说一下司法存证。利用区块链的不可篡改性和可追溯特性，互联网法院实现了司法数据的全链路可信、全节点见证以及全流程留痕。这建成了"网通法链"智慧信用生态系统，有效保障了司法公开数据的真实性和完整性。基于区块链技术的证据已经成为名副其实的"铁证"。图6-9截取自北京互联网法院官网介绍。

图6-9　北京互联网法院网站介绍

其次，说一下食（药）品溯源。在利益驱使下，食（药）品领域安全事故频繁发生，给民众的生命健康带来了巨大威胁，并产生了严重的经济和恶劣社会影响。基于区块链技术的不可篡改性，可以清晰记录食品、药品、化妆品、医疗器械等产品从生产到销售的全链条信息，实现从销售环节一直追溯到原材料阶段的全程追溯。这样就可以做到事前和事中的有效监管，提升溯源的实时性和实施效果。

最后，说一下版权。近些年，版权问题越来越受到社会各界重视。随着自媒体的发展，侵权问题越发严重。基于区块链技术的版权系统已经成为版权系统建设的标配。通过区块链的不可篡改性和可追溯特性，版权系统内一经登记就很容易进行验证。经过区块链技术的改造，可以大大提升版权各个环节的办事效率，使得维权不再困难，交易也更为方便。图6-10所示为区块链版权及相关操作的流程展示。

随着区块链技术的不断成熟，存证溯源平台也正在深刻地影响着我们的生活。

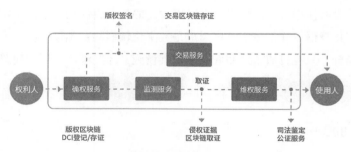

图6-10 区块链版权及相关操作的流程展示

6.3 公链的热门应用方向

自比特币诞生以来，金融属性一直伴随着公链系统。比特币的目标定位为支付工具，以太坊通过智能合约技术让以太坊网络的金融生态更加丰富。此外，在分布式存储与互联网协议方面，公链技术也取得了显著的发展。接下来介绍公链的相关热门应用方向。

6.3.1 去中心化交易所

人们想要参与数字货币的交易，通常需要依赖钱包软件，并与交易所进行交互。在区块链行业的早期阶段，许多人通过中心化交易所来完成交易。然而，由于区块链历史上发生了多次安全事件，而这些事件的主角大多数是中心化交易所。因此，人们对中心化交易所的安全性产生了质疑。在这种背景下，去中心化交易所的概念应运而生。

尽管大家都想创建一个去中心化交易所，但是从无到有的过程往往最为艰难。早期出现的去中心化交易所虽然能够实现部分交易功能，但是要么门槛太高，要么用户体验不佳。直到Uniswap的出现，才使得以太坊创始人 Vitalik 在其论文《Improving Front-RunningResistance of X*Y=K Market Makers》(《恒定乘积做市商模式》)中的理念得以实现。Uniswap让人们认识到了除订单簿模式外的一种新的去中心化交易所实现方式——兑换池。图6-11所示为Uniswap示意图。

图6-11 Uniswap示意图

兑换池类型的去中心化交易所主要采用自动做市商制度，交易用户可以直接按照当前价格进行币种兑换，以 Uniswap 和 Sushiswap 为代表。恒定乘积做市商模型公式非常简单：X * Y = K。假设参与交易的两种虚拟货币分别为 X 和 Y，各自的数量为 X 和 Y，两种虚拟货币数量的乘积 X * Y 恒等于 K，K 值是由第一笔注入的虚拟货币交易对（兑换池）所决定的。

当有人想要购买 X 的时候，需要支付一定数量的 Y，此时兑换池内 Y 的数量会增加，X 的数量由于要支付给用户而减少，由于乘积恒定，最终将导致 X 的价格上涨（相同数量的 X 兑换到的 Y 增多），这符合市场供求关系的基本规律。

Uniswap 等交易所的问世，极大地促进了数字货币的流动性，推动了加密货币市场的又一次繁荣。

6.3.2　DeFi 应用简介

DeFi（Decentralized Finance）代表的是"去中心化金融"。简单来说，它充分利用区块链技术（包括智能合约，去中心化资产托管等），将传统金融服务中所有的"中介"角色全部由代码替代，从而极大地降低了金融服务的成本，并大幅提升金融服务的效率。

DeFi 涵盖了多种去中心化的金融服务，其中去中心化交易所就是其典型代表之一。除了去中心化交易所，资产抵押放贷业务同样是 DeFi 领域的热门项目，类似的项目有 MakerDao、Compound、Aave。这些金融类应用项目的核心技术都是 Solidity 智能合约，它们通过智能合约完成 ETH 和多个 ERC-20 代币之间的交易转换。图 6-12 展示了 AAVE 协议的简要说明。

图 6-12　AAVE 协议的简要说明

这些项目也是黑客们经常攻击的目标，如"闪电贷"攻击。所谓"闪电贷"，就是黑客利用智能合约在多个交易所、借贷应用间进行操作，此过程包括借出代币，做空某种代币，然后在其他平台操控币价，这整个流程都在一个区块内完成。如果整个流程能够获得收益，那么交易会被正常提交；否则，整个交易都会回滚。也就是说，所有的交易操作都需要通过智能合约在一个区块内完成。

虽然 DeFi 拥有强大的发展势头，但我们也必须注意其带来的安全隐患。由于交易过程中往往需要用户授权（ERC-20 标准中的 approve 方法）给智能合约，这一操作很可能会被别有用心的人利用，以达到盗取用户资产的目的。

DeFi 吸引着无数技术狂热者加入其中。由于技术人员的不断涌入和创新，智能合约技术取得了高速发展，区块链行业生态也在不断壮大。

6.3.3 IPFS 应用简介

IPFS 是 InterPlanetary File System 的缩写，翻译过来是"星际文件系统"。IPFS 对标的是 HTTP 协议。HTTP 协议是一个伟大的发明，曾经极大地促进了互联网的发展。然而，随着时代的发展，HTTP 协议也暴露出了些许不足。

HTTP 协议出现的问题主要包括以下几点。

（1）HTTP 协议采用中心化模型，各个应用之间彼此独立，导致同一用户无法在多个应用之间共用身份和资产信息。此外，由于中心化应用的安全管理水平参差不齐，也增加了用户隐私泄露的概率。

（2）HTTP 协议提供的文件资源需要服务器长期维护。一旦服务器提供的服务失效，视频、网页、图片等资源将无法下载。同时，这些资源本身的存储成本也很高。

（3）HTTP 协议由于采用中心化网络架构，极易受到攻击，从而导致应用失效。

IPFS 的目标是替换 HTTP 协议。它基于 BitTorrent 协议作为数据传输的方式，采用 P2P 网络架构，使用 git 控制文件内容版本，利用哈希技术对内容进行寻址，并通过激励算法记录节点的内容贡献。2017 年，当土耳其封锁了维基百科时，IPFS 开发团队迅速将维基百科的内容放到了 IPFS 上，使得土耳其政府无法封掉维基百科，这是 IPFS 的一个典型案例。图 6-13 展示了 IPFS 协议的简要说明。

图6-13　IPFS协议的简要说明

时下区块链领域较为流行的 NFT 技术也经常会借助 IPFS 协议。NFT 发行方通常会把 NFT 的图片先存储到 IPFS 网络中，然后利用 IPFS 网络的地址来建立 NFT。此外，很多开源应用也会把智能合约代码保存到 IPFS 网络中。

然而，IPFS 协议当前正处于发展阶段，仍然有若干问题需要解决。例如，IPFS 无法确保数据永久存储，这是由 IPFS 的根本协议决定的，因为并非所有节点都记录相同的数据。当部分节点下线时，数据可能无法被找到。IPFS 并未对数据进行加密处理，因此用户隐私仍然存在泄露的风险。

6.3.4　DFINITY 应用简介

DFINITY 是一个被称为"互联网计算机"的开源通用计算平台，它旨在解决当今传统互联网面临的一些顽疾，如系统安全性不足、互联网服务被垄断、个人用户数据被滥用等问题。DFINITY 的愿景是打造一个名为"互联网计算机"（The Internet Computer，ICP）的系统。图 6-14 是 DFINITY 协议的简要说明。

DFINITY 的目标是建立一个全新的互联网生态，这个生态能够承载几乎任何规模的应用。从简单的智能合约到 DeFi 应用，再到泛行业平台和企业系统，包括抖音、滴滴、美团等高频使用的"传统互联网应用"。这个系统理论上能够在智能合约中承载人类所有的软件逻辑和数据。DFINITY 的核心技术点可以概括为将前端和中间件去中心化，并以此来建立去中心化的新网络。

Internet Computer Ecosystem

The Internet Computer blockchain only recently launched but developer and entrepreneurial activity is exploding, and so are the active users of their emerging dapps and services.

图 6-14　DFINITY 协议的简要说明

DFINITY 的实现需要借助 IPFS 协议来解决数据存储的问题。通过两者的结合，将有望创建出高性能的分布式内容网络。

学习问答

1. 区块链技术中联盟链和公链哪一个更好？

答：脱离具体业务场景来讨论联盟链和公链哪个更好是不恰当的。例如，比特币这种无政府背书的数字货币必须使用公链技术来支撑，因为公链在跨境支付领域具有天然的优势。此外，近年来火爆异常的 DeFi 项目也都是基于公链技术来开发的。联盟链也有其适合的业务场景，如数字化身份认证、电子政务、供应链金融等，这些项目都非常适合基于联盟链技术来实现。公链和联盟链各有优势，公链更注重去中心化，联盟链则更强调效率和隐私保护。

2. IPFS 的价值在哪里？

答：IPFS 的价值主要体现在三个方面。首先，它旨在解决 HTTP 协议带来的中心化痛点；其次，IPFS 可以与其他区块链平台相互配合，如以太坊发布的智能合约或 URL 指向的资源都可以存放在 IPFS 中；最后，IPFS 为后续的技术发展提供了启示，就像 BitTorrent 技术和区块链技术一样，正是有了无数后来者的反复尝试和探索，才能推动科学技术的不断发展。

实训：Python 实现默克尔树

在第4章介绍过默克尔树结构，它在区块结构中有着广泛的应用，另外也可以作为白名单数据结构来使用。本次实训来实践一下如何构建默克尔树。

第1步 ▶ 创建文件，编写 MerkleTree 类。创建 merkleTree.py 文件，实现 Merkle 类的示例代码如下。其中 build 是后续要实现的构建函数。

```python
import hashlib
class MerkleTree:
    def __init__(self, data):
        self.leaves = [hashlib.sha256(item.encode()).hexdigest() for item in
            data]
        self.build() # 构建函数
```

第2步 ▶ 实现 build 函数的示例代码如下。

```python
    def build(self):
        while len(self.leaves) > 1:
            new_leaves = []
            for i in range(0, len(self.leaves), 2):
                if i + 1 < len(self.leaves):
                    combined_hash = hashlib.sha256((self.leaves[i] +
                        self.leaves[i + 1]).encode()).hexdigest()
                    new_leaves.append(combined_hash)
                else:
                    new_leaves.append(self.leaves[i])
            self.leaves = new_leaves
```

由于是新产生的哈希值后追加原哈希数组，因此数组内的第一个哈希值就是根哈希。继续添加代码来获取根哈希，示例代码如下。

```python
    def get_root(self):
        return self.leaves[0]
```

第3步 ▶ 模拟构建多个交易的默克尔树。用若干字符串代表交易信息，通过前面实现的类来构建默克尔树，并输出树根，示例代码如下。

```python
# 示例用法
data = ["tx1", "tx2", "tx3", "tx4"]
merkle_tree = MerkleTree(data)
root_hash = merkle_tree.get_root()
print("默克尔树的根哈希:", root_hash)
```

第4步 ● 测试运行效果。执行代码，可以获得如图6-15所示的效果。

```
(base) 192:chat6 yk$ python merkleTree.py
默克尔树的根哈希：773bc304a3b0a626a520a8d6eacc36809ac18c0b174f3ff3cdaf0a4e9c64433d
(base) 192:chat6 yk$
```

图6-15　默克尔树的构建结果

本章总结

本章从公链与联盟链两个角度介绍区块链技术的发展趋势。通过阅读本章，读者能够了解公链与联盟链的区别与联系，认识常见的联盟链平台、BaaS平台，并深入理解区块链的合规性要求。此外，读者还将了解联盟链在基础设施建设中的应用，包括数字化身份认证、数字人民币、存证溯源平台等。同时，本章也探讨了公链的热门应用方向，包括去中心化交易所、DeFi、IPFS、DFINITY等。区块链技术正以迅猛的势头在多个领域蓬勃发展。

第3篇
区块链开发篇

　　通过前两篇内容的学习，读者应该已经掌握了Python语言的基础开发技能及区块链技术的原理和发展趋势。本篇将着重介绍区块链技术开发，包括Solidity智能合约的开发、区块链钱包开发以及一个区块链应用的实战项目开发。通过本篇内容的学习，读者将能够掌握区块链开发的核心技术，并具备独立完成区块链项目设计与开发的能力。

第 7 章

Solidity 智能合约开发入门

本章导读

　　若要开发一个传统应用，前端、后端、数据库通常是标配。然而，在基于区块链技术的去中心化应用开发中，除了涉及前端、后端（完全去中心化的应用通常不会依赖传统的中心化数据库）外，还需要特别考虑区块链系统和智能合约。其中，智能合约是区块链应用开发的精髓所在。本章将详细介绍 Solidity 智能合约开发的基础知识，通过学习本章内容，读者能够迅速踏入智能合约开发的世界。

知识要点

通过本章内容的学习，您将掌握以下知识：

● 掌握智能合约的运行原理；

● 学会智能合约运行环境的搭建；

● 掌握智能合约的基础语法；

● 掌握智能合约的结构设计与特殊数据类型；

● 学习智能合约的面向对象编程方法。

7.1　智能合约运行原理与环境搭建

　　智能合约听起来颇为高端，但从本质上讲，它依然是运行在区块链上的程序。因此，学习智能合约开发与学习传统的程序开发方式有相似之处，都需要掌握理论基础，搭建开发环境，学习语法并进行实践。本节将主要介绍智能合约的运行原理以及开发环境的搭建。

7.1.1　智能合约的概念

2013年，以太坊的创始人Vitalik Buterin受比特币脚本的启发，在以太坊白皮书中首次详细阐述了智能合约的实现方式。随着区块链技术及以太坊网络的高速发展，智能合约逐渐得到了广泛的关注和认可。事实上，早在1995年，计算机科学家、密码学家尼克·萨博（Nick Szabo）就已提出了智能合约的概念，他将其定义为："一个智能合约是一套以数字形式定义的承诺（commitment），以及合约参与方能够执行这些承诺的协议。"

对于初次接触智能合约的开发者来说，这个概念可能会显得有些抽象。为了更直观地理解它，我们可以做一个类比。在传统应用开发中，开发者通过SQL语句与数据库进行交互；在区块链应用中，开发者通过智能合约与区块链（去中心化数据库）进行交互。因此，智能合约可以被简单地理解为区块链开发的"SQL"。

开发者可能还会有这样的疑问，为什么我们需要把类似于"SQL"的功能以智能合约的形式实现在区块链上呢？首先，智能合约一词来源于"smart contract"（以太坊白皮书中的名称）的翻译。其次，智能合约所执行的任务往往涉及链上资产的转移。在现实世界中，伴随着资产转移的行为通常都会签订合同，如劳动合同、房屋购买或租赁合同、贷款合同等，这就契合了contract。再者，智能合约是运行在区块链系统中的程序，它具有一般程序的逻辑性和自发性，因此可以说它是智能的（smart）。综上所述，智能合约是指运行在区块链上，能够自动化运行与资产转移等相关操作的程序。

7.1.2　智能合约的运行机制

和比特币一样，以太坊网络中的节点同样遍布全球，任何用户都可以在网络中执行智能合约，这个智能合约会在每个节点上被执行一遍，并记录下执行结果。这种感觉就像是全球所有的节点共同组成了一台超级计算机，统一执行用户的"程序"。因此，Vitalik Buterin在以太坊白皮书中将以太坊定位为"全球计算机"。

程序是可以运行的代码，或者是编译后的可执行文件。程序需要在计算机内存中运行，具有输入和输出。从某种程度上说，智能合约可以看作是特殊的"程序"。图7-1描述了智能合约的运行机制。智能合约在运行时同样会有输入和输出，智能合约的输入是指外部输入数据或外部输入事件，不同的事件和数据将会触发合约的预置响应条件和预置响应规则，最终产生不同的动作，并将合约的状态和合约值保存在区块中。

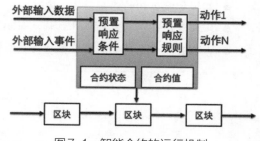

图7-1　智能合约的运行机制

谈到合约的数据存储，我们要简单介绍一下以太坊的账户模型。以太坊账户分为两类，一类是外部账户，另一类是合约账户。无论是外部账户还是合约账户，在以太坊网络中每个账户都会存在一个账户状态结构，该结构内至少包含一个nonce和balance。熟悉比特币PoW原理的用户，可能会误以为 nonce 是矿工挖矿时使用的随机数，但实际上，在以太坊中，账户状态中的 nonce 是每个账户独有的数据，主要用来区分不同的交易，防止交易被重复执行。balance 字段则是代币账户的余额。相比外部账户，合约账户还要多两个信息，分别是 codeHash 和 storageRoot。其中，codeHash 是智能合约执行代码对应的哈希值，storageRoot 则代表该账户的合约状态构成的 Merkle 树的树根。整个账户状态是以 MPT（Merkle Patricia Tries）数据结构的形式存储在世界状态树中，如图 7-2 所示。

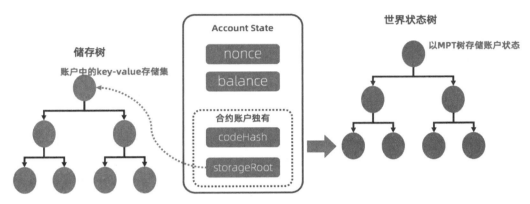

图 7-2　以太坊的账户结构及数据存储

7.1.3　智能合约运行三要素

在了解了智能合约的运行机制后，接下来介绍智能合约的运行流程，如图 7-3 所示。这里说的流程是指智能合约完整的运行流程，包括从代码到编译、运行的过程。以 Solidity 语言的智能合约为例，智能合约的执行会经由 SOLC 编译器将智能合约编译为 EVM（以太坊虚拟机）字节码，经由钱包客户端通过 RPC 接口发送给以太坊节点，以太坊网络中的矿工将本次智能合约的执行打包到区块中，并在网络中进行公示，最终网络的区块链节点保留着同样的区块链数据，智能合约的执行输出（合约值和合约状态）也在其中。

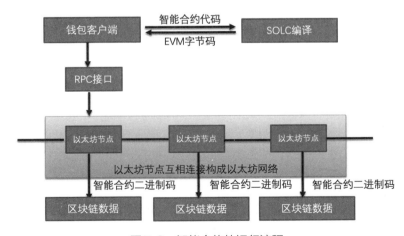

图 7-3　智能合约的运行流程

通过对以太坊智能合约运行流程的理解，可以总结出智能合约运行的三要素：区块链节点、钱包和编译器。每个节点都包含 EVM，是智能合约的运行环境；编译器用来将智能合约代码编译为机器码（在部分区块链平台，会将智能合约编译为 WASM 代码）；钱包的作用可能会被很多读者忽略。钱包提供了账户管理，更准确的说法是管理账户的私钥。掌控了私钥，钱包可以为智能合约的执行进行签名并支付相应的"费用"。

这里所说的"费用"涉及以太坊的经济模型，以太坊网络中的矿工可以通过生产区块获得以太币奖励，外部用户执行交易时需要支付一定数量的 Gas，Gas 的消耗由用户执行代码的消耗量来决定，网络中可以通过 GasPrice 的上下浮动来调节用户交易执行时的花费。

7.1.4　智能合约开发环境搭建

Geth 是使用 Go 语言编写的以太坊客户端工具，利用 Geth 可以快速搭建以太坊私有网络或连接到以太坊公有网络。Geth 安装包可以使用如下网址进行下载：https://geth.ethereum.org/downloads/。

在不同的系统安装，选择不同系统对应的软件版本即可。接下来分别介绍在 Windows、Linux、macOS 三大系统上如何安装 Geth 及启动 Geth 来搭建私有网络。如果读者对于 Geth 节点不感兴趣，也可以跳过 Geth 安装的步骤，后面的课程也会介绍其他的替代工具，至于学习语法本身，Geth 并非不可或缺，只能说有它搭建私有网络，不用担心测试币没有的问题。

1. 在 Windows 系统安装 Geth

Windows 系统推荐下载已经编译好的可执行二进制文件，这种方式最为简单和直接，需要注意的是，要下载 Geth 相关的工具包，并非仅仅是安装一个 Geth。接下来，以 64 位系统、1.10.15 版本 Geth 为例，介绍在 Windows 系统中安装 Geth 的步骤。

第1步 ● 打开网站后，在【Windows】的标签下可以看到下载列表，如图 7-4 所示。对于 Windows 用户来说，直接单击下载安装包即可。

Release	Commit	Kind	Arch	Size	Published	Signature	Checksum (MD5)
Geth 1.10.16	20356e57…	Installer	32-bit	48.87 MB	02/16/2022	Signature	9060c70091248867b4cc7cd5f113f72b
Geth 1.10.16	20356e57…	Archive	32-bit	20.45 MB	02/16/2022	Signature	1c2bfa174ac255617d5d8b8e2da47b02
Geth 1.10.16	20356e57…	Installer	64-bit	50.41 MB	02/16/2022	Signature	e462de86585826ceb35084b2fa4f7777
Geth 1.10.16	20356e57…	Archive	64-bit	21.13 MB	02/16/2022	Signature	46c4463014e596d3ffded800a2f26270
Geth & Tools 1.10.16	20356e57…	Archive	32-bit	66.76 MB	02/16/2022	Signature	6c95f948e775d941ca4123a3a51feefd
Geth & Tools 1.10.16	20356e57…	Archive	64-bit	68.4 MB	02/16/2022	Signature	07711b0cde2d1829827a193b9fbdb78d
Geth 1.10.15	8be800ff…	Installer	32-bit	48.85 MB	01/10/2022	Signature	40a995e84c8cc31c454f612e1217eb2f
Geth 1.10.15	8be800ff…	Archive	32-bit	20.42 MB	01/10/2022	Signature	0377362388f20a077c27cd8287a1f22f
Geth 1.10.15	8be800ff…	Installer	64-bit	50.4 MB	01/10/2022	Signature	bfa239f390c85952eb5f443ce3ee49a1
Geth 1.10.15	8be800ff…	Archive	64-bit	21.1 MB	01/10/2022	Signature	3b3f70c620aa69f5eca1bac362db169e
Geth & Tools 1.10.15	8be800ff…	Archive	32-bit	66.73 MB	01/10/2022	Signature	adedd29de390050f5ecb2910f8e62e2f
Geth & Tools 1.10.15	8be800ff…	Archive	64-bit	68.37 MB	01/10/2022	Signature	73757ee60bf79601f1cca5349b6d1de2

图 7-4　在 Windows 系统下载 Geth 客户端示意图

下载后，对安装包进行解压，然后配置相应的环境变量就可以了。配置环境变量，只要将解压后的文件所在目录添加到path中即可。

第2步 鼠标右击安装压缩包文件，进行解压操作，如图7-5所示。

第3步 将文件夹名称重命名为"geth-home"，如图7-6所示。

图7-5　解压操作　　　　　　　　　　　　图7-6　重命名文件

第4步 将文件夹移动至C盘根目录（可选），如图7-7所示。

第5步 按下【Win+R】快捷键，打开【运行】对话框，输入"powershell"命令，单击【确定】按钮，如图7-8所示。

图7-7　将文件夹移至C盘根目录

图7-8　打开powershell

第6步 设置环境变量。执行下面的命令，设置环境变量。

```
$env:Path="$env:Path;C:\geth-home"
```

本命令仅限于在本powershell环境下设置环境变量，新打开的powershell会失效，如果有需要设置永久的环境变量可以通过图形界面工具将"C:\geth-home"添加到Path环境变量中。

第7步 测试Geth运行。如果环境变量设置成功，在命令行窗口运行geth -h（geth --help）将看到帮助信息，效果如图7-9所示。

```
PS C:\Users\95762> $env:Path="$env:Path;C:\geth-home"
PS C:\Users\95762> geth -h
NAME:
   geth.exe - the go-ethereum command line interface

   Copyright 2013-2021 The go-ethereum Authors

USAGE:
   geth.exe [options] [command] [command options] [arguments...]

VERSION:
   1.10.15-stable-8be800ff

COMMANDS:
   account                            Manage accounts
   attach                             Start an interactive JavaScript environment (connect to node)
   console                            Start an interactive JavaScript environment
   db                                 Low level database operations
   dump                               Dump a specific block from storage
   dumpconfig                         Show configuration values
   dumpgenesis                        Dumps genesis block JSON configuration to stdout
   export                             Export blockchain into file
   export-preimages                   Export the preimage database into an RLP stream
   import                             Import a blockchain file
   import-preimages                   Import the preimage database from an RLP stream
```

图7-9　测试Geth客户端的使用

2. 在Linux系统安装Geth

在Linux系统安装Geth有两种方式，第一种是命令行安装，第二种是下载安装包安装。下面分别进行介绍。

（1）命令行安装

这种方式比较简单直接，在Linux系统下使用命令行的方式安装Geth，只需要执行下面四条指令就可以了（以ubuntu系统为例）。

```
sudo apt-get install software-properties-common
sudo add-apt-repository -y ppa:ethereum/ethereum
sudo apt-get update
sudo apt-get install ethereum
```

（2）下载安装包安装

这种方式就是下载可执行的二进制文件安装包，也是笔者推荐的方式。具体操作步骤如下。

第1步 选择要下载的版本。打开客户端下载网站，在标签处选择“Linux”系统，找到一个64-bit Geth & Tools对应的版本，在其位置上右击鼠标，在快捷菜单中选择【复制链接地址】命令，如图7-10所示。

第2步 利用wget命令下载步骤1的地址，命令代码如下。

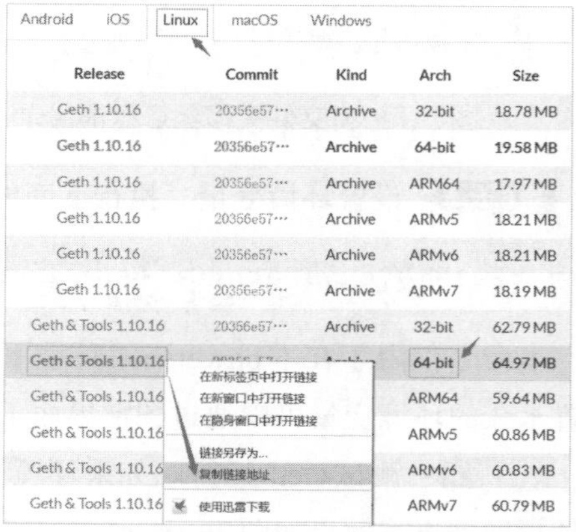

图7-10　在Linux系统下载Geth客户端示意图

```
mkdir ~/install
cd ~/install
wget https://gethstore.blob.core.windows.net/builds/geth-alltools-linux-
amd64-1.10.16-20356e57.tar.gz
```

第3步 ▶ 解压缩下载的压缩包，命令代码如下。

```
tar zxvf geth-alltools-linux-amd64-1.10.16-20356e57.tar.gz
```

第4步 ▶ 配置环境变量，命令代码如下。

```
mv geth-alltools-linux-amd64-1.10.16-20356e57.tar.gz ~/geth-home
export PATH=$HOME/geth-home:$PATH
echo `export PATH=$HOME/geth-home:$PATH` >> ~/.bashrc
source ~/.bashrc
```

第5步 ▶ 安装完成，检查安装效果。使用"geth –h"或"geth --help"就可以查看帮助信息，效果与 Windows 环境类似。

3. 在 macOS 系统安装 Geth

在 macOS 系统安装 Geth，同样可以选择命令行安装或下载安装包安装的方式。

（1）命令行安装

命令行的安装方式，需要借助 Brew 工具，命令代码如下。

```
brew update
brew upgrade
brew tap ethereum/ethereum
brew install ethereum
```

（2）下载安装包安装

第1步 ▶ 同样，macOS 系统也推荐使用下载已经编译好的二进制文件来完成安装，安装方式与 Linux 系统类似，如图 7-11 所示，得到对应版本的下载链接地址。

图 7-11　在 macOS 系统下载 Geth 客户端示意图

第2步 ► 得到下载地址后，后面的安装步骤与 Linux 基本相同，唯一需要注意的是，macOS 的环境变量配置文件在"~/.bash_profile"。全部安装步骤和命令如下（$代表的是命令行状态下）。

```
mkdir ~/install
cd ~/install
wget https://gethstore.blob.core.windows.net/builds/geth-alltools-darwin-
amd64-1.10.15-8be800ff.tar.gz
tar zxvf geth-alltools-darwin-amd64-1.10.15-8be800ff.tar.gz
mv geth-alltools-darwin-amd64-1.10.15-8be800ff ~/geth-home
export PATH=$HOME/geth-home:$PATH
echo `export PATH=$HOME/geth-home:$PATH` >> ~/.bash_profile
source ~/.bash_profile
```

4. 搭建 Geth 私链

在安装好 Geth 后，需要知道如何启动它。不过在这之前，需要了解以下几个概念。

（1）主网：以太坊真实节点运行的网络，节点遍布全球，此网络中使用的"ether"是真实的虚拟数字货币 ETH，具有实际价值，因此成本较高。

（2）测试网：测试网的节点数量相较于主网较少，主要是为以太坊开发者提供一个测试的平台环境，此网络上的"ether"通常可以通过完成任务或申请获得，没有实际货币价值，但可用于测试交易和智能合约。

（3）私网：私网是由开发者自行组建的网络，不与主网及测试网连通，独立存在，主要用于个人测试和开发。

需要明确的是，无论是主网、测试网还是私网，都可以使用 Geth 来启动。当 Geth 直接运行时，默认连接的就是以太坊主网，接下来介绍如何启动 Geth 私有网络。

第1步 ► 将如下内容保存为 genesis.json 文件，具体代码如下。

```
{
    "config": {
    "chainId": 1008,
    "homesteadBlock": 0,
    "eip150Block": 0,
    "eip155Block": 0,
    "eip158Block": 0,
    "byzantiumBlock": 0,
    "constantinopleBlock": 0,
    "petersburgBlock": 0,
    "ethash": {}
    },
    "difficulty": "1",
    "gasLimit": "8000000",
    "alloc": {
```

```
    "7df9a875a174b3bc565e6424a0050ebc1b2d1d82": { "balance": "300000" },
    "f41c74c9ae680c1aa78f42e5647a62f353b7bdde": { "balance": "400000" }
  }
}
```

genesis.json通常会被称为创世块文件，其中的几个关键信息读者可以了解一下。

- chainId：不同链的唯一标识。
- ethash：以太坊的工作量证明共识算法。
- difficulty：挖矿难度。
- gasLimit：一个区块所能容纳 Gas 的上限。

第2步 ● 利用创世块文件初始化。接下来主要是利用创世块进行文件初始化，指定一个数据目录，当看到类似下面的结果代表初始化成功。

```
geth init --datadir ./data genesis.json
```

此时在data目录下，会有一些文件生成，以文件浏览器效果展示如下所示。

```
data
├── geth
│   ├── chaindata
│   │   ├── 000001.log
│   │   ├── CURRENT
│   │   ├── LOCK
│   │   ├── LOG
│   │   └── MANIFEST-000000
│   └── lightchaindata
│       ├── 000001.log
│       ├── CURRENT
│       ├── LOCK
│       ├── LOG
│       └── MANIFEST-000000
└── keystore
```

第3步 ● 创建新账户，具体代码如下。

```
geth account new --datadir data
```

创建时需要输入口令，并再次确认口令，口令千万不要忘记!

第4步 ● 启动网络，执行如下命令。

```
geth --datadir ./data --networkid 1008  --http --http.addr 0.0.0.0 --http.
vhosts "*" --http.api "db,net,eth,web3,personal" --http.corsdomain "*" --mine
--miner.threads 1 --allow-insecure-unlock  console 2> 1.log
```

这个命令的启动参数比较长，简单介绍一下相关参数的含义。

- datadir：指定之前初始化的数据目录文件。
- networkid：区分不同的网络。
- http：开启远程调用服务，这对应用开发非常重要。
- http.addr：远程服务的地址。
- http.api：远程服务提供的远程调用函数集。
- http.corsdomain：指定可以接收请求来源的域名列表（浏览器访问时，必须开启）。
- allow-insecure-unlock：允许在 Geth 命令窗口解锁账户。
- mine：开启挖矿。
- miner.threads：设置挖矿的线程数量。
- console：进入管理台。
- 2> 1.log：在 Unix 系统下，将 Geth 产生的日志输出都重定向到 1.log 中，以免屏幕刷日志影响操作。

第5步 ▶ 启动后，将看到类似下面的结果。至此，Geth 私有网络已经启动成功。

```
Welcome to the Geth JavaScript console!

instance: Geth/v1.10.15-stable/darwin-amd64/go1.13.1
at block: 0 (Thu, 01 Jan 1970 08:00:00 CST)
 datadir: /Users/yk/ethdev/yekai1003/rungeth/data
 modules: admin:1.0 debug:1.0 eth:1.0 ethash:1.0 miner:1.0 net:1.0
personal:1.0 rpc:1.0 txpool:1.0 web3:1.0

>
```

7.1.5 Remix 环境简介

熟悉编程的读者应该清楚，在编程开发时，一款好用的 IDE 将会极大提升开发效率，Solidity 智能合约在开发时同样也需要一款 IDE。在这里，推荐在线开发环境 Remix。

Remix 是 Solidity 智能合约的在线开发平台，它像大多数 IDE 一样，在编写代码时能提供自动补齐、提示以及关键字高亮功能。更为关键的是，Remix 不仅可以编译智能合约，还可以部署智能合约。部署时，你可以选择将智能合约部署在浏览器内置的 EVM 虚拟机上，也可以部署到自定义的区块链节点。此外，它还可以连接浏览器内嵌的钱包软件，如 MetaMask。通过钱包软件连接的网络，你可以将智能合约部署到以太坊主网或其他网络。简言之，Remix 环境可以满足智能合约开发者的所有需求。

Remix 环境的另一个特点在于它是一个在线平台，该平台环境可以自动加载，并且会不定期更新。更新有利有弊，对于习惯某些页面操作的开发者可能会造成困扰，总的来说，升级是为了更好地支持智能合约的开发，因此开发者还是需要接受和适应这些变化。

　　Remix 环境的网址是 http://remix.ethereum.org/。只要网络环境良好，打开该网页一段时间后，你就可以成功加载 Solidity 智能合约的编译器，并在该环境中进行智能合约的开发、部署和测试。图 7-12 所示是 Remix 打开后默认呈现的主页。

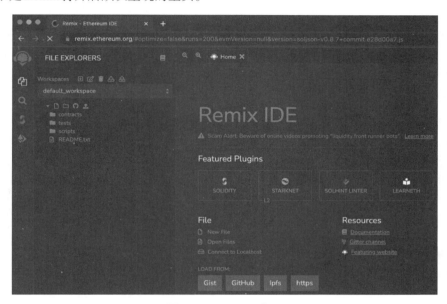

图 7-12　Remix 主页

　　在图 7-12 窗口中，文件浏览器页面是默认页面，也可以单击页面左侧的【▣】按钮切换至浏览器页面。当需要调整编译器参数时，可以单击【↻】按钮切换至编译器页面，如图 7-13 所示。

　　当需要部署或运行智能合约时，可以单击运行视图按钮【↪】切换至运行页面，如图 7-14 所示。

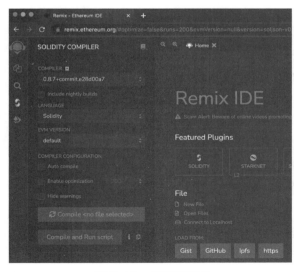

图 7-13　编译器页面

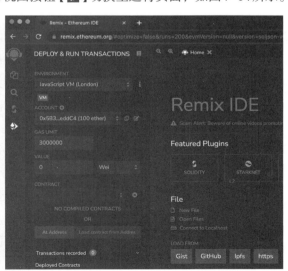

图 7-14　运行页面

稍后，将介绍如何在 Remix 环境部署第一个智能合约。

7.1.6 初识 Solidity

Solidity 语言实际上是一门类型静态、面向对象、编译型、支持分支判断和循环的高级开发语言。Solidity 语言支持多种数据类型，同时允许自定义类型，支持数组和映射，也支持合约继承、接口和库的使用。简单来说，Solidity 是一门高级开发语言，其运行环境是 EVM。

在学习一门语言时，习惯先编写第一个程序，学习 Solidity 语言也不例外。先来看一个智能合约版的 hello world。代码如下。

```solidity
// SPDX-License-Identifier: GPL-3.0
pragma solidity^0.8.7;

//定义合约的名字
contract hello {
    string myMsg; // 状态变量

    // 构造函数
    constructor(string memory _msg) {
        myMsg = _msg;
    }
    // 查询 myMsg
    function get() public view returns (string memory) {
        return myMsg;
    }
}
```

为了方便介绍，以后把智能合约简称为合约，下面来简单介绍一下这段代码的含义。以"//"开头的是注释。SPDX-License-Identifier 用来设定开源协议。智能合约代码默认都是要开源的，如果不设定开源协议会被警告。"GPL-3.0"是开源协议标识符，开发者也可以选择其他开源协议标识。

关键字 pragma 用于指定编译器版本，"solidity^0.8.7"代表向上兼容 0.8.7 及以上的版本，但这种兼容方式仅限 0.8.x 系列。如果编译器的版本是 0.9.x，则不能编译该合约。

关键字 contract 用来定义合约的名字，因此该合约的名称为 hello。这种语法很像某些语言中的 class 定义。一个合约用一对 {} 来标志合约定义的开始和结束。

"string myMsg"定义了一个状态变量，每个合约内都可以存储若干个状态变量，这些状态值也会保存在以太坊的世界状态树中。需要注意的是，合约的语句要以分号作为结尾。

关键字 constructor 用来声明该合约的构造函数。部署该合约时，构造函数会被执行。在更早的编译器版本中，构造函数需要使用 public 来修饰，但在 0.8.x 版本中，构造函数不能使用 public 来修饰。构造函数内对状态变量myMsg进行了赋值操作。

get是一个查询方法，它会返回myMsg的状态值。

因此，这个合约的功能是将myMsg字符串存储到区块链的世界状态中，并提供一个查询方法来获取该字符串。

图7-15　创建合约文件

在了解了合约之后，接下来介绍如何在Remix环境部署该合约并测试。具体操作步骤如下。

第1步　创建文件并编辑代码。在Remix文件视图中，单击浏览器按钮【🗎】，创建一个新文件，并命名为"hello.sol"（合约文件都是以".sol"作为后缀），如图7-15所示。

第2步　编写代码并编译。在hello.sol文件创建后，就可以在编辑器内填写代码了，可以直接把之前介绍hello world合约的代码粘贴到编辑器内，并保存代码。按下保存代码的快捷键，macOS系统按【command+S】，Windows系统按【Ctrl+S】，默认就会自动编译代码。如图7-16所示，编译通过后的代码可以在编译选项按钮【🛡】旁看到绿色的"√"，表示编译没有问题。

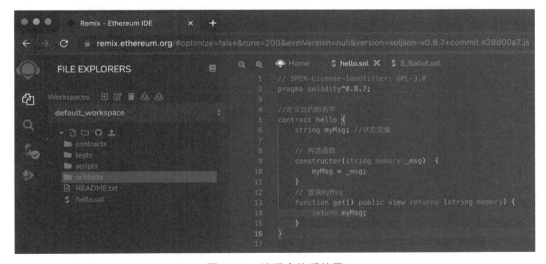

图7-16　编译合约后效果

如果不能顺利编译，也可以单击编译视图下的编译【Compile hello.sol】按钮，来手动编译合约，如图7-17所示。

图7-17　手动编译合约

第3步 ▶ 部署并测试合约。打开Remix页面的运行视图，在部署按钮【Deploy】旁输入一个字符串，如输入"hello, yekai!"，之后单击部署按钮【Deploy】部署该合约，如图7-18所示。

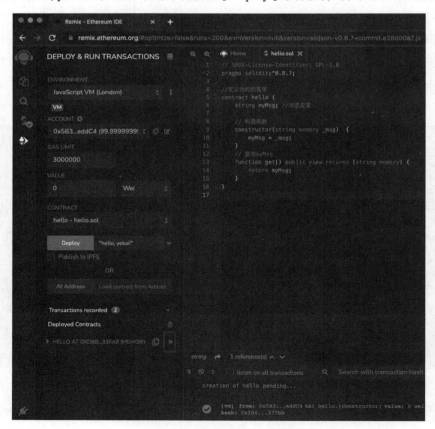

图7-18　部署合约示意图

之后，可以测试一下合约的运行情况，单击展开按钮【 ▶ 】打开合约视图，然后单击【 get 】按钮就可以获得之前存储的字符串，如图 7-19 所示。

图 7-19　部署合约后的效果

这种执行方式是借助 Remix 内置的 EVM 来执行的。接下来介绍将合约发布到之前启动的 Geth 节点，并测试合约。

第4步▶　切换环境为 Geth 节点。单击运行视图的【 ENVIRONMENT 】下拉列表，如图 7-20 所示。

在下拉列表中选择【 External Http Provider 】选项，如图 7-21 所示。

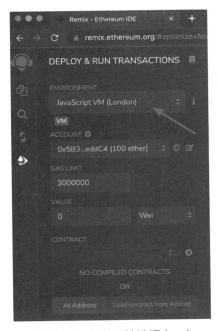

图 7-20　运行环境选择（一）

图 7-21　运行环境选择（二）

检查对话框【 Web3 Provider Endpoint 】选项下面的节点信息，如果 Geth 节点在本机则无需修改，单击【 OK 】按钮就可以连接到 Geth 节点了，如图 7-22 所示。

155

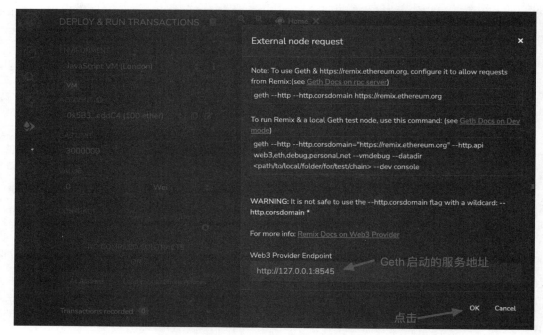

图 7-22　运行环境选择（三）

连接后，就可以看到读取到 Geth 节点内创建的账户余额和网络信息（网络标识与配置文件的 network 参数有关），如图 7-23 所示。

图 7-23　运行环境选择（四）

第5步 部署合约到 Geth 节点。此时，单击部署按钮【Deploy】部署合约，会出现如下的错误。

```
creation of hello errored: Returned error: authentication needed: password or
unlock
```

这是由于账户没解锁，可以通过 Geth 节点解锁账户。操作如图 7-24 所示，在 Passphrase 后输入之前创建账户时的口令，便可以解锁该账户。

```
> eth.accounts
["0x76de072136a7cf8050022ba69b1c2544143ec442"]
> personal.unlockAccount(eth.accounts[0])
Unlock account 0x76de072136a7cf8050022ba69b1c2544143ec442
Passphrase:
true
>
```

图 7-24　解锁 Geth 的账户

一般经过几秒到十几秒的等待（经历挖矿，如果没有挖矿，合约会一直处于 pending 状态），合约部署完成，之后的操作与内置 EVM 模式一样，如图 7-25 所示。

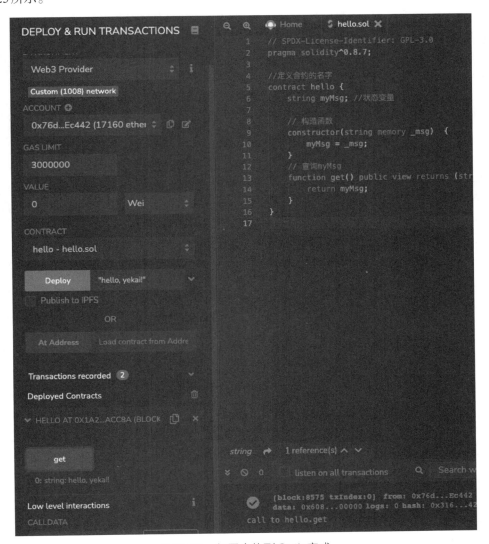

图 7-25　部署合约到 Geth 完成

虽然，只是把一个简单的字符串存储到合约里，但这背后的流程可一点也不简单。这小小的字符串通过钱包发起交易，在区块链网络中广播，并由 Geth 节点通过挖矿将字符串信息写到世界状态树中。如果连接的是以太坊主网，那么这小小的字符串将会在全世界的以太坊节点中计算并保存，所以相当于完成了把数据存储到世界各地的壮举。

7.2 Solidity 基础语法

由于 Solidity 是一门新型的开发语言，因此在学习过程中仍然要先熟悉一下 Solidity 的基础语法。Solidity 语言的语法并不复杂，只是有一些与区块链相结合的特性需要理解。有经验的开发者 3 ~ 7 天就可以掌握 Solidity 开发的基本技能，本节着重介绍 Solidity 语言的基础语法。

7.2.1 Solidity 基础数据类型

Solidity 语言是一门静态类型的编程语言，虽然运行环境受限于 EVM，但它的数据类型定义非常丰富，表 7-1 列举了 Solidity 语言中的原生数据类型。

表7-1　Solidity 原生数据类型说明

数据类型	注释	例子
string	字符序列，使用 UTF-8 编码	"hello world" "中国"
bool	布尔类型	true, false
int	有符号整数，等价于 int256	0, -3000, 2109
uint	无符号整数，不能表示负数，等价于 uint256	0, 3000, 2109
address	地址，用来表示账户或合约，可以用来转账	0xca35b7d915458ef540ade6068dfe2f44e8fa733c
bytes	字节数组	0x12, 0x1233, 0xa1b2
int8 ~ int256	按字节增长的有符号整数类型	-10, 127, 310003
uint8 ~ uint256	按字节增长的无符号整数类型	0, 255, 6200001
bytes1 ~ bytes32	按字节增长的定长字节类型	bytes4 A=0xa1b2

Solidity 语言对于整数、无符号整数、字节数据类型都有精准的定义，一个 int8、uint8 和 bytes1 都占用 1 个字节，这 3 种类型每增加 1 个字节就会产生一个新的数据类型，最大是 32 个字节，对应的是 int256、uint256、bytes32。这么设计的原因和区块链的特性有关，在区块链系统中，数据存储成本较高，精准的字节存储更符合设计理念。另外，Solidity 语言中并未提供浮点数类型，若想要使用浮点数，可以通过两个整型数来表示，前一个表达数据值，第二个表达数据精度（小数点的位数）。

在 Solidity 合约中，可以根据需要声明不同的合约变量。声明在合约全局区的变量通常被称为状态变量，状态变量也会保存到以太坊的 MPT 中，因此需要付出较为高昂的存储成本。除了状态变量，也可以使用 constant 关键字来定义常量。下面的示例代码在全局区分别定义了状态变量和常量。

```
contract type_demo {
    string public name; // 状态变量
    string constant author = "yekai"; // 常量
}
```

除了状态变量和常量外，也可以在函数内部定义一些局部变量，它们和函数参数都可以成为临时变量。临时变量仅在运行时在内存中加载，并不会永久保存。

7.2.2　函数

Solidity 语言与其他编程语言的一个显著区别在于它的运行机制，它是由外部的输入来决定具体的执行逻辑，其实这是靠不同的函数做到的。换句话说，Solidity 程序没有传统的 main 函数入口，而是由外部调用方来决定执行哪个功能，这个功能也就是函数。

在 Solidity 中，合约中存在两类函数，第一类是构造函数，它负责创建合约对象，一个合约内部只能有一个构造函数，当没有显示定式构造函数时，系统会使用缺省的构造函数来创建合约对象。构造函数的原型如下，constructor 是构造函数的关键字，括号内是参数列表，参数可以是 0 个或多个。在 Solidity 0.7 版本以上的编译器中，构造函数后面不能使用 public 关键字，0.6 版本的编译器则要求填写 public，本书以 0.8 版本为例介绍语法，所以不写 public 关键字。

```
constructor([ 参数列表 ]) {
    // 构造函数的执行逻辑
}
```

第二类是普通函数，它们包含输入、输出，用于支撑用户需要的业务逻辑。原型定义如下。

```
function func_name([ 参数列表 ]) 修饰符 [returns( 返回值列表 )] {
    // 函数体
}
```

function 是函数关键字，func_name 是自定义的函数名称，只要符合通用的函数规范即可，函数可以有 0 个或多个参数。在这里也特别强调一下，在 Solidity 语言中，函数参数的书写遵循类型前置式写法，即先写类型，后写参数名称。小括号后面是函数的修饰符，可以有多个修饰符同时使用，修饰符后面是函数的返回值模块，函数的返回值同样可以是 0 个或多个。当返回值个数为 0 时，可以省略 returns 相关的语句。笔者曾经尝试测试返回值个数的临界值，当返回值个数超过一定临界值（如 14 个）时，可能会发生栈溢出。示例代码如下。

```
// SPDX-License-Identifier: Apache-2.0 OR MIT
```

```
pragma solidity^0.8.7;

contract var_demo {
    string public authName; // 作家姓名
    uint8  public authAge;  // 作家年龄
    uint256 public authSal; // 薪水
    bool isMan; // 是否是男人

    // 构造函数
    constructor(string memory _name, uint8 _age, uint256 _sal) {
        authName = _name;
        authAge  = _age;
        authSal  = _sal;
        isMan    = true;
    }
    // 栈溢出的函数
    function demo() public pure returns(uint, uint, uint, uint, uint, uint,
                                         uint, uint, uint, uint, uint, uint,
                                         uint, uint,uint) {
        return (1,1,1,1,1,1,1,1,1,1,1,1,1,1,1);
    }
}
```

demo 函数有 15 个返回值，此时编译器会显示如图 7-26 所示的异常信息。

图 7-26　栈溢出示例

　　一般情况下，不会编写返回值过多的代码，如果遇到这种极端情况，可以通过返回一个结构化数据来处理，这一部分内容将在 7.3.1 节介绍。

7.2.3　修饰符

　　函数修饰符与函数是伴生的，函数修饰符的作用主要有三类，第一类是控制函数的被调用权限；

第二类是限定状态变量的修改、读取权限；第三类是资产转移权限的控制，所谓的资产转移主要是指针对ETH（以太坊网络内的生态币）的转移。表7-2较为清晰地介绍了各个函数修饰符及其使用要求。

表7-2　函数修饰符对照表

关键字	类型	说明	是否可继承
public	调用控制类	公共的，内部、外部均可调用	是
private	调用控制类	私有的，仅限内部调用	否
external	调用控制类	外部的，仅限外部调用	是
internal	调用控制类	内部的，仅限内部调用	是
view	状态变量访问限制类	可读取状态变量，不可修改状态变量	－
pure	状态变量访问限制类	不可读取状态变量，不可修改状态变量	－
payable	资产转移控制类	函数内涉及ETH转移时使用	－

很显然，调用控制类的修饰符要与其他类型的修饰符配合使用，默认情况下其他类型修饰符可以省略。是否可继承涉及面向对象相关的知识点，在这里大家先有个大概了解即可。

为了让大家能够理解函数修饰符的作用，下面演示几个例子，可以先给自己出个题，按要求在合约内提供如下函数。

（1）实现修改状态变量count的外部调用方法。

（2）实现状态变量count值获取的外部调用方法。

（3）实现状态变量count自增的内部调用方法。

分析题目要求，首先要定义一个count状态变量，然后逐一分析不同函数。对于修改count的函数来说，要求外部访问就只能选择public或external修饰符，因为它要修改状态变量，所以pure和view两个关键字都不能使用，此时不涉及资产转移，所以payable也无需使用。

再来分析一下读取count值的函数，同样要求外部访问，所以选择public或external，另外它仅仅是读取count，不涉及修改，所以另外一个修饰符应该使用view，而不是pure。

第3个函数要求实现count的自增，并且仅限内部访问，很明显它修改状态变量的值，因此view或pure不能使用，内部访问的话可以选择private或internal。

分析完成后，可以写出如下的合约代码（编译器声明部分略）。

```
contract xiushifu_demo {
    uint256 count; // 状态变量
    function setCount(uint256 _c) public {
        count = _c;
    }
    function getCount() external view returns (uint256) {
```

```
        return count;
    }
    function increase() private {
        count ++;
    }
}
```

重温一下部署操作流程，在Remix环境部署该合约，在浏览器视图新建一个文件，将上述代码放到文件内并编译。具体操作步骤如下。

第1步 ▶ 单击运行视图按钮【 ➡ 】切换到运行页面，单击部署按钮【 Deploy 】部署该合约，如图7-27所示。

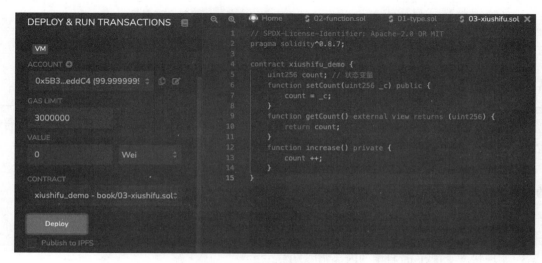

图7-27　合约测试演示（一）

第2步 ▶ 单击合约视图前展开按钮【 ➡ 】，展开合约视图，可以看到如图7-28的效果。

第3步 ▶ 在【 setCount 】按钮旁的输入框输入一个数字，然后单击【 setCount 】按钮就可以执行设置操作，此后可以单击【 getCount 】按钮就可以看到已经设置好的数据，如图7-29所示。

图7-28　合约测试演示（二）

图7-29　合约测试演示（三）

一通操作之后，可以回过来分析一下，合约视图内只看到【 setCount 】和【 getCount 】按钮，这也是合约对外提供的2个函数，自增函数是私有的，因此在合约视图内看不到。

public和private也可以修饰状态变量，一个状态变量默认是私有的。可以将上述合约代码中的第 2 行修改一下，增加一个 public 关键字，修改结果如下。

```
uint256 public count; // 状态变量
```

再次部署该合约，并测试运行效果，如图 7-30 所示。这时会发现，合约内自动增加了一个与状态变量 count 同名的外部访问函数，它的功能和 getCount 是一致的。这也是 Solidity 语言的特点，当一个状态变量被声明为 public 时，系统会为其自动提供一个同名的外部调用函数。

关于函数修饰符的内容先介绍到这里，自定义修饰符的内容将在 7.2.7 小节介绍。

图 7-30　合约测试演示（四）

7.2.4　内建对象

由于智能合约是运行在区块链系统中的，因此也会具备一些区块链特有的数据对象或函数。这类对象或函数无需开发者声明，可以直接在程序中使用，一般会把这类对象称为内建对象或内建函数。

在 Solidity 语言中，最为常用的两个内建对象是 block 和 msg。block 就是区块对象，msg 则是调用消息对象，代表外部传入的数据信息。block 对象是一个结构化对象，block 对象属性信息如表 7-3 所示。

表 7-3　block 对象属性信息

属性内容	类型	说明
coinbase	address	当前区块的矿工的地址
difficulty	uint	当前区块的挖矿难度系数
gasLimit	uint	当前区块容纳 gas 的上限
gasUsed	uint	gas 的使用情况
number	uint	当前区块编号
timestamp	uint	当前区块的时间戳

在这里，需要搞清楚 Gas 的作用。Gas 翻译为气体燃料，就像是汽车跑起来需要使用汽油一样，智能合约跑起来需要使用 Gas。在以太坊网络中，定义了 EVM 字节码对应的 Gas 消耗数量，这些数量是固定不变的，也就是说执行一次智能合约相当于把该执行逻辑对应的所有字节码消耗的 Gas 求和，这样算下来相同合约动作的 Gas 消耗是固定的。之所以设计 Gas 是为了激励矿工，同时也能够防止以太坊网络被 DDOS 攻击。

以太坊的另一个巧妙设计是Gas，并非和ETH直接挂钩，而是通过GasPrice（Gas单价）来动态调节，它的单位是Wei（1 ETH = 1e18 Wei）。试想，如果Gas消耗直接和ETH绑定，那么随着ETH的上涨（曾经超过4000美金），Gas消耗成本将无法控制。由于Gas消耗的成本是由外部调用用户承担的，如果成本过高，很可能会导致用户离开以太坊生态。通过GasPrice的动态调节，既可以保证矿工的收益，又能够使调用者可以承受，这算是一个非常平衡和微妙的经济体系设计。

block结构中的gasLimit是一个区块内能够容纳Gas消耗的上限，智能合约的调用最终也会变成一笔笔交易被打包在区块中，于是gasLimit就可以用来控制矿工打包交易的数量上限。gasUsed则是区块中所有打包的合约真实使用的gas数量之和。

block对象是区块链系统本身的特性，另外一个对象msg则是智能合约体系的特性，表7-4详细介绍了msg对象属性信息。

表7-4　msg对象属性信息

属性内容	类型	说明
data	bytes	完整地调用数据（calldata）
gas	uint	当前剩余的gas
sender	address	消息的发送方（调用者）
sig	bytes4	函数签名（calldata的前4个字节）
value	uint	携带的WEI的数量（相当于携带资金）

在这里着重介绍一下msg对象的Gas和sender属性，sender会随着调用者的变化而变化，Gas则是代表调用者提供了多少Gas，但这个Gas并不一定要全部用光，但执行完合约后仍有剩余的Gas，这部分Gas将退回给调用者。当一个函数为只读（不修改状态变量）函数时，调用者无需支付Gas。

下面是一个使用msg的例子，creator代表合约的创建者，将在构造函数执行时被确定，谁部署该合约，谁将成为creator。getSender函数主要是为了测试调用者的变化也会导致msg.sender的变化，具体代码如下。

```solidity
// SPDX-License-Identifier: Apache-2.0 OR MIT
pragma solidity^0.8.7;

contract msg_demo {
    address public creator;
    // 消耗gas
    constructor() {
        creator = msg.sender;
    }
    // 不会消耗gas
    function getSender() public view returns (address) {
```

```
        return msg.sender;
    }
}
```

部署该合约时可以切换账户及指定 gasLimit（本次执行剩余的 gas），如图 7-31 所示，打开合约的运行信息，可以看到实际 gas 的消耗情况。

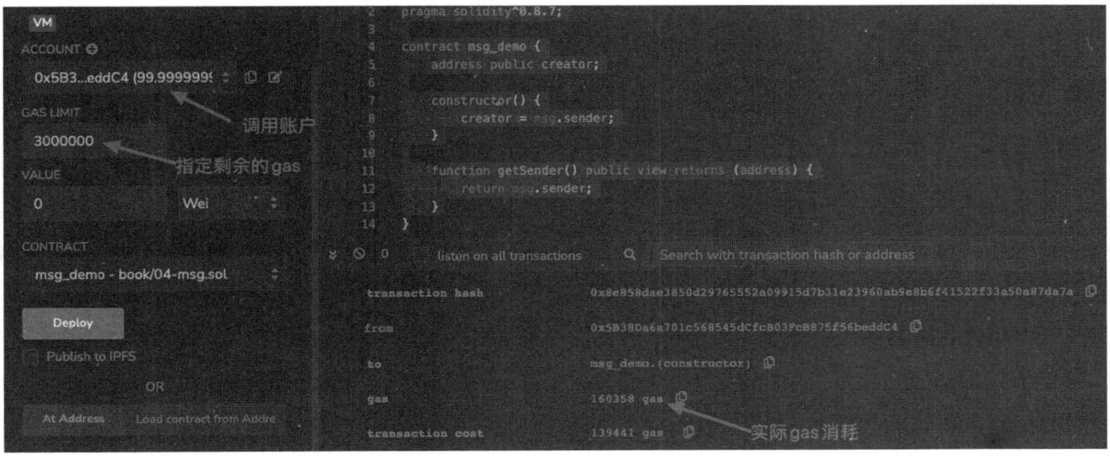

图 7-31　gas 消耗情况说明

可以看到合约内的 creator 与创建者的地址是一致的，如图 7-32 所示。

单击【ACCOUNT】下拉列表切换不同的账户，然后再单击【getSender】按钮，将看到返回的地址和切换的账户地址一致，如图 7-33 所示。再次切换账户，并再次单击【getSender】按钮，可以发现返回结果始终和切换后的账户一致。

7.2.5　内建函数

除了内建对象，Solidity 也为开发者提供了一些可以直接使用的内部函数，称为内建函数。本节主要

图 7-32　msg.sender
作用演示（一）

图 7-33　msg.sender
作用演示（二）

介绍两个内建函数，后面会随着内容的深入来介绍其他需要了解的内建函数。

第一个要介绍的内建函数是blockhash，它的原型如下。

```
function blockhash(uint blocknum) public view returns (bytes32);
```

blockhash 函数的作用是返回某个区块的哈希值，最新的区块编号可以通过block.number拿到，使用block.number-1作为参数就可以获得最新区块的哈希值。

第二个要介绍的内建函数是keccak256，它的原型如下。

```
function keccak256(bytecode) public view returns (bytes32);
```

keccak256是以太坊计算哈希值的函数，它的输入是一个字节数组，返回一个哈希值。需要注意的是keccak256函数只能传入一个编码后的数据格式，通常情况下人们会使用abi.encode对数据进行编码。abi.encode是一个内部更底层的函数，它的输入参数个数和类型没有限制，返回值可以作为keccak256函数的输入。

下面的例子是关于内建对象和函数使用的示例代码。random函数是利用哈希函数abi.encode函数来计算一个100以内的伪随机值，由于哈希值是一个bytes32类型的数据，它等价于uint256，因此可以使用uint256将其强制转换为整型数，之后对它按照100来求模即可。getBlockNumber则是返回当前的区块编号，getBlockHash是用来获取指定区块的哈希值。

```
// SPDX-License-Identifier: Apache-2.0
pragma solidity^0.8.7;

contract builtin_demo {

    function random() public view returns (uint256) {
        return uint256(keccak256(abi.encode(block.timestamp, msg.sender,
block.number))) % 100;
    }

    function getBlockNumber() public view returns (uint256) {
        return block.number;
    }

    function getBlockHash(uint256 _number) public view returns (bytes32) {
        return blockhash(_number);
    }
}
```

感兴趣的读者可以部署该合约看看运行结果。随机值每次调用都会发生变化，如果在 Remix 内置的虚拟机中运行，由于其环境并非真实的区块链网络，因此 getBlockHash 函数只能传入 0 才能获取到一个有效的哈希值。

7.2.6　事务控制

在编写程序时都要面对处理异常的情况，如果仅仅是处理异常不算什么，关键是涉及了状态变量值的变化。试想，在进行银行转账业务时，账户 A 向账户 B 转 100 元，银行内部的两个核心动作如下。

```
账户 A = 账户 A - 100
账户 B = 账户 B + 100
```

如果第一个动作执行成功，第二个动作执行失败，就会出现很麻烦的事情。如果不做特殊处理，银行的账户数据将会出现问题。对于这类业务，传统的解决方案都是通过数据库事务控制。利用数据库事务的特性，两个操作要么一起成功，要么一起失败。

成功了一切好说，失败的时候需要退回到之前的状态。在 Solidity 语言中，设计了类似的机制，合约代码可以在执行过程中判断某个条件是否成立，如果不成立，则通过 revert() 函数退回到合约执行之前的状态，相当于还原现场。例如，在下面的代码中，当 count 值小于 2000 时，setCount 函数执行将会报错，count 的修改将不被保存。

```
contract revert_demo {

    uint256 public count = 1000;

    function setCount(uint256 _c) public {
        count = _c;
        if(count < 2000) {
            revert();
        }
    }
}
```

Solidity 语言为开发者提供了 require 和 assert 函数，它们封装了 revert 函数的功能，原型如下。

```
function require(bool cond_expr, string msg);
function assert(bool cond_expr);
```

require 和 assert 函数执行时都会检测第一个参数的条件表达式是否为真，当条件为假时，将会抛出异常，退回到合约执行初始的状态。在下面的示例代码中，第 3～5 行的状态检查目标是完全等价的。

```
function setCount(uint256 _c) public {
    count = _c;
    if(count < 2000) revert();
    require(count >= 2000, "count less than 2000");
    assert(count >= 2000);
}
```

在较早的编译器版本中，require除了比assert会多输出一个错误提示外，也更加温和，当检测条件为假时，require在扣除已经执行消耗的Gas后会退回剩余的Gas，assert则是把账户提供的本次剩余Gas全部扣光。在新版编译器中，笔者测试assert并不会扣光Gas。

也许有些读者不能理解为什么执行失败了也会扣除一定的Gas，这就好比你要坐火车，打车去火车站，到达车站时发现火车已经开了，虽然没有坐上火车，但是打车这个费用还是应该由乘客承担的。直白一点的说法就是虽然执行失败了，但是毕竟曾经执行过，执行的消耗还是要扣掉的。

7.2.7 自定义修饰符

在了解了require和assert的作用后，相信大家脑海中会想象在智能合约的函数中编写各种条件断言的情形，很多时候我们会在多个函数内书写相同的判断逻辑。这虽然没什么，但重复工作量较多，也会影响代码的可读性。

Solidity语言为开发者提供了自定义修饰符的方法，开发者可以自定义函数修饰符（也叫函数修改器），并把断言判断放在自定义修饰符中。下面的代码是一个自定义修饰符的例子，modifier是关键字，onlyAdmin是函数修饰符的名称，函数修饰符也可以添加参数。"_"是函数修饰符中的关键，代表占位。

```
modifier onlyAdmin() {
    require(msg.sender == admin, "only admin can do");
    _;
}
```

当某个函数引用了onlyAdmin时，相当于引入了onlyAdmin占位符前的语句，这样该函数就会自动使用onlyAdmin的条件检测。

为了避免误解，也需要强调一下，函数修饰符内并非只能写require或assert语句，一些针对状态变量的修改也是可以在函数修饰符内使用的。下面的合约是一个完整的函数修饰符的使用示例。

```
contract modifier_demo {

    uint256 public count = 1000;
    address public admin;
    constructor() {
        admin = msg.sender; // 部署者作为 admin
    }

    modifier onlyAdmin() {
        require(msg.sender == admin, "only admin can do");
        _;
        count += 100;
    }
```

```
function setCount(uint256 _c) public onlyAdmin {
    count = _c;
}
}
```

在上述代码中，setCount引用了onlyAdmin修饰符，它会检查调用者的身份是否和部署者一致，如果账户不对，将会出现如图7-34所示的错误提示。

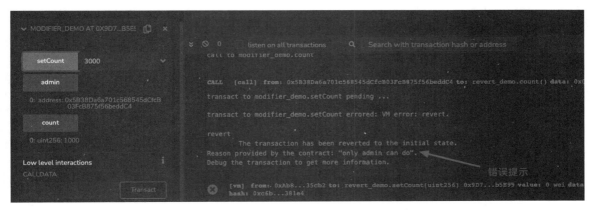

图7-34　错误提示

当账户正确时，在检测通过后执行count的赋值操作，之后还要执行onlyAdmin内占位符后的代码。如果调用时传入参数为3000，那么执行完成后count值将变为3100。运行结果如图7-35所示。

图7-35　运行结果

7.3　复合数据类型与数据结构

之前我们使用过的数据类型都是Solidity语言的原生数据类型，在实际应用开发时，只使用原生数据类型是不够的，还需要使用一些符合需求的数据类型和数据结构。本节主要介绍Solidity语言的复合数据类型与数据结构，包括自定义结构、数组和映射等。

7.3.1　自定义结构

单纯的原生数据类型并不能很好地支持一个复杂事物的定义。例如，描述一个人，可能要包含姓名、年龄、性别等信息，单纯用 string 或 uint 这样的数据类型是不够的。Solidity 语言为开发者提供了自定义结构的方式，定义一个 User 结构的示例代码如下。

```
struct User {
    string name; // 姓名
    uint8  age;  // 年龄
    string sex;  // 性别
}
```

对于 0.8 版本以上的编译器，自定义结构可以定义在合约内，也可以定义在合约外。自定义结构相当于声明了一种新的数据类型，可以当作原生类型那样使用，比如定义状态变量，也可以作为返回值。下面的合约例子介绍了自定义结构的定义和基本使用方式。

```
struct User {
    string name;
    uint8  age;
    string sex;
}

contract struct_demo {
    User user; // define user object

    function setUser(string memory _name, uint8 _age, string memory _sex) public {
        user.name = _name;
        user.age  = _age;
        user.sex = _sex;
    }

    function getUser() public view returns (User memory) {
        return user;
    }
}
```

可能很多读者会对 Remix 编译器产生困惑，在定义函数参数及返回值时，通常会提示某些参数要求使用 memory 或 calldata 来修饰，这里有一个简单的原则，当函数参数或返回值是变长数据类型时，需要加 memory 或 calldata。所谓变长也就是参数数据的长度不确定，这里的长度是指占用的字节数，如 int、uint、bytes32 这些数据类型都是固定长度的，string 以及包含了 string 类型的自定义结构显然是变长的。calldata 一般特指外部传入数据，对于 external 类型的函数可以使用 calldata。

7.3.2　数组和动态数组

数组是连续的相同元素组成的集合，它们占用一块连续的内存区域。数组是编程时经常用到的数据结构，当需要存放相同类型的元素时，数组绝对是第一选择。Solidity 语言提供了两种类型的数组供开发者选择，分别是定长数组和动态数组。可以通过表 7-5 了解两类数组的区别。

表7-5　定长数组和动态数组的区别

分类	元素个数	增加元素	删除元素	数组访问
定长数组	固定不变，通过 length 获取	不允许	不允许	下标值从 0 开始
动态数组	可变化，通过 length 获取	push(item)，追加一个元素	pop()，删除最后一个元素	下标值从 0 开始

无论是定长数组还是动态数组，都是通过下标值来访问，唯一需要注意的是越界问题。下面的合约例子演示了数组的使用。names 是定长数组，在定义时直接对它初始化了，初始化的数据个数不能超过其元素个数。ages 是一个动态数组，addAge 和 delAge 是改变数组的两个函数。getLength 用来返回两个数组的元素个数，读者不妨预测一下合约部署后 getLength 的返回结果是什么。

```
contract array_demo {
    string[5] public names = ["yekai", "fuhongxue", "luxiaojia"];
    uint8[] public ages;

    constructor() {
        names[3] = "zhangsan"; // 数组赋值
        ages.push(20);
    }

    function addAge(uint8 _age) public {
        ages.push(_age);          // 追加元素
    }

    function delAge() public {
        ages.pop();// 删除数组最后一个元素
    }
    // 获取数组的元素个数
    function getLength() public view returns (uint256, uint256) {
        return (names.length, ages.length);
    }
}
```

部署该合约，直接查看几个只读函数的数据，结果如图 7-36 所示。读者可以部署该合约，对数组进行修改并测试。

7.3.3 映射

映射（mapping）在编程中通常指的是一种数据结构，它由离散的键（key）和值（value）组成，类似于许多编程语言中提供的map。它的应用场景非常广泛，如当我们说"叶开的年龄是30"时，这实际上可以看作是一个键值对数据，其中的键是叶开（人名），值是30。相比数组，映射的优势在于当我们知道键时，可以快速地定位到值。映射的访问是通过键来访问值的。

在Solidity语言中，映射的键通常是原生数据类型，值可以是原生数据类型，也可以是复合数据类型。下面的合约展示了映射的使用，其中使用学生证编号作为键，学生信息作为值，addStudent函数负责将数据添加到映射，getStudent函数则是从映射中通过键来获取数据。

图7-36　数组使用测试

```
struct User {
    string name;
    uint8  age;
    string sex;
}
contract mapping_demo {
    // student's info
    mapping(string=>User) users;

    function addStudent(
        string memory _sid,
        string memory _name,
        uint8 _age,
        string memory _sex
        ) public {
        require(users[_sid].age == 0, "student already exists");
        users[_sid] = User(_name, _age, _sex);
    }

    function getStudent(string memory _sid) public view returns (User memory) {
        return users[_sid];
    }
}
```

部署该合约，添加一个学生信息并查看，效果如图7-37所示。

映射中的数组也可以删除，使用delete关键字并提供键就可以删除映射中的数据。下面的函数是删除映射数据的示例。

```
function delStudent(string memory _sid) public {
    delete users[_sid];
}
```

图7-37　mapping使用测试

7.3.4　address 类型

address类型是Solidity语言的核心组成部分，尤其在智能合约的开发中扮演着至关重要的角色。智能合约是在EVM账户模型基础上运行的，因此address类型可以被视为Solidity语言的灵魂。

以太坊的账户分为两类，第一类是外部账户（Externally Owned Account，EOA），在真实以太坊网络中，只有拥有该账户私钥的用户才能够通过该账户发起交易；第二类是合约账户（Contract Account），合约在被创建后也会生成一个address类型的地址，外观上与外部账户完全相同。

若想区分一个地址是合约账户地址还是外部账户地址，可以查看该地址处的代码长度，下面的代码可以用来检查一个地址是否为合约账户地址。

```
function isContract(address account) internal view returns (bool) {
    return account.code.length > 0;
}
```

address地址代表了账户，所以可以通过它查询某个账户的余额，也可以向其进行转账。每个address类型的变量都有一个balance的属性，代表当前账户拥有ETH的数量，也就是账户的余额。转账也很方便，address类型拥有一个transfer函数，当需要向addr转账amount数量的Wei（以太坊经济模型中最小单位，1 ETH=1e18 Wei）时，调用addr.transfer(amount)就可以了。

下面的合约例子介绍了查询余额、转账的具体用法。其中，getBalance函数用于查询指定账户的余额；getContractBalance函数用于查询合约账户的余额；address(this)是强制转换的用法，this代表合约对象，强制转换后就得到了合约地址；myTransfer函数用于向指定的账户转账，由于该函数涉及资产转移，因此它需要使用payable修饰符来标记接收地址。此外，从Solidity 0.8版编译器开始，要求在进行资产转移时，账户接收地址也必须具备payable属性，因此myTransfer函数内使用payable对接收地址_to进行了强制转换。

```
contract address_demo {

    // 查询某账户余额
    function getBalance(address _who) public view returns (uint256) {
```

```
        return _who.balance;
    }
    // 查询当前合约的余额
    function getContractBalance() public view returns (uint256) {
        return address(this).balance;
    }
    // 向某个账户转账
    function myTransfer(address _to, uint256 _amount) public payable {
        payable(_to).transfer(_amount);
    }
}
```

部署该合约，测试其运行结果。若想执行合约的时候涉及资产转移，除了在设置区域选择付费的账户外，还要填写 VALUE 及其单位，如图 7-38 所示，选择 Ether 作为转账单位，VALUE 位置填写 10，这代表 10 个 ETH。

之后在 myTransfer 函数后的文本框中输入一个地址和金额，测试时可以在账户列表处切换地址，单击复制按钮【📋】复制该地址，金额这里要填写 10000000000000000000（19 个 0，代表 10ETH），单击【transact】按钮就可以完成转账交易。如图 7-39 所示，转账后查询目标账户的余额也增加了 10 个 ETH，当前合约账户由于没有资金注入，余额为 0。

图 7-38　VALUE 填写示例

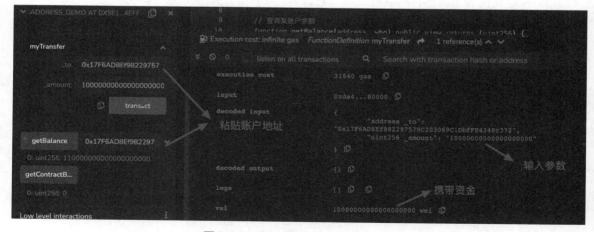

图 7-39　合约内 ETH 转账操作示例

这里需要明确的是，转账函数使用的 _amount 属于函数参数，并非携带的 Wei 的数量，msg.value 才是外部账户实际传入的 Wei 的数量，也就是在 VALUE 位置填写的数据。

7.3.5　memory 与 storage

大家在函数内使用临时变量时，特别是变长的临时变量，编译器经常会提示临时变量要么是 storage，要么是 memory，很显然对于变长的数据类型要在 storage 或 memory 之间二选一。要想选明白，就得先弄清楚原理。

storage 的作用类似于 C++ 中的引用传递，用 storage 修饰的变量等同于右值的一个分身，对其进行修改也会影响到本尊。memory 修饰的临时变量相当于右值的一个拷贝，对其进行的修改不会影响到本尊。例如，下面合约提供了两个修改年龄的函数 setAge1 和 setAge2，最终只有 setAge2 能够成功修改年龄。

```
struct User {
    string name;
    uint8  age;
    string sex;
}


contract storage_demo {
    User adminuser;

    function setUser(string memory _name, uint8 _age, string memory _sex) public {
        adminuser.name = _name;
        adminuser.age  = _age;
        adminuser.sex = _sex;
    }

    function getUser() public view returns (User memory) {
        return adminuser;
    }

    function setAge1(uint8 _age) public {
        User memory user = adminuser;
        user.age = _age;
    }

    function setAge2(uint8 _age) public {
        User storage user = adminuser;
        user.age = _age;
    }
}
```

实际上在编译阶段，编译器就会警告 setAge1 没有对任何状态变量进行修改，应该加一个 view

关键字。storage关键字除了用在函数体内，也可以用于函数参数，需要明确的是storage代表了某状态变量的引用，放在函数参数位置就意味着这个函数只能是内部访问的函数，而不可能从外部传入。下面合约中的setAge3就是一个内部函数使用storage参数的示例，由于setAge3不能被外部直接调用，因此增加一个callsetAge3的函数来调用它，它同样能够修改age成功。

```
function setAge3(User storage _user, uint8 _age) internal {
    _user.age = _age;
}

function callsetAge3(uint8 _age) public {
    setAge3(adminuser, _age);
}
```

7.4 Solidity 面向对象编程

Solidity语言是面向对象的编程语言，大多数合约都会包含若干状态变量及相关的函数对状态变量的信息进行维护或展示，在面向对象编程里被称为封装。面向对象的三大特性是封装、继承和多态，接下来介绍Solidity语言的面向对象特性。

7.4.1 接口

多态是面向对象中非常重要的特性，很多人认为多态才是面向对象的灵魂。在多数语言中的多态是指存在两类关系，一个是基础类，一个是派生类。派生类继承并实现基础类的功能，此时派生类的对象可以作为基础类对象使用，当基础类对象在不同的派生类对象间切换时，虽然表面调用的是同一个方法，但是却会执行不同派生类的逻辑，如图7-40所示。

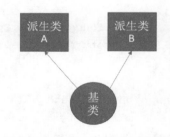

图7-40　面向对象的类结构设计

Solidity语言支持的多态是借助接口来实现的。当定义了一个接口后，派生合约A和派生合约B都可以实现该接口，此时该接口既可以指向派生合约A对象，也可以指向派生合约B对象，调用接口内的函数时，实际上会执行实际对象对应的执行逻辑，如图7-41所示。简单点说这个特性就是在已知合约地址和接口的情况下，就可以直接调用该合约实现的接口内的函数。

接口使用interface关键字来定义，接口在定义时只需要声明对应的函数，无需实现逻辑。还需要注意的是，接口内的函数只

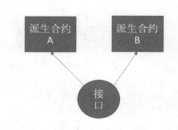

图7-41　合约基于接口支持多态

能声明为external类型。

下面是一个用户接口的定义。在这个接口中，IUser是接口名称，addUser和getUser是接口内的函数。通常情况下，对外开放的接口不建议使用自定义结构类型作为参数或返回值。

```
interface IUser {

    function addUser(string memory _name, uint8 _age) external;
    function getUser(string memory _name) external view returns (string
        memory, uint8);
}
```

若某一个合约想要支持该接口，它需要实现接口内的全部函数。使用接口不仅解决了面向对象的问题，同时接口也有利于编程规范化，而且又能明确分工，提高开发效率。

7.4.2　函数选择器与接口 ID

智能合约的函数被执行是由外部账户调用产生的，那么外部调用时如何确定调用的是哪个函数呢？看上去是在Remix环境点击的那个函数，实际上我们的单击产生了一个输入数据（input），系统会识别这个输入数据来执行合约。这个输入数据也就是之前介绍过的msg对象的data，它的前4个字节决定了到底调用哪个函数，其余的数据是调用相关的其他参数。

先来说前4个字节的事情，在之前介绍msg对象的时候，介绍过msg对象内有一个sig属性，它代表函数签名，也就是这前4个字节。函数签名的另一个名称叫函数选择器，翻译自selector。

计算函数选择器时，可以使用"接口名称（合约名称）.函数名称.selector"的方式，也可以直接计算该函数名称的哈希值后取前4个字节，计算时去掉函数中的参数名称，去掉多余的空格，再去掉修饰符及后面的部分，如函数"function setAge(uint256 _age) external;"应计算为"bytes4(keccak256("setAge(uint256)"))"。

下面的代码test_IUser合约实现了空壳的addUser函数，并通过getFuncSig函数提供了两种计算该函数签名的方法。

```
interface IUser {

    function addUser(string memory _name, uint8 _age) external;
    function getUser(string memory _name) external view returns (string
memory, uint8);
}

contract test_IUser {

    function addUser(string memory _name, uint8 _age) external {}
```

```
function getFuncSig() public pure returns (bytes4, bytes4) {
    bytes4 addUserSig = bytes4(keccak256("addUser(string,uint8)"));
    return (addUserSig, IUser.addUser.selector);
  }
}
```

由于在同一个合约内存在两个合约信息，因此部署时，要在【CONTRACT】下拉列表位置选中test_IUser合约，然后再单击部署按钮【Deploy】部署合约，如图7-42所示。

部署后可以单击【getFuncSig】按钮来显示计算的函数签名，如图7-43所示。之后，可以测试addUser的执行，随意输入一个名字和年龄，单击【Transact】按钮执行，在右侧的执行信息中找到input右边的【▣】复制按钮，单击就可以复制得到input数据。数据内容为：0x18edda4f0000000000000000000000000000000000000000000000000000000000000040000000000000000000000000000000000000000000000000000000000000000c000000000000000000000000000000000000000000000000000000000000000000000000000579656b6169690000000000000000000000000000000000000000000000000000000000000000000000000000000000000000000000。前4个字节内容与getFuncSig函数得到的两个结果是一致的。

图7-42　单文件多合约部署示例

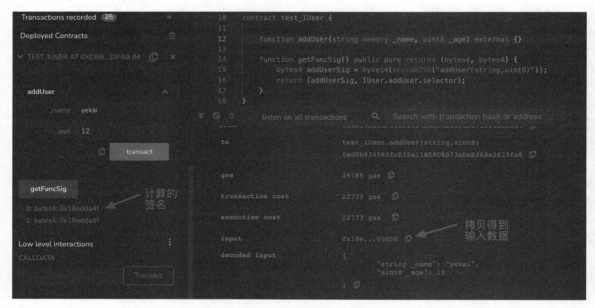

图7-43　函数签名验证

与接口和函数选择器有关的另一个术语是接口ID（InterfaceId），它同样也是4个字节，用来区分不同接口。在下一章介绍的NFT标准中就用到了接口ID。接口ID的计算方式是将接口所有函数选择器进行异或。下面的代码介绍了如何计算接口 ID，除了异或这种计算方式，type(IUser).interfaceId 也可以用来获取 IUser 的接口 ID。

```
function getInterfaceId() public pure returns (bytes4, bytes4) {
        bytes4 interfaceId = IUser.addUser.selector ^ IUser.getUser.selector;
        return (interfaceId, type(IUser).interfaceId);
    }
```

7.4.3　library

在很多开发语言中，会把一些通用、公共的功能封装为库供开发者调用。这样做的好处是提高代码复用，提升开发效率，一定程度上降低开发程序的 Bug 概率。在大多数语言中，库结合接口的方式是通用的使用方式，开发方只需要提供库文件和接口定义给使用方，使用方就能够完成库的调用。

在 Solidity 语言中，同样为开发者提供了库功能，与其他编程语言不同的是，Solidity 库需要提供源代码。在 Solidity 语言中使用 library 关键字来定义库，库创建好后可以作为公共代码被其他合约使用。

接下来，介绍如何编写库并使用。库的功能主要是为了提供一些基础功能的函数，通常会声明为 internal 类型。下面的示例定义了 libstring 库，在库中提供了两个功能。isEqual 函数用来判断两个字符串是否相等，它的实现思路是将字符串转换为字节数组，并使用 Solidity 的内置函数或操作符按字节进行比较；strcat 函数是字符串拼接函数，它的实现思路是先将字符串转换为字节数组，然后使用 Solidity 的字节数组拼接功能将它们拼接在一起，最后再将结果转换为 string 类型。

```
library libstring {
    // 判断两个字符串是否相等
    function isEqual(string memory a, string memory b) internal pure returns
(bool) {
        bytes memory aa = bytes(a);
        bytes memory bb = bytes(b);
        if(aa.length != bb.length) return false;
        for(uint256 i = 0; i < aa.length; i++) {
            if(aa[i] != bb[i]) return false;
        }
        return true;
    }
    // 连接两个字符串
    function strcat(string memory a, string memory b) internal pure returns
(string memory) {
        bytes memory aa = bytes(a);
```

```
        bytes memory bb = bytes(b);
        bytes memory abstr = new bytes(aa.length + bb.length);
        uint256 i = 0;
        for(; i < aa.length; i ++) {
            abstr[i] = aa[i];
        }
        for(; i < bb.length; i ++) {
            abstr[i] = bb[i];
        }

        return string(abstr);
    }
}
```

　　有了库之后，接下来介绍如何使用这个库。可以先把上述库代码保存为合约文件libstring.sol，下面的合约演示了如何使用libstring库。使用import语句导入了libstring.sol合约文件，这样就可以使用该文件内的库及其功能。合约库调用的时候有两种方式，第一种方式是使用"库名.函数名"来调用库函数，第二种方式首先需要使用using语句，"using libstring for string"表明string类型可以直接使用libstring，等价于string类型内封装了libstring的全部功能，然后就可以像"a.isEqual(b)"那样调用库函数了。

```
// SPDX-License-Identifier: Apache-2.0
pragma solidity^0.8.7;

import "./libstring.sol";

contract library_demo {
    // use library
    using libstring for string;

    // isEqual(string memory a, string memory b)

    function isMyEqual(string memory a, string memory b) public pure returns
(bool) {
        return a.isEqual(b); // isEqual(a, b)
    }

    function testStrcat(string memory a, string memory b) public pure returns
(string memory) {
        return libstring.strcat(a, b);
    }
}
```

　　使用 OpenZeppelin 提供的库合约文件，已经成为开发者目前的习惯。该库文件包含管理员权限、地址操作、安全数学计算等，读者可以在 https://github.com/OpenZeppelin/openzeppelin-contracts 网址内查看相关的库合约代码。

7.4.4　合约继承

　　此前，已经介绍了在 Solidity 语言中如何实现多态和封装，接下来介绍合约的继承。Solidity 语言的继承设计较为简单，它没有某些语言中公共继承、私有继承那套机制，它采用的是"is A"这样的句式，字面上理解就是"继承了它，便成了它"。

　　一旦继承，新合约就会具备之前合约的函数功能和属性。下面的合约就是简单的继承例子，C 继承了 A，除了具备自身的函数功能外也继承了 A 的函数功能。

```
// SPDX-License-Identifier: Apache-2.0
pragma solidity^0.8.7;
contract A {
    uint256 count;
    function setCount(uint256 _count)  external {
        count = _count;
    }
    function getCount()
        external
        view
        returns (uint256) {
        return count;
    }
}
contract C is A {
    function cTestFunc() public {}
}
```

　　像大多数语言那样，一个合约同样可以继承多个合约，多个合约用逗号分隔开就行。如果被继承的合约构造函数是有参数的，那么新合约必须在构造函数执行前完成被继承合约的构造函数调用，这里有两种写法，第一种是在合约构造函数同时初始化被继承合约。在下面的示例中，C 继承 A 和 B，B 合约是有构造函数的，在书写 C 合约构造函数时，直接书写 B 合约的构造函数初始化列表。

```
contract B {
    address admin;
    uint256 totalAmount;
    constructor(address _addr, uint256 _amount) {
        admin = _addr;
        totalAmount = _amount;
```

```
    }
}

contract C is A, B {
    constructor(uint256 _amount) B(msg.sender, _amount) {}
    function cTestFunc() public {}
}
```

第二种方法是下面的示例，直接在合约声明时初始化B合约的构造函数参数列表。

```
contract C is A, B(msg.sender, 1000) {
    function cTestFunc() public {}
}
```

is关键字除了继承合约，也可以继承接口。在继承接口后，合约就需要将接口内的全部函数都实现。例如，下面的例子，User继承了接口IUser，它需要实现IUser接口内的全部函数，另外也需要使用override关键字来覆写接口内的函数。

```
interface IUser {

    function addUser(string memory _name, uint8 _age) external;
    function getUser(string memory _name) external view returns (string
memory, uint8);
}

contract User is IUser {

    function addUser(string memory _name, uint8 _age) external override {
        // do sth
    }
    function getUser(string memory _name) external override view returns
(string memory, uint8) {
        // do sth
    }
}
```

7.4.5 abstract 关键字

智能合约在面向对象设计时，也可以将合约设计为抽象的，这个时候要使用关键字abstract。抽象合约和普通合约唯一的区别是它不能直接创建合约对象，只能被其他合约继承使用。在下面的例子中，B合约被定义为抽象合约。

```
abstract contract B {
    address admin;
    uint256 totalAmount;
    constructor(address _addr, uint256 _amount) {
        admin = _addr;
        totalAmount = _amount;
    }
}
```

此时，如果部署B合约，将会显示如图7-44所示的报错信息。

图7-44　部署抽象合约的报错信息

再次使用之前的代码，C合约继承A、B合约，此时部署C合约是没有问题的。

```
contract C is A, B(msg.sender, 1000) {
    function cTestFunc() public {}
}
```

学习问答

1. 智能合约如何支持浮点型运算？

答：Solidity语言本身并不支持浮点数类型。但可以通过特定库或自定义方法来模拟浮点数运算。可以使用两个整数来共同表达一个浮点数，第一个数据代表数值部分，第二个数据代表小数点后的位数（精度）。例如，数值为1234，精度为2，那么这个实际的数值是12.34。下面的libfloat库实现了一个浮点型数的加法，它的实现思路是通过一个Float结构来定义一个浮点型数，在进行浮点型数加法时，按照第一个数据的精度计算，需要将第二个数据的精度按照第一个数据的精度进行调整。

```
struct Float {
    uint256 amount;
    uint256 decimals;
}
```

```
library libfloat {
    function fadd(Float memory a, Float memory b) internal pure returns (Float
memory) {
        Float memory c = a;
        if(a.decimals == b.decimals) {
c. amount = a.amount + b.amount;
        }
        else if(a.decimals > b.decimals) {
            // 第一个参数精度更大
b. amount = b.amount * (10 **uint256(b.decimals - b.decimals) );
c. amount = a.amount + b.amount;
        } else {
            // 第二个参数精度更大
b. amount = b.amount / (10 ** uint256(b.decimals - b.decimals) );
c. amount = a.amount + b.amount;
        }
        return c;
    }
}
```

对这部分知识点感兴趣的读者可以去看看微众银行提供的开源代码库中的浮点型运算库。

2. 数组内的数据可以删除吗?

答:在 Solidity 智能合约中,数组内的数据可以通过间接方法删除。之前介绍过可以使用 pop 函数来清除数组最后一个元素。但很多时候,要删除的不是数组最后一个元素,这时该如何删除呢? 如果对数组元素的数据顺序没有要求,简单的做法是将要删除的数组元素和最后一个元素互换位置, 然后使用 pop 函数删除最后一个元素,这种方法在智能合约开发中是一种常见技巧。

实训: 安装并使用 MetaMask 钱包

MetaMask 是一个浏览器插件式的钱包软件,是目前开发者使用最为广泛的钱包软件,也是用户迈向去中心世界的窗口。接下来,为大家介绍 MetaMask 钱包的安装和使用教程。

MetaMask 钱包支持多个浏览器,笔者推荐大家使用 Chrome 浏览器。如果能够科学上网,开发者直接在谷歌扩展商店里就能搜到 MetaMask 钱包并安装,在这里介绍更为直接的下载软件包的方式。 具体操作步骤如下。

第1步 ▶ 打开软件包下载地址,下载插件包。打开网址 https://github.com/MetaMask/

metamask-extension/releases，选择 chrome 对应的压缩包，如图 7-45 所示。单击该链接就可以下载该插件包了。

第2步 ▶ 安装插件包。先要将插件包解压（注意解压的路径），之后打开 chrome://extensions/ 设置浏览器插件，单击【加载已解压的扩展程序】按钮，如图 7-46 所示。

图 7-45　MetaMask 插件下载　　　　　　　图 7-46　MetaMask 插件加载

第3步 ▶ 在弹出的文件浏览器弹框里找到之前解压后的路径，如图 7-47 所示。路径选择正确后，单击【选择文件夹】按钮，就可以完成插件程序加载了。

第4步 ▶ 加载成功后，将会看到如图 7-48 所示的效果，MetaMask 已经安装到浏览器中了。

图 7-47　选择插件文件　　　　　　　图 7-48　安装成功的显示页面

第5步 ▶ MetaMask 初始化设置。安装完成后，一般会弹出开始使用的页面，如图 7-49 所示。

第6步 ▶ 单击开始使用后，会给用户一个如图 7-50 所示的二选一选项。通常情况都是第一次使用，单击【创建钱包】按钮。

图7-49　MetaMask欢迎页面　　　　　　图7-50　第一次使用提示

第7步 ▶ 接下来是MetaMask的一些声明，单击【我同意】按钮，如图7-51所示。

第8步 ▶ 接下来，需要设置一下登录密码，要求至少8个字符，然后单击【创建】按钮，如图7-52所示。

图7-51　单击【我同意】按钮

图7-52　设置密码

第9步 ▶ 初始化助记词。接下来是生成钱包助记词的环节，助记词的详细内容将在第9章介绍，读者只需知道助记词和用户私钥一样重要就可以了。在前一步单击【创建】按钮后，接下来会提示用户安全性的问题，并有一段视频可以观看。如图7-53所示，单击【下一步】按钮即可。

图7-53　MetaMask使用视频介绍

第10步▶ 接下来是助记词的操作页面，一开始仍然是一些警告信息，如图 7-54 所示。单击小锁头可以查看生成的助记词。

第11步▶ 助记词的内容要保护好，不能被其他人看到或盗取。而且这也是验证用户是否正确备份助记词的关键一步。如图 7-55 所示，钱包生成的助记词展示给开发者，开发者需要备份助记词，然后单击【下一步】按钮。

图 7-54　助记词说明页　　　　　　　　　　图 7-55　显示助记词

第12步▶ 接下来需要按照助记词的正确顺序，依次单击下面的单词，如果顺序错误将不会通过验证。如图 7-56 所示，顺序正确后，单击【确认】按钮。

至此，MetaMask 钱包初始化完成，可以看到恭喜页面了。MetaMask 的安装与初始化已经完成，如图 7-57 所示。

图 7-56　验证助记词　　　　　　　　　　图 7-57　钱包创建完成

本章总结

　　本章是学习区块链应用开发技术的关键章节，一个去中心化应用最核心的部分是智能合约的开发。本章着重介绍智能合约的运行原理和开发环境搭建、Solidity语言的基础语法、复合数据类型和数据结构、面向对象编程等内容，整体上为智能合约开发打好基础。通过本章的学习，读者能够设计并编码实现一些简单的智能合约业务场景。

第 8 章
Solidity 智能合约开发进阶

本章导读

与学习大多数编程语言一样，学习Solidity智能合约开发的路径也是从基础语法到进阶，上一章已经介绍了Solidity语言的基础语法，本章将介绍更复杂的智能合约开发。本章的思路是先从经典案例入手带领读者掌握智能合约开发的一般步骤，再了解ERC标准，之后学习智能合约的升级模式、最佳实践，最后了解Python如何与智能合约进行交互。通过学习本章，读者可以快速提升智能合约开发水平，为后续区块链应用开发的学习打好基础。

知识要点

通过本章内容的学习，您将掌握以下知识：

- 智能合约开发的一般步骤；
- ERC标准及其实现；
- 智能合约的升级思路及实现；
- 智能合约的最佳实践总结；
- Python语言调用智能合约的技巧。

8.1 Solidity 经典案例

当手里拿着锤子的时候，看什么都像钉子。当学会区块链开发技术后，有些开发者可能会想在任何能够想到的地方使用区块链技术。这种想法其实是不对的，永远不要为了使用而使用，为了区块链而区块链。优先使用区块链技术的业务场景，往往是那些数字化转型较为容易的业务。本节主要介绍智能合约开发的步骤及一些经典的智能合约案例。

8.1.1　智能合约开发的一般步骤

虽然Solidity语言编写智能合约和传统的软件编程类似，但由于智能合约运行环境的特殊性，以及由此导致的Solidity语法特殊性，都让智能合约开发与传统编程有着较大的区别，智能合约的开发主要有以下特点。

- 智能合约开发并不困难，语法相对也不复杂。
- 智能合约属于多用户、多并发执行的运行模式。
- 智能合约直接操作用户资产，对安全要求高。
- 由于以太坊的经济模式，智能合约编程与Gas的消耗有很大关系，以及由此产生的一些语法特性。
- 由于区块链不可篡改的特性，智能合约一旦发布，代码将不可更改，这也是智能合约开发区别于传统编程的最大特点。

可以说智能合约开发入门不难，难的是精通，难的是写出低Gas消耗、安全性高的高质量智能合约。接下来，介绍如何稳步地开发出高质量的智能合约。

智能合约并没有main函数这类入口，因此智能合约设计不太适合使用流程化设计模式，Solidity语言确实是面向对象的，但笔者认为称其为面向角色设计可能更好一些。智能合约从开发到投入使用可以分为4步。

第1步 ▶ 角色分析与业务分析：角色分析是用来分析智能合约在使用中参与的角色。业务分析（功能分析）与角色分析往往要相互配合，根据业务情况，梳理参与角色，分析参与角色需要的业务功能。

第2步 ▶ 合约设计：合约设计主要是根据角色分析与业务分析得到结果，针对不同的业务设计不同的数据结构解决数据存储和使用的问题。

第3步 ▶ 编码与测试：这一步主要是根据之前的分析和设计来编写智能合约，并测试功能。

第4步 ▶ 安全审计：由于智能合约开发对安全要求较高，所以除了开发者本身要提高安全素养外，往往在开发后也会将智能合约送交专门的安全审计公司来审计智能合约安全。安全审计的费用一般较高。

在实际开发时，合约的安全审计往往不是开发者一个人能决定的，所以开发者一般只考虑智能合约的分析、设计和编码工作。

8.1.2　土豪发红包

发红包是人们日常生活中习以为常的行为，它的业务场景不再赘述。由于发红包和抢红包影响的是个人资产变化，而且这个资产是用数字化的方式表达的，因此它非常适合使用智能合约技术来支持。

首先，做一下角色分析。在发红包的场景中，角色是一个1+N模式，1个人负责发红包，N个人可以抢。习惯上，把发红包的人叫作土豪，他是一个角色，其余抢红包的人就是另外一个角色，合约最终也就会被这两个角色所使用。

接下来，需要按照角色进行功能分析和设计。核心功能需要包含发红包、抢红包，现实中当24小时没人抢红包时，红包剩余资金将会退回，在这里介绍一种特殊的方式来退回红包余额。分析完，大概可以形成如表8-1所示的分析内容。

表8-1　角色与功能分析表

角色	功能	说明
土豪	发红包	指定红包个数、总金额、红包类型，可以是等额红包或随机红包
土豪	红包资金回收	土豪可以回收剩余的红包
群众	抢红包	每人只能抢1次

在功能分析后，应该考虑一些数据结构的设计。本案例相对简单，需要用一些变量记录红包类型、数量、总金额、土豪地址等信息。为了限定每个人只能抢一次，需要记录每个地址是否抢过红包，使用映射来存放这个数据比较合适。梳理清楚了，就可以着手写代码了。

为了解释清楚整个开发的过程，下面分步骤来介绍代码实现。

第1步 ▶ 状态变量声明与构造函数。定义一个名为redpacket的合约，在合约内定义rType来表示红包的类型，它是布尔类型的数据，为真代表是等值的（均值的）；rCount代表红包数量；rTotalAmount代表红包总金额；tuhao代表土豪的地址；isStake用来存放某个地址是否已经抢过红包。通过构造函数对状态变量进行初始化，同时土豪也将红包资金打入合约中，相当于完成了发红包的功能。getBalance属于辅助类函数，便于测试时查询当前合约的余额，示例代码如下。

```
contract redpacket {
    bool public rType;      // 红包类型
    uint8 public rCount; // 红包数量
    uint256 public rTotalAmount;      // 红包总金额
    address payable public tuhao;      // 土豪账户
    mapping(address=>bool) isStake; // 用户是否已经抢过

    constructor(bool _isAvg, uint8 _count, uint256 _amount) payable {
        rType = _isAvg;
        rCount = _count;
        rTotalAmount = _amount;
        tuhao = payable(msg.sender);
        require(_amount == msg.value, "redpacket's balance is ok");
    }
```

```
function getBalance() public view returns (uint256) {
    return address(this).balance;
}
}
```

第2步 ▶ 抢红包逻辑实现。抢红包的逻辑可以分为两种情况，简单的情况是等额红包，此时按照红包个数将总额平均分配即可。如果是随机金额方式，可以使用伪随机数的计算方式去获得 10 以内的随机数，然后按照随机数的比例去计算红包额度，当仅剩最后一个红包时，将余额全部转移给最后一个用户。每个用户只能抢 1 次红包，这一点可以通过 isStake 这个映射变量来控制，红包剩余个数 rCount 也要随着抢红包成功而减少，示例代码如下。

```
// 抢红包
    function stakePacket() public payable {
        require(rCount > 0, "red packet must left");
        require(getBalance() > 0, "contratc's balance must enough");
        require(!isStake[msg.sender], "user already stake");

        isStake[msg.sender] = true;
        if(rType) {
            // 等值
            uint256 amount = getBalance() / rCount;
            payable(msg.sender).transfer(amount);
        } else {
            // 随机
            if (rCount == 1) {
                payable(msg.sender).transfer(getBalance());
            } else {
                uint256 randnum = uint256(keccak256(abi.encode(tuhao,
                                          rTotalAmount, rCount,
                                          block.timestamp,
                                          msg.sender))) % 10;
                uint256 amount = getBalance() * randnum / 10;
                payable(msg.sender).transfer(amount);
            }
        }
        rCount --;
    }
```

第3步 ▶ 红包退回实现。红包退回的逻辑有多种实现方式，如直接针对土豪地址调用 transfer 就可以完成该操作。在这里，介绍另一个方法，那就是合约销毁。智能合约创建后是允许被销毁的，只要调用 selfdestruct 函数就可以销毁合约，因此合约留有外部销毁函数，就可以自己销毁该合约。

销毁合约时由于释放了存储空间会获得系统对应的 Gas 奖励，另外合约内剩余的 ETH 也会被打给销毁合约时指定的收益人，示例代码如下（selfdestruct 存在一定的安全隐患，因此最新的编译器已将其废弃）。

```
function kill() public payable {
    selfdestruct(tuhao);
}
```

seldestruct 函数内传递的参数就是合约销毁时指定的收益人，因此土豪就会拿到合约销毁后的剩余资金了。感兴趣的读者可以将该合约部署并测试运行效果。

8.1.3　我要开银行

与银行打交道已经成为人们生活中不可缺少的一部分，银行的业务本身偏金融属性，相对来说也更适合使用区块链技术来支持。接下来介绍的案例只是实现银行系统最为简单的用户存款、取款、转账业务。不知不觉，已经把要做的事情需求明确了。

按照惯例，还是先做角色分析。在银行操作存取款业务时需要有银行柜员处理，需要储户完成对应的业务请求及签字确认。从这些描述中，可以看到上述业务中存在两类角色，一类是银行柜员或银行管理者，另一类角色就是储户。既然使用智能合约来做银行，为了体现其智能性，可以把柜员省略。

接下来，继续做功能分析，前面已经交代过，只实现银行业务中和储户相关的存款、取款、转账这 3 个业务。不妨逐一分析一下，所谓存款，就是用户将 ETH 存到合约，在合约里需要记录用户的存款数量。取款就是从合约向用户转移 ETH，用户的存款数量需要随之发生变化。转账则更简单，一个账户余额减少，另一个账户余额增加即可。

编码前还是要先考虑数据结构问题，如果只是上述 3 个业务，核心关键点在于记录储户的账户余额，很显然使用映射是非常合适的，另外还可以记录一下银行的名字、总存款金额及"行长"。为了解释清楚开发流程，下面分步骤具体实现银行合约的开发。

第1步　状态变量声明与构造函数编写。创建一个 bank_demo 的合约，在合约内定义银行名字、存款储备总资金、管理员和账户余额结构，在构造函数内初始化银行名字和管理员，示例代码如下。

```
contract bank_demo {
    string public bankName; // 银行名字
    uint256 totalAmount;     // 银行存款储备
    address public admin;
    mapping(address=>uint256) balances; // 账户余额
    constructor(string memory _name) {
        bankName = _name;
        admin    = msg.sender;
    }
}
```

第2步 ▶ 存款功能实现。实现一个 getBalance 函数来获取合约当前的资金情况及 totalAmount 的数额，再来实现 deposit 函数来完成存钱功能，存款的用户为 msg.sender，主要检查存款的金额是大于0的，并且要存款的金额与携带的 msg.value 是一致的就可以，记账时要同时更新 balances 和 totalAmount 两个状态变量。最后可以再检测 totalAmount 记录的总账和当前合约账户余额是否一致，示例代码如下。

```
function getBalance() public view returns (uint256, uint256) {
        return (address(this).balance, totalAmount);
    }


    // 存款
    function deposit(uint256 _amount) public payable {
        require(_amount > 0, "amount must > 0");
        require(msg.value == _amount, "msg.value must equal amount");
        balances[msg.sender] += _amount;   // a += b; a= a + b;
        totalAmount += _amount;
        require(address(this).balance == totalAmount, "bank's balance must ok");
    }
```

第3步 ▶ 取款功能实现。实现完存款，再来实现取款。取款主要验证用户存款是否足够，取款后要同步维护合约内的 balances 和 totalAmount 两个状态变量，同时向用户转账，同样的，最后可以再检测一下 totalAmount 是否与合约账户余额一致，示例代码如下。

```
// 取款
function withdraw(uint256 _amount) public payable {
        require(_amount > 0, "amount must > 0");
        require(balances[msg.sender] >= _amount, "user's balance not enough");
        balances[msg.sender] -= _amount;
        payable(msg.sender).transfer(_amount);
        totalAmount -= _amount;
        require(address(this).balance == totalAmount, "bank's balance must ok");
}
```

第4步 ▶ 转账功能实现。存款和取款的功能，函数修饰符都使用了 payable，读者肯定觉得转账函数也应该使用 payable。实际上仔细想想，虽然是转账，但是对于合约来说并没有产生资产转移，只需要修改状态变量即可，也就是一个账户资金减少，另一个账户资金增加。转账的判断条件包括金额要大于0，账户余额要大于转账金额，接收方地址不能是0地址，这一点可通过 "address(0) != _to" 来判断，address(0) 代表强制转换0为 address 类型。可以顺便再实现一个查询某账户余额的函数 balanceOf，示例代码如下。

```
// 转账
function transfer(address _to, uint256 _amount) public {
```

```
        require(_amount > 0, "amount must > 0");
        require(address(0) != _to, "to address must valid"); // 检测账户地址不为 0
        require(balances[msg.sender] >= _amount, "user's balance not enough");
        balances[msg.sender] -= _amount;
        balances[_to] += _amount;
        require(address(this).balance == totalAmount, "bank's balance must ok");
    }

    function balanceOf(address _who) public view returns (uint256) {
        return balances[_who];
    }
```

以上就是银行智能合约的全部代码，感兴趣的读者可以将上述代码整合部署，并测试运行效果。

8.1.4　智能拍卖

相信读者对拍卖同样不会陌生，在影视剧中经常也会看到拍卖的剧情。实际上拍卖有很多种类，也有很多玩法，这里只介绍大家最为熟悉的玩法，可以用"价高者得"来概括。

拍卖主要是资产交割，使用智能合约技术可以让拍卖环节更透明，资金转移更快捷。按照惯例，还是先分析合约内涉及的角色。在竞拍过程中，存在 3 类角色，分别是委托人（卖方）、竞买人（买方）和拍卖公司。对于委托人来说，他负责提供拍卖商品，获取拍卖收益，竞买人可以是多个，主要是参与拍卖的竞拍环节，拍卖公司负责组织和发起拍卖，同时又会收取相应的佣金。

拍卖合约的数据结构不需要太复杂的设计，主要使用一些状态变量记录关键信息即可。除了状态变量，智能合约还有另外一种永久记录数据的方式，这种方式是合约事件（event），它会以日志的形式在链上永久保存，并且它的存储成本要比状态变量低。事件的定义方式如下。

```
event event_name（参数列表）;
```

事件只需声明，对于个别字段也可以使用 indexed 关键字来修饰，代表该字段是索引，可以在日志中更快速地查找。触发事件需要使用 emit 关键字，用法如下。

```
emit event_name（实参列表）;
```

当事件被触发时，监听该合约事件的客户端会收到对应的消息，消息内容包含事件名称及相关参数。因此，事件除了存储数据外，也可以帮助开发者像查看日志语言那样检查合约执行过程中的数据变化。

说完事件，再回到拍卖合约，继续介绍拍卖合约的实现。拍卖流程中的核心操作其实就两个，一个是竞拍，另一个是结束竞拍。竞拍是竞买人轮番上阵，轮番出价，结束竞拍可以是竞拍公司（管理员）来完成。接下来，还是按照步骤来完成拍卖合约的编写。

第1步 ▶ 状态变量定义与构造函数编写。定义一个 auction 的合约，定义管理员、卖方、最高价、最高价出价者、起拍价、结束时间、是否已经结束等信息。另外，定义两个 event，一个是竞拍事件，另一个是结束竞拍事件。在构造函数内对上述状态变量进行初始化，结束时间是用来约束买方的竞拍时限，超过时限后竞拍将不能再继续，示例代码如下。

```
contract auction {
    address payable owner;              // 管理员
    address payable seller;             // 卖方
    uint256 public highestBid;          // 最高价
    address payable highestBider;       // 最高价出价者
    uint256 public startBid;            // 起拍价
    uint256 public endTime;             // 结束时间
    bool isFinshed; // 是否已经结束
    // 事件定义
    event BidEvent(address _higher, uint256 highAmount); // 竞拍事件
    event EndBidEvent(address _winner, uint256 _amount); // 结束竞拍事件

    constructor(address _seller, uint256 _startBid) {
        owner = payable(msg.sender);
        seller = payable(_seller);
        startBid = _startBid;
        isFinshed = false;
        endTime = block.timestamp + 120;
        highestBid = 0;
    }
}
```

第2步 ▶ 竞拍功能编写。接下来在合约内添加 bid 函数来支持竞拍。竞拍的核心点是参与方的出价必须高于之前的出价方，并且出价金额与携带资金（msg.value）一致，如果之前有出价方，那么还要将之前出价方的资金退还，最后将最高出价信息记录，并且执行事件通知，示例代码如下。

```
function bid(uint256 _amount) public payable {
        require(_amount > highestBid, "amount must > highestBid");
        require(_amount == msg.value, "amount must equal value");
        require(!isFinshed, "auction already finished");
        require(block.timestamp < endTime, "auction not time out");

        // 退回上一个最高价资金
        if (address(0) != highestBider) {
            highestBider.transfer(highestBid);
        }
        highestBid = _amount; // 更新最高出价
```

```
        highestBider = payable(msg.sender); // 更新最高出价方

        emit BidEvent(msg.sender, _amount); // 竞拍事件产生
    }
```

第3步 ▶ 结束竞拍功能编写。结束竞拍主要是管理员来执行，判断竞拍是否已经结束，如果已经结束不能再次结束竞拍，另外要检查执行者是否为管理员。顺利结束后，将拍卖所得90%送给卖方，管理员（公司）留下10%作为拍卖服务费，示例代码如下。

```
function endAuction() public payable {
    require(!isFinshed, "auction already finished");
    require(msg.sender == owner, "only owner can end auction");
    isFinshed = true; // 设置拍卖结束
    seller.transfer(highestBid * 90 / 100);        // 付款给卖家
    owner.transfer(highestBid * 10 / 100);         // 管理员收取服务费

    emit EndBidEvent(highestBider, highestBid); // 拍卖结束事件
    }
```

由于是第一次介绍事件的知识点，因此演示一下合约部署效果。如图8-1所示，编译通过后，输入卖方地址和起拍价，然后部署合约。

切换一个账号参与竞拍，记得输入的VALUE数据与bid按钮后输入的值保持一致，如图8-2所示，然后单击【bid】按钮。在合约运行明细中可以找到logs部分的数据，这部分就是事件的效果。

图8-1　部署拍卖合约

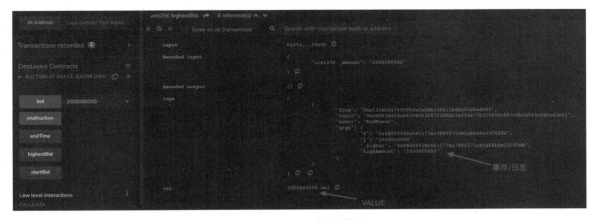

图8-2　event作用展示

感兴趣的读者可以多试试几轮拍卖，并最终结束拍卖（注意结束时间限制），本案例就介绍到这里。

8.2 ERC 标准

若要了解 ERC-20 合约标准，首先要明白 ERC 的含义。ERC 是 Ethereum Request for Comments 的缩写，代表以太坊的意见征集稿，用以记录以太坊上应用级的各种开发标准和协议。它的价值类似于互联网的 RFC（Request for Comments）。接下来，介绍几个常用的 ERC 标准。

8.2.1 ERC 概述

提到 ERC 就不得不提以太坊改进提案 EIP（Ethereum Improvement Proposals）。EIP 是以太坊开发者在社区中提出的改进建议，是一系列以编号排定的文件，类似于互联网上 IETF 的 RFC（Request for Comments）。同样，比特币网络也采用了类似的方式，比特币的改进提案被称为 BIP（Bitcoin Improvement Proposals）。

每一个 EIP 都会按照建议的格式提出来，只要被社区选中就会列入 EIPs 清单中。针对 EIP 的讨论或需要征求更多的意见和建议时，就会把这些细节存放在 ERC 中，直到这个提案变成定案（Final）。每一个提案都会有一个编号，也是 ERC 的编号，所以 EIP-20 也就是 ERC-20。EIP-20 提案主要是通过智能合约定义了一套标准的代币（Token）接口，Token 在公链中具有一定的金融属性，本项目中主要将 Token 作为积分使用。

在 https://eips.ethereum.org/erc 网站上记录了 EIP 的讨论及演进过程，如图 8-3 所示，Final 标签下的编号提案代表已经成为正式稿。

ERC Final		
Number	**Title**	**Author**
20	Token Standard	Fabian Vogelsteller, Vitalik Buterin
55	Mixed-case checksum address encoding	Vitalik Buterin, Alex Van de Sande
137	Ethereum Domain Name Service - Specification	Nick Johnson
162	Initial ENS Hash Registrar	Maurelian, Nick Johnson, Alex Van de Sande
165	Standard Interface Detection	Christian Reitwießner, Nick Johnson, Fabian Vogelsteller, Jordi Baylina, Konrad Feldmeier, William Entriken

图 8-3　ERC 标准列表

8.2.2 ERC-20 标准

ERC-20 标准最早是由以太坊开发者费边·沃格尔斯特勒在开源社区中提出的，后来以太坊创始人 Vitalik Buterin（人称"V 神"）撰写了关于这一标准的第一版文档，当时该文档名为"标准化合约 API"（Standardized Contract APIs），随后发展成为我们现在所熟知的 ERC-20 标准。

ERC-20 是一种同质化代币标准（Fungible Token Standard），每一个同种 Token 所代表的价值是相同的，与之对应的是 ERC-721 这种非同质化代币标准（Non-Fungible Token Standard）。

不要小看这个小小的代币标准，ERC-20 标准对以太坊生态起到了极大的促进作用。ERC-20 标准是 ICO（首次代币发行）的基础，很多项目方早期都是借助 ERC-20 标准发布合约来募资。例如，EOS 这个公链项目就利用一年时间通过 ICO 的方式募集到了 40 亿美金。需要注意的是，自 2017 年 9 月 4 日起，ICO 在中国境内被认定为违法行为。虽然 ICO 在中国违法，但这背后的区块链技术本身仍然值得大家深入学习和研究。

接下来，介绍 ERC-20 标准，并简要说明如何实现这个标准。ERC-20 标准可以理解为一个接口规范，凡是支持该接口规范的合约就相当于是一个符合 ERC-20 标准的代币。ERC-20 标准的接口内包含 3 个可选函数、6 个必选函数和 2 个事件。

3 个可选函数分别是 name、symbol、decimals，对应功能分别是名称、符号、精度。名称和符号很容易理解，就是表示代币的名字和代表符号，精度主要是用来表示小数点位数，由于 Solidity 语言不支持浮点数，因此需要单独定义一个精度来表示其小数点位数。3 个可选函数的原型如下。

```
interface IERC20 {
    function name() external view returns (string memory);
    function symbol() external view returns (string memory);
    function decimals() external view returns (uint8);
}
```

IERC-20 是接口定义，接下来还有 6 个必选函数，具体介绍如下。

（1）totalSupply 函数：用来返回 Token 的总发行量，其原型如下。

```
function totalSupply() external view returns (uint256);
```

（2）balanceOf 函数：用来获取某个账户的余额（代币的数量），其原型如下。

```
function balanceOf(address _owner) external view returns (uint256 balance);
```

（3）transfer 函数：是转账函数，执行时将 msg.sender 持有的 Token 转移 _value 个给 _to 账户，其原型如下。

```
function transfer(address _to, uint256 _value) external returns (bool success);
```

（4）approve 函数：是授权函数，msg.sender 将会授权 _spender 账户 _value 个 Token，这样 _spender 就拥有转移 msg.sender 持有代币的能力，其原型如下。

```
function approve(address _spender, uint256 _value) external returns (bool success);
```

（5）allowance 函数：用来查询授权的额度，可以查询 _owner 账户授权给 _spender 账户的额度，其原型如下。

```
function allowance(address _owner, address _spender) external view returns
(uint256 remaining);
```

（6）transferFrom 函数：是授权转账函数，它执行的前提是_from账户已经授权给msg.sender，并且额度在_value之上，_to代表接收Token的账户，其原型如下。

```
function transferFrom(address _from, address _to, uint256 _value) external
returns (bool success);
```

补充说明一下，approve、allowance、transferFrom很明显是一套组合函数，在一些Defi项目中往往需要用户授权给Defi合约，这是因为在Defi合约内部往往需要转移用户持有的代币。值得注意的是，授权给一个未知账户地址是存在风险的。

在ERC-20标准中还有2个事件，分别是Transfer和Approval，当发生代币转账时需要触发Transfer事件，当发生授权时需要触发Approval事件。前端客户端可以订阅合约的事件，当代币发生变化时，钱包客户端会收到对应的推送，从而更新钱包页面显示的账户余额情况。Transfer和Approval的定义如下。

```
event Transfer(address indexed _from, address indexed _to, uint256 _value);
event Approval(address indexed _owner, address indexed _spender, uint256 _
value);
```

以上就是ERC-20标准，该标准的编码实现将在第9章中进行详细介绍。

8.2.3 ERC-165 标准

ERC-165是一个辅助类的标准化接口，用于检测智能合约是否完整支持某个接口。不要小看这个接口实现检测，因为有时，接收方有可能是一个普通钱包地址，也有可能是一个合约地址。如果接收方是合约时就需要检测对方是否具备接收资格，这时候ERC-165标准就发挥作用了。

ERC-165标准接口很简单，声明如下。它只需要实现一个supportsInterface函数就可以了，该函数的参数interfaceID是接口ID，在7.4.1小节已经介绍过。supportsInterface函数的作用是输入一个接口ID，如果该接口已经实现了，那么返回True，否则返回False。

```
interface IERC165 {
    function supportsInterface(bytes4 interfaceID) external view returns
(bool);
}
```

读者在这里可能会产生困惑，到底什么是实现了该接口。在代码层面来说，用注册的说法可能更容易理解。其实就是合约内部定义一个数据结构，当需要注册一个接口ID时就把这个数据保存下来，检测时如果传入注册过的接口ID就返回真，否则返回假。比如，用"mapping(bytes4=>bool)"这样的结构就可以记录某个接口ID是否注册过。下面的例子是一个ERC-165标准的简单实现（提前将 ERC-165 标准接口保存到 IERC165.sol 文件中）。

```solidity
import "./IERC165.sol";

contract ERC165 is IERC165 {
    /// @dev You must not set element 0xffffffff to true
    mapping(bytes4 => bool)  supportedInterfaces;

    constructor()  {
        supportedInterfaces[IERC165.supportsInterface.selector] = true;
    }

    function supportsInterface(bytes4 interfaceID) override external view
returns (bool) {
        return supportedInterfaces[interfaceID];
    }
}
```

　　需要特别注意的是，不允许注册值为 0xffffffff 的接口 ID，如果使用 supportsInterface 验证时，若传入 0xffffffff 应返回假。

　　下面的示例代码是一个在其他合约中继承 ERC-165，并且注册接口的例子。Simpson 是一个接口，Lisa 继承了 Simpson 接口和 ERC-165 合约，Lisa 在构造函数中完成了 Simpson 接口的注册。

```solidity
interface Simpson {
    function is2D() external returns (bool);
    function skinColor() external returns (string memory);
}

contract Lisa is ERC165, Simpson {
    constructor() {
        supportedInterfaces[Simpson.is2D.selector ^ Simpson.skinColor.
selector] = true;
    }

    function getID() public pure returns (bytes4) {
        return Simpson.is2D.selector ^ Simpson.skinColor.selector;
    }

    function is2D() override external returns (bool){}
    function skinColor() override external returns (string memory){}
}
```

8.2.4 ERC-721（NFT 标准）

2017 年，一款名为 CryptoKitties（加密猫，又名谜恋猫）的游戏风靡全球，如图 8-4 所示。由于游戏的热度极高，一度导致以太坊网络出现拥堵甚至瘫痪的现象。加密猫背后的技术正是本小节要介绍的 ERC-721（NFT）标准。

ERC-721 也是一个代币标准，通常被称为 NFT，通过 ERC-721 标准发行的每一个 NFT 都会有一个独立的编号，这一点与 ERC-20 标准是不同的。ERC-20 标准中的每个代币都是一样的，因此被称为同质化代币（FT，Fungible Token），而 NFT 是非同质化代币（Non-Fungible Token）。同质化代币适合用于积分类、量化数据类业务，而非同质化代币则更适合艺术品、独一无二类产品的业务场景。

ERC-721 标准的提案可以在 https://eips.ethereum.org/EIPS/eip-721 查看。图 8-5 所示是 ERC-721 标准的简介。从简介可以看出，ERC-721 标准需要引入 ERC-165 标准。

什么是谜恋猫?

谜恋猫是世界首款区块链游戏。"区块链"是支持类似比特币这样的加密货币的运作技术基础。尽管谜恋猫不是数字货币，但它也能提供同样的安全保障：每一只谜恋猫都是独一无二的，而且 100% 归您所有。它无法被复制、拿走、或销毁。

EIP-721: Non-Fungible Token Standard

Author	William Entriken, Dieter Shirley, Jacob Evans, Nastassia Sachs
Discussions-To	https://github.com/ethereum/eips/issues/721
Status	Final
Type	Standards Track
Category	ERC
Created	2018-01-24
Requires	165

图 8-4　谜恋猫游戏介绍　　　　　图 8-5　ERC-721 标准简介

继续浏览该网页的内容，可以看到 ERC-721 标准的定义情况。接下来看一下函数接口的内容，整体上 ERC-721 接口一共分为 3 部分，分别是 ERC721、ERC721Metadata、ERC721Enumerable，ERC721 为必须实现的接口，ERC721Metadata 代表元数据，是可选接口，ERC721Enumerable 代表 NFT 的可统计，同样是可选接口。

可选接口包含 name、symbol、tokenURI。name 和 symbol 是 NFT 的名称和符号，实现起来很简单，tokenURI 则是用来获取某 tokenId 对应的资源地址。可选接口通常会声明为 ERC721Metadata，其定义如下。

```
interface ERC721Metadata /* is ERC721 */ {
    function name() external view returns (string _name);
    function symbol() external view returns (string _symbol);
    function tokenURI(uint256 _tokenId) external view returns (string);
}
```

tokenURI 的返回值通常指向一个 JSON 文件，用以描述该 NFT 的特性，包括标题、类型、属性等，官方示例如下。其 image 属性用于指定该 NFT 对应的图片地址，这些都是 NFT 钱包需要解析到的内容。

```
{
    "title": "Asset Metadata",
    "type": "object",
    "properties": {
        "name": {
            "type": "string",
            "description": "Identifies the asset to which this NFT represents"
        },
        "description": {
            "type": "string",
            "description": "Describes the asset to which this NFT represents"
        },
        "image": {
            "type": "string",
            "description": "A URI pointing to a resource with mime type
                image/* representing the asset to which this NFT represents.
                Consider making any images at a width between 320 and 1080
                pixels and aspect ratio between 1.91:1 and 4:5 inclusive."
        }
    }
}
```

NFT标准中另一组可选实现的函数包含totalSupply、tokenByIndex、tokenOfOwnerByIndex，totalSupply代表NFT总的发行数量，tokenByIndex用于获取某个编号对应的NFT标识，tokenOfOwnerByIndex用于获取某个账户的某个编号的NFT标识。这些函数通常会定义为ERC721Enumerable接口，其定义如下。

```
interface ERC721Enumerable /* is ERC721 */ {
    function totalSupply() external view returns (uint256);
    function tokenByIndex(uint256 _index) external view returns (uint256);
    function tokenOfOwnerByIndex(address _owner, uint256 _index) external
view returns (uint256);
}
```

可选接口相对较为简单，具体实现部分直接略过。接下来重点介绍必选接口的实现。先来看一下IERC721接口，其定义如下。

```
interface IERC721 {
    event Transfer(address indexed _from, address indexed _to,
                uint256 indexed _tokenId);
    event Approval(address indexed _owner, address indexed _approved,
                uint256 indexed _tokenId);
```

```
event ApprovalForAll(address indexed _owner, address indexed _operator,
                     bool _approved);

function balanceOf(address _owner) external view returns (uint256);
function ownerOf(uint256 _tokenId) external view returns (address);
function safeTransferFrom(address _from, address _to, uint256 _tokenId,
                         bytes memory data) external payable;
function safeTransferFrom(address _from, address _to, uint256 _tokenId)
                         external payable;
function transferFrom(address _from, address _to, uint256 _tokenId)
                      external payable;
function approve(address _approved, uint256 _tokenId) external payable;
function setApprovalForAll(address _operator, bool _approved) external;
function getApproved(uint256 _tokenId) external view returns (address);
function isApprovedForAll(address _owner, address _operator) external
                         view returns (bool);
}
```

上述接口包含3个event和9个函数，大家大概有个印象，接下来详细介绍它们的功能及具体的实现方式，具体操作步骤如下。

第1步 ► 数据结构设计。NFT标准主要是围绕tokenId的属主查询、转移、授权展开，另外也要包含ERC-165的注册。参考代码如下，可以用ercTokenCount结构记录用户持有NFT的数量，用ercTokenOwner结构记录NFT对应的属主，用ercTokenApproved结构记录NFT的授权信息，用ercOperatorForAll结构记录某用户全部授权的信息。NFT中会有全部授权的设计，主要是因为每个NFT都是独立的，如果用户每次都针对一个NFT授权，那么Gas费用消耗也将非常高。NFT的编号通常会从0开始，大多数项目方会使用一个递增的整型数列。

```
contract ERC721 is IERC165, IERC721 {
    mapping(bytes4=>bool) supportsInterfaces; // ERC165 标准
    bytes4 invalidID = 0xffffffff;
    bytes4 constant ERC165_InterfaceID = 0x01ffc9a7; // ERC165 标准接口 ID
    bytes4 constant ERC721_InterfaceID = 0x80ac58cd; // ERC721 标准接口 ID
    mapping(address=>uint256) ercTokenCount;           // 用户持有 NFT 的数量
    mapping(uint256=>address) ercTokenOwner;           // NFT 对应的属主
    mapping(uint256=>address) ercTokenApproved;        // NFT 的授权信息
    mapping(address=>mapping(address=>bool)) ercOperatorForAll; // 用户全部授权
                                                                //     的信息

    using Address for address;

    constructor() {
```

```
        _registerInterface(ERC165_InterfaceID);
        _registerInterface(ERC721_InterfaceID);
    }
}
function _registerInterface(bytes4 interfaceID) internal {
        supportsInterfaces[interfaceID] = true;
function supportsInterface(bytes4 interfaceID) override external view returns
(bool) {
        require(invalidID != interfaceID, "invalid interfaceID");
        return supportsInterfaces[interfaceID];
}
    }
```

由于合约中需要判断接收地址的相关权限，因此代码中编写了"using Address for address"这句代码，它引用了 Address 库，可以通过下面的语句导入 OpenZeppelin 中 Address 库的实现，示例代码如下。

```
import "github.com/OpenZeppelin/openzeppelin-contracts/contracts/utils/
Address.sol";
```

第2步 ▶ 查询接口实现。接下来，先实现较为简单的接口。balanceOf 用于返回某用户持有 NFT 的数量，借助 ercTokenCount 结构可以很容易获取。ownerOf 用于查询某 NFT 对应的属主，使用 ercTokenOwner 结构可以获取。getApproved 用于查询授权信息，借助 ercTokenApproved 结构可以获取。isApprovedForAll 用于查询全部授权情况，ercOperatorForAll 结构中做了记录。上述 4 个函数的实现代码如下。

```
function balanceOf(address _owner) override external view returns (uint256){
        return ercTokenCount[_owner];
}
function ownerOf(uint256 _tokenId) override external view returns (address){
    return ercTokenOwner[_tokenId];
}
function getApproved(uint256 _tokenId) override external view returns (address)
{
    return ercTokenApproved[_tokenId];
}
function isApprovedForAll(address _owner, address _operator) override external
view returns (bool) {
    return ercOperatorForAll[_owner][_operator];
}
```

第3步 ▶ 可授权和可转账修饰符实现。因为转账或授权时，涉及的因素较多，不仅仅是属主

具备权限，被授权方也具备相关权限，因此需提前实现两个自定义修饰符。下面代码的canOperator
用于控制授权，授权者要么是NFT的属主，要么已经全部授权给了msg.sender。canTransfer用户控
制转账的权限，NFT的持有者、被授权者及全部授权者都有转账的资格。canOperator和canTransfer
的实现代码如下。

```
// 授权
  modifier canOperator(uint256 _tokenId) {
      address owner = ercTokenOwner[_tokenId];
      require(msg.sender == owner ||
              ercOperatorForAll[owner][msg.sender]
              );
      _;
  }
  // 转账
  modifier canTransfer(uint256 _tokenId, address _from) {
      address owner = ercTokenOwner[_tokenId];
      require(owner == _from, "token's owner is not _from");
      require(msg.sender == owner ||
              ercTokenApproved[_tokenId] == msg.sender ||
              ercOperatorForAll[owner][msg.sender]
              );
      _;
  }
```

第4步 ▶ 授权实现。单个NFT的授权可以使用approve来完成，此时可以使用之前编写的
canOperator修饰符来控制权限，授权通过ercTokenApproved来记录，发生授权行为时，需要触发
Approval事件。全部授权通过setApprovalForAll来设置，修改ercOperatorForAll结构的同时还要触
发ApprovalForAll事件。两个授权函数的实现代码如下。

```
// 授权
  function approve(address _approved, uint256 _tokenId) override
      canOperator(_tokenId) external payable {
      ercTokenApproved[_tokenId] = _approved;
      emit Approval(msg.sender, _approved, _tokenId);
  }
  function setApprovalForAll(address _operator, bool _approved) override
      external {
      ercOperatorForAll[msg.sender][_operator] = _approved;
      emit ApprovalForAll(msg.sender, _operator, _approved);
  }
```

第5步 ▶ 转账实现。接下来，实现最核心的转账功能。转账也就是将NFT的归属权转移，为

了更好的代码复用，通常都会先实现一个internal类型的内部转账函数，参考下面的_transferFrom
函数，转账时通过canTransfer修饰符来限定转账权限，转账发生时，属主变更，同时转出方持有的
NFT数量减少，转入方持有的NFT数量增加，另外还有一件不容忽略的事情，转账完成时也要取
消掉之前关于该NFT的授权，否则该NFT仍然有被授权方转移的风险。转账结束后要触发Transfer
事件。transferFrom的实现直接调用之前实现的内部函数_transferFrom就可以了。

```
function transferFrom(address _from, address _to, uint256 _tokenId) override
external payable {
    _transferFrom(_from, _to, _tokenId);
}


function _transferFrom(address _from, address _to, uint256 _tokenId)
                    internal canTransfer(_tokenId, _from)  {
    ercTokenOwner[_tokenId] = _to; // 更改属主
    ercTokenCount[_from] -= 1;
    ercTokenCount[_to]   += 1;
    // 取消授权
    ercTokenApproved[_tokenId] = address(0);

    emit Transfer(_from, _to, _tokenId);
}
```

第6步 ● 安全转账实现。NFT标准里除了转账，还有一个safeTransferFrom函数，前面带有
safe前缀意味着该函数是安全转账函数。这里的安全主要是多了一层检验，当接收方地址是一个
普通的外部钱包地址时，safeTransferFrom和transferFrom没有区别，当接收方地址是一个合约时，
此时就需要验证对方的有效性。在这里，需要有两个判断，其一是判断接收方地址是否为合约地
址，其二是判断接收方地址是否有资格。第一条可以借助之前引用的Address库完成判断，该库的
isContract函数可以完成此功能。第二条需要通过ERC721TokenReceiver接口来检测，只要接收方地
址实现了该接口就具备接收资格。接口定义如下，onERC721Received函数在接收方合约内必须实现，
并且返回该函数的签名。

```
interface ERC721TokenReceiver {
    function onERC721Received(address _operator, address _from,
                            uint256 _tokenId, bytes memory _data)
                            external returns(bytes4);
}
```

同样可以先实现一个内部函数_safeTransferFrom来完成安全转账功能，在它的内部可以调用步
骤5实现的_transferFrom，之后再检查接收方的资格就可以了，示例代码如下。

```
function _safeTransferFrom(address _from, address _to, uint256 _tokenId,
                        bytes memory data)  internal {
```

```
        _transferFrom(_from, _to, _tokenId);

        // add safe code
        if(_to.isContract()) {
            //address _operator, address _from, uint256 _tokenId, bytes
              memory _data
            bytes4 retval = ERC721TokenReceiver(_to).onERC721Received(msg.
                sender, _from, _tokenId, data);
            require(retval == ERC721TokenReceiver.onERC721Received.selector,
                "retval not equal onERC721Received's interfaceID");
        }
    }
```

接下来的事情就简单了，直接实现两个safeTransferFrom函数就好，在Solidity语言中，支持函数重载，这两个safeTransferFrom函数的区别主要体现在有无第4个参数data，data是一个字节数组类型的数据，可以在转账时携带一些信息传递给接收方，类似于在现实中转账时的附言。safeTransferFrom函数的实现代码如下。

```
function safeTransferFrom(address _from, address _to, uint256 _tokenId, bytes
    memory data) override external payable {
        _safeTransferFrom(_from, _to, _tokenId, data);
    }

    function safeTransferFrom(address _from, address _to, uint256 _tokenId)
        override external payable {
        _safeTransferFrom(_from, _to, _tokenId, "");
    }
```

第7步 ▶ 空投实现。这套NFT标准实现完成后，同样面临没有初始化流通的问题。通常情况下，会实现一个mint函数来空投NFT，这个空投也可以要求调用者支付一定的ETH。实现代码如下，在编写时主要验证接收方地址的有效性和资格，同时变更属主信息。空投完成后，仍然要触发Transfer事件。

```
function mint(address _to, uint256 _tokenId, bytes memory data) external
    payable {
        require(_to != address(0), "_to is a zero address");
        require(ercTokenOwner[_tokenId] == address(0), "_tokenId already exists");

        ercTokenOwner[_tokenId] = _to;
        ercTokenCount[_to] += 1;

        // add safe code
        if(_to.isContract()) {
```

```
        //address _operator, address _from, uint256 _tokenId, bytes
          memory _data
        bytes4 retval = ERC721TokenReceiver(_to).onERC721Received(
                          msg.sender, address(0), _tokenId, data);
        require(retval == ERC721TokenReceiver.onERC721Received.selector,
                "retval not equal onERC721Received's interfaceID");
    }

    emit Transfer(address(0), _to, _tokenId);
}
```

至此，实现了 NFT 标准的必选接口。如果读者要想在 OpenSea 这样的平台上发行 NFT，之前介绍的两个可选接口仍然需要实现。

8.3　可升级合约

作为开发者来说，很难在开发的时候杜绝 Bug，传统应用在出现 Bug 时会及时修复并重新上线。在智能合约方面，很多开发者都希望智能合约能像传统应用那样能够升级修复。本节将介绍可升级合约技术的实现。

8.3.1　不可篡改与可升级之间的矛盾

区块链给人的第一印象是数据不可篡改，那么到底什么是不可篡改呢？我们马上会想到，智能合约内的状态变量值可以通过合法的交易进行修改，但这并不等同于篡改，因为所有交易都是经过区块链网络验证并记录下来的。仔细想想，在区块链网络中，大家账户上的余额也是经常发生变化的，这些都不能称为篡改。所谓不可篡改，是指区块链把账记得公开透明，一目了然，任何一笔交易都可追溯，就拿智能合约来说，任何一个修改状态变量的交易都记录在案。这些记录的数据（账本）是不可篡改的。

智能合约是用代码编写的合同，一旦部署到区块链上，其代码通常是不可单方面更改的。如果区块链上的合同总是可以改变，也就缺乏了足够的公信力。如果智能合约是可以升级的，也就代表着合同可以发生变更，这在区块链行业里一直都存在着巨大的争议。也就是说如果智能合约一旦可升级了，也就降低了不可篡改性。抛开争议不谈，多一项技能傍身总是没错的。

经过之前的学习，我们已经知道，智能合约一旦发布后是不可变更的，如果修改了智能合约代码，那么就需要重新部署智能合约，部署后得到一个新的合约地址，这个新合约与原部署的合约其实是没关系的。也就是说，智能合约的代码和地址是不变的。从这个角度来说智能合约是不可升级的。但是，从技术角度出发，是可以做到让"表面"上的合约地址不变，其内部逻辑代码发生变更，这也正是智能合约的思路。接下来介绍如何去编写可升级的合约。

8.3.2　跨合约调用

由于区块链技术的限制，如果仅仅是一个独立的合约，无论如何也做不到可升级。若想实现可升级合约，必须将多个合约设计在一起，形成一个整体对外提供服务。对外服务的合约地址永远不变，内部逻辑合约可以代码升级。合约的组织结构如图8-6所示。

智能合约如果想将多个合约组织在一起，形成一个有机的整体，有一个要求就是合约间可以互相调用。更为准确的描述应为在合约A的Ax方法里可以调用合约B的By方法。接下来介绍一种简单的智能合约间的调用方式。

图8-6　合约的组织结构

通过智能合约调用另外一个合约，只要知道该合约接口（源码）和地址就可以很方便地调用。例如，下面的A合约是一个准备被调用的合约，它提供了setData和getName两个方法设置及访问状态变量name和count，示例代码如下。

```
contract A {
    string   name;
    uint256 count;

    function setData(string memory _name, uint256 _count) public returns (bool) {
        name = _name;
        count = _count;
        if(count <= 2000) return false;
        return true;
    }

    function getName() public view returns (string memory) {
        return name;
    }

}
```

接下来，尝试在另外一个合约内调用它，调用前，A合约应该提前部署。下面的call_demo合约是调用A合约方法的例子，每个调用都需要传递A合约的地址，通过合约名字A对其强制转换为A合约对象"A(_addr)"，然后就可以利用该对象调用A合约内的方法了。A合约内的setData和getName都可以通过这种方式调用，示例代码如下。

```
contract call_demo {
    // 调用 A 合约的 setName
    function setData(address _addr, string memory _name, uint256 _count) public {
        // A(_addr) 相当于得到了 A 合约对象
```

```
        A(_addr).setData(_name, _count);
    }
    // 调用 A 合约的 getName
    function getName(address _addr) public view returns (string memory) {
        return A(_addr).getName();
    }
}
```

简单测试一下，可以将上述两个合约的代码放在同一个文件中，在 Remix 环境对其进行编译。在合约列表中选择 A 合约，然后单击【Deploy】按钮部署合约，如图 8-7 所示。部署后，可以得到 A 合约的地址（笔者的地址为 0XD9145CCE52D386f254917e481eB44e9943F39138）。

在合约下拉列表中选择【call_demo】合约，单击【Deploy】按钮部署该合约，如图 8-8 所示。

测试 call_demo 合约的调用情况，如图 8-9 所示。在 setData 方法的文本框中依次输入 A 合约的地址、姓名、数值，单击【transact】按钮完成调用。之后将 A 合约的地址再次粘贴到 getName 方法的输入框内，单击【getName】按钮获取 A 合约的 name 数据。

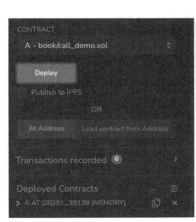

图 8-7　合约间调用（一）
部署 A 合约

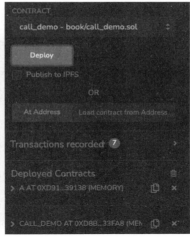

图 8-8　合约间调用（二）
部署 call_demo 合约

图 8-9　合约间调用（三）
测试跨合约调用

经过测试，call_demo 合约顺利完成了对 A 合约的调用。在这里需特别说明的是，一般情况下，写方法的返回值在外部调用时是拿不到的，但是在跨合约调用时，发起调用方是能够拿到返回值的，也正是因为这样，跨合约调用才能控制完整的事务。

8.3.3　通过底层函数调用合约

在前一小节介绍的智能合约调用方式比较简单明了，但这样的调用无法适应可升级合约的需求。因为靠接口调用的方式要求接口固定，而很多时候我们期望调用的合约，不一定完全知道被调方的接口情况。这就对合约调用提出了更高的要求，Solidity 为我们提供了更为底层的函数来处理这类情况。

通常情况下，人们会使用 call 或 delegatecall 来处理更为底层的跨合约调用，二者的区别是 call 会修改调用数据的 msg.sender，将其替换为当前合约，然后调用新合约的方法，delegatecall 则不会修改调用的数据，它属于完全委托调用。一般在编写跨合约调用代码时，会使用 call。call 函数的参数通常需要借助 abi.encodeWithSignature 函数对数据进行编码。call 和 delegatecall 的原型如下。

```
addr.call(bytes calldata);
addr.delegatecall(bytes calldata);
```

两个底层调用函数的返回值都是两个，第一个参数是 bool 值，告知调用方是否执行成功，第二个参数是 bytes 数据，出错时会返回错误信息。在执行底层调用时，一定要检测返回值，尤其是第一个参数。

接下来，通过一个例子介绍 call 的使用，下面的代码通过 call 调用了之前编写的 A 合约。

```
contract call_demo {
    function call_setData(address _addr, string memory _name, uint256 _count)
        public {
        (bool success, ) = _addr.call(abi.encodeWithSignature(
            "setData(string,uint256)", _name, _count));
        require(success, "call A failed");
    }
}
```

测试时，同样需要先部署 A 合约，然后部署 call_demo 合约。具体的执行效果与 8.3.2 介绍的跨合约调用结果是相同的。通过 call 调用，可以让调用者通过参数传递的方式明确要调用的函数，这是之前通过接口方式做不到的。

8.3.4　主—从式可升级合约

在铺垫了有关可升级合约的基础知识后，接下来介绍如何实现可升级合约。一个简单的思路是"主—从式"设计，主合约部署后永远不变，在主合约内部可以记录从合约的地址，主要业务逻辑通过从合约来实现，这里可以扩展为"一主一从"或"一主多从"。

接下来，介绍一个简单版本的"主—从式"合约示例。这种方式通常会先定义一个接口，然后尽可能地在接口不变的情况下进行合约升级，接口示例代码如下。

```
interface IA {
    function setName(string memory _name) external ;
    function getName() external view returns (string memory) ;
}
```

接下来，实现一个可升级合约，示例代码如下。在 upgrade_demo 合约里 upgrade 函数是用来更新接口实现合约的，可以把它对应的地址变更理解为从合约。

```
contract upgrade_demo {
    IA a;
    constructor(address addr) {
        a = IA(addr);
    }

    function upgrade(address addr) public {
        a = IA(addr);
    }

    function setName(string memory _name) public {
        a. setName(_name);
    }

    function getName() public view returns (string memory) {
        return a.getName();
    }
}
```

可以看到，这样设计的"主—从式"合约，只要更新的合约实现了 IA 接口，就可以完成升级。

8.3.5 代理—存储式可升级合约

之前介绍的"主—从式"可升级合约是比较简单的升级套路，当业务场景更复杂多变的时候，可以考虑使用更高级的可升级设计策略，这种模式存在三层合约结构设计，包括代理合约、逻辑合约、存储结构合约三层。其中代理合约永恒不变，提供永久存储并负责委托调用逻辑合约，对应用程序提供访问接口；逻辑合约负责数据处理；存储结构合约负责定义存储结构，并被逻辑合约和代理合约继承。它们之间的关系如图 8-10 所示。

逻辑合约和存储结构合约对我们来说并没有什么难度，关键是代

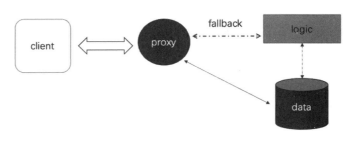

图 8-10 代理—存储式可升级合约

理合约的实现，如何通过代理合约能够自动调用逻辑合约内的函数。一种简单直接的方式是在代理合约内把逻辑合约的函数调用依次实现，但这样太烦琐了，而且逻辑合约在未来会出现需要升级的情形，尤其是接口需要改变时，代理合约的代码也需要跟着变，显然可升级合约的代理合约是不能重新发布的。在这种情况下，通常会借助 delegatecall 函数来传递调用信息去调用逻辑合约。

但是，只使用delegatecall函数还是无法做到灵活调用想要调用的逻辑操作，我们期望的是一个通用的调用方法，当逻辑合约增加方法时，代理合约的代码无须改变。这时，可以关注一下Solidity语言中提供的两个特殊的函数。它们是receive和fallback，原型如下。

```
receive() external payable;
fallback() external [payable];
```

这两个函数都属于可选函数，当一个合约实现了receive函数时，可以接受外部钱包账户的ETH转入，就像是一个普通的EOA地址一样，因此receive函数都是payable的。当receive函数未实现，但仍想接受外部账户转账时，此时可以实现fallback函数，并使用payable修饰。fallback函数的作用主要体现在兜底，当外部调用合约时传入的函数签名（msg.data的前4个字节）无法匹配到任何函数时，将会调用fallback函数。

在了解了fallback函数的功能后，可升级合约思路就能够形成闭环了。在外部调用代理合约时，传入的调用数据是调用逻辑合约的某个函数，此时会调用代理合约内已经实现的fallback函数。在fallback函数内，通过delegatecall函数去完成逻辑合约的委托调用。这样处理起来，代理合约不必关心逻辑合约到底实现了什么方法，通通委托调用就可以了。

把这个思路梳理一下，下面通过一个案例向大家介绍，具体实现步骤如下。

第1步 ▶ 定义一个结构存储合约。可升级合约编写之初仍然要设计好数据结构，该数据结构要覆盖业务需求，并尽可能有一定的扩展性。作为演示，在结构存储合约内定义一个管理员，用一个mapping结构的points来记录球员分数，使用totalPlayers来记录球员数量，implementation则是代表逻辑合约的地址。结构合约内无需实现具体的逻辑功能，只需要完成数据定义就可以了，示例代码如下。

```
// 定义数据合约
contract storageStructure {
    // 记录球员和分数
    address public implementation;// 合约实现地址（逻辑地址）
    mapping(address=>uint256) public points;
    uint256 public totalPlayers;
    address public owner;
}
```

第2步 ▶ V1版逻辑合约实现。接下来，实现逻辑合约。逻辑合约要继承结构存储合约，这样结构合约内的变量在逻辑合约内也存在。可以实现一个仅限管理员操作的修饰符，addPlayer和setPlayer是两个函数，分别用来增加球员信息和修改球员信息，都仅限管理员才能操作。V1版本的逻辑合约故意卖了一个破绽，在增加球员时，totalPlayers应该自动加1，下面的示例代码故意犯了这个错误。

```
// 定义逻辑合约
contract implementationV1 is storageStructure {
    modifier onlyowner()  {
```

```
        require(msg.sender == owner, "only owner can do");
        _;
    }
    // 增加球员分数
    function addPlayer(address player, uint256 point) public onlyowner virtual {
        require(points[player] == 0, "player already exists");
        points[player] = point;
    }
    // 修改球员分数
    function setPlayer(address player, uint256 point) public onlyowner {
        require(points[player] != 0, "player must already exists");
        points[player] = point;
    }
}
```

第3步 ▶ 编写代理合约。代理合约也需要继承结构定义合约，这样做的目的实际上是使代理合约内和逻辑合约内有相同的数据层。代理合约委托调用逻辑合约实际修改的是代理合约的数据层数据，这一点的理解格外重要。也就是说，代理合约发生的委托调用实际上修改的还是代理合约的数据。

代理合约的构造合约要对 owner 进行初始化，setImpl 函数用来设置当前使用的逻辑合约，fallback 函数内则是直接将 msg.data 数据委托给逻辑合约来处理。再次强调，这里的委托调用实际使用的就是逻辑合约的逻辑操作，并非修改的是逻辑合约的数据，示例代码如下。

```
// 代理合约调用逻辑合约的逻辑去修改代理合约内的数据
contract proxy is storageStructure {
    constructor()  {
        owner = msg.sender;
    }
    // 更新逻辑合约的地址
    function setImpl(address impl) public {
        implementation = impl;
    }
    //fallback 函数  完成合约间调用
    fallback() external {
        require(implementation != address(0), "implementation must already exists");
        (bool success, ) = implementation.delegatecall(msg.data);
        require(success , "delegatecall failed");
    }
}
```

第4步 ▶ V1 逻辑合约测试。将上述合约代码保存到 Remix 环境的一个文件中（proxy.sol），编译后，先部署implementationV1合约，可以得到该合约的地址，如图8-11所示。

再部署proxy合约。然后将implementationV1合约的地址在proxy合约的setImpl函数中进行设置。操作效果如图8-12所示。

图8-11　代理—存储合约（一）

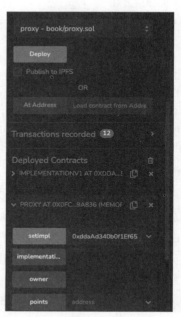

图8-12　代理—存储合约（二）

接下来尝试通过proxy合约来调用逻辑合约。这里有一个小技巧，可以先通过逻辑合约来获取调用数据（msg.data），具体操作方法如图8-13所示。在逻辑合约的addPlayer函数文本框中输入账户、分数，笔者输入的是0xAb8483F64d9C6d1EcF9b849Ae677dD3315835cb2、100，然后单击【transact】按钮执行。由于逻辑合约内的owner并未初始化，因此会发生错误。

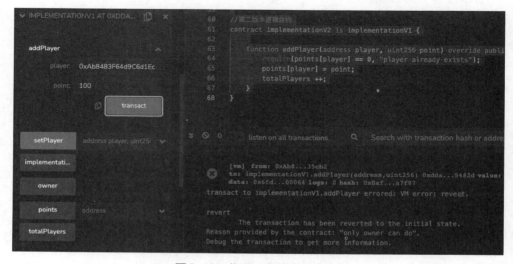

图8-13　代理—存储合约（三）

发生错误是预期的，点开合约运行错误的明细，找到input对应的数据项，单击后面的【▣】复制按钮就可以获取到本次执行产生的输入数据，这个输入数据实际上就是msg.data，如图8-14所示。

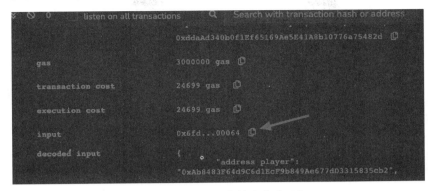

图8-14　代理—存储合约（四）

获得的数据内容为：0x6fd075fc00000000000000000000000ab8483f64d9c6d1ecf9b849ae677dd3315835cb20000000000000000000000000000000000000000000000000000000000000064。

解析这部分数据，0x6fd075fc为函数签名，ab8483f64d9c6d1ecf9b849ae677dd3315835cb2为账户地址，尾部的64则是100的十六进制表示。可以直接拿这个数据放到代理合约里去执行，操作如图8-15所示。将数据粘贴到"Low level interactions"下的CALLDATA输入框内，然后单击【Transact】按钮执行（注意执行时要切换回管理员地址）。

执行完成后，可以检查合约内的数据情况，如图8-16所示。0xAb8483F64d9C6d1EcF9b849Ae677dD3315835cb2账户的分数已经变为100，但是totalPlayers并未增加。

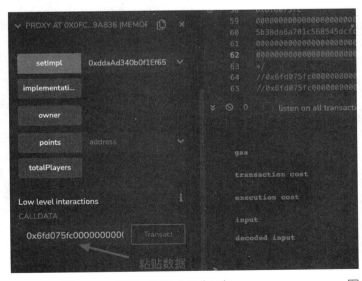

图8-15　代理—存储合约（五）

图8-16　代理—存储合约（六）

第5步 ▶ 升级逻辑合约到V2。逻辑合约不必完全重写，可以继承V1，然后覆盖addPlayer函数。

覆盖的时候记得把之前的错误修改完善，totalPlayers 要正确计数，示例代码如下。

```
// 第二版本逻辑合约
contract implementationV2 is implementationV1 {

    function addPlayer(address player, uint256 point) override public
onlyowner {
        require(points[player] == 0, "player already exists");
        points[player] = point;
        totalPlayers ++;
    }
}
```

第6步 ▶ 合约升级并测试。部署 V2 版本的逻辑合约，然后利用代理合约的 setImpl 函数设置 V2 为逻辑合约实现。设置好之后，可以尝试利用之前分析的调用数据组装一个新的调用数据，将之前的数据地址更换为 0x5b38da6a701c568545dcfcb03fcb875f56beddc4，将之前的尾部 64 修改 66（10 进制为 102），得到的测试数据如下。

```
0x6fd075fc000000000000000000000005b38da6a701c568545dcfcb03fcb875f56bed
dc40000000000000000000000000000000000000000000000000000000000000066。
```

将该部分数据放到代理合约的 "Low level interactions"
下的 CALLDATA 输入框内运行，可以正常执行。之后，
查看 0x5b38da6a701c568545dcfcb03fcb875f56beddc4 账户的
分数，以及 totalPlayers 的值都正常了，如图 8-17 所示。

经过测试，以上的可升级合约能够顺利运行。

图 8-17　代理-存储合约（七）

8.4　合约开发最佳实践

智能合约虽然诞生的时间不长，由于项目方为了获得
信任，通常会将智能合约代码开源，这使得智能合约开发
技术快速迭代更新，新的花样和玩法层出不穷。本节主要
介绍智能合约开发的经验总结，业内通常称之为最佳实践。

8.4.1　最佳实践概述

在智能合约中，对于一些特殊业务会有固定的处理套路。例如，要丢掉合约的管理员权限，只
要将管理员变更为 0 地址就可以了。所谓最佳实践，就是前人对于某项特殊业务总结的解决方案，

新的开发者可以站在巨人的肩膀上继续攀登，而不是重复造轮子。另外，由于智能合约往往伴随着大量资金的流转，因此智能合约的安全要求也非常高，编写安全的智能合约代码也属于最佳实践范畴。

接下来介绍的最佳实践实际上也分为两个部分，一部分是介绍固定业务场景的设计模式，如工厂模式、存储注册表模式、遍历表迭代器模式，这些都是看上去名称很花哨，但原理很简单的设计模式。另外一部分主要介绍智能合约安全，算术溢出的问题在之前已经介绍过，后面会主要介绍重入攻击及防止攻击的方法。

8.4.2　工厂模式

设计模式积累是开发者成为高手的必经之路，大多数开发者较早接触的设计模式往往就会包含工厂模式。工厂模式的简单思想就是某"产品"类合约对象不由合约本身创建，而是由工厂合约来创建和管理。通过工厂合约，可以批量地生产标准化的合约对象。在 Solidity 语言的工厂模式下，工厂合约主要是用来创建"产品"合约的对象，并管理其地址。

接下来，简单介绍一下工厂模式的例子。下面的合约是一个资产合约。

```
contract Asset {
    address public issuer;
 string public symbol;
    mapping (address => uint256) public balanceOf;
    // 资产转移事件
    event Sent(address from, address to, uint256 amount);

    constructor(string memory _sym, address _issuer) {
        issuer = _issuer;
        symbol = _sym;
    }
    // 发行资产
    function issue(address _receiver, uint256 _amount) public {
        require (msg.sender == issuer, "only issuer can do");
        balanceOf[_receiver] += _amount;
        emit Sent(address(0), _receiver, _amount);
    }
}
```

所谓工厂模式，必然还要存在一个工厂合约。下面的示例是通过工厂合约创建 Asset 的示例。newAsset 函数调用资产合约的构造函数来创建合约对象，getAsset 函数通过版本号来获取资产的合约地址。

```
contract Factory {
```

```
mapping(string=>address) assets;

// 创建资产
function newAsset(string memory _sym, string memory _version) public {
        require(assets[_version] == address(0), "version already exists");
        Asset asset = new Asset(_sym, msg.sender);
        assets[_version] = address(asset);
}
// 通过版本获得各个资产合约的地址
function getAsset(string memory _version) public view returns (address) {
    return assets[_version];
}
}
```

根据之前学过的智能合约开发知识，在知道了合约地址和合约接口后，就可以直接调用该合约了。

8.4.3 存储注册表模式

存储注册表很像之前介绍过的"主—从式"可升级合约。主合约负责记录从合约的地址及版本信息。这样做的好处是便于从合约的管理和升级。下面举个例子来进行介绍。

在存储注册表实现时，可以设计一个自定义结构StorageInfo，用来保存子合约地址、管理员和版本信息，其设计结构如下。

```
struct StorageInfo {
   address owner;
   address addr;     // 合约地址
   uint16  version; // 合约版本
}
```

接下来可以编写一个主合约，来注册记录不同的合约地址、管理员信息、版本信息内容，示例代码如下。

```
contract register {
     mapping(string=>StorageInfo) public storageInfos;

  function newStorage(string memory name, address addr, uint16 version) public {
      // 如果不存在，存入；若存在，更新
      StorageInfo memory info = storageInfos[name];
      require(info.version < version, "version must ok");
      if(info.owner != address(0)) {// 原来存在
```

```
            info.version = version;
                info.addr = addr;
        } else {// 原来不存在
                info.owner = msg.sender;
        info.addr = addr;
                info.version = version;
        }
        storageInfos[name] = info;
    }
}
```

由于该合约较为简单，部署和调用的操作就交给读者自己去尝试了。

8.4.4　遍历表迭代器

映射表这种结构不像数组，它的元素地址不是连续的，因此不能直接对其内部元素进行遍历访问。但是，很多时候还需要对映射表进行遍历。为了解决映射表的遍历问题，此时，可以使用遍历表迭代器来解决问题。

遍历表名称听上去很高级，实际上原理很简单。它的核心思想是通过一个动态数组记录映射表中的键（key），在存储映射时同样也需要将 key 保存到数组中。由于动态数组是可以遍历的，因此当我们遍历记录好的动态数组时，也就拿到了映射表中所有的 key，通过 key 就可以获得映射表中对应的值了。例如，下面的组合就可以帮助我们完成 elements 这个 mapping 的遍历。

```
// 通过其他方式遍历映射表
mapping(string=>address) elements;
// 记录所有的 key
string[] keys;
```

下面是迭代器的示例代码。其中 put 函数在向 mapping 中加入数据的同时，也会维护动态数组 keys，这样通过 keys 数组的遍历就可以达到遍历 mapping 的目的。

```
contract mappingInterator {
    mapping(string=>uint256) scores;// 学生成绩
string[] keys;// 记录所有的 key

function put(string memory _key, uint256 _score) public {
        require(scores[_key] == 0, "_key already exists");
        scores[_key] = _score;
        keys.push(_key);
    }
    function avg() public view returns (uint256) {
```

221

```
        uint256 sum;
        for(uint256 i = 0; i < keys.length; i ++) {
            sum += scores[keys[i]];
        }
        return sum / keys.length;
    }
}
```

读者可以将该合约部署并测试，试试迭代器运行的结果。

8.4.5 避免重入攻击

重入攻击是黑客经常使用的攻击手段，黑客利用智能合约的检测漏洞，利用 fallback 函数触发智能合约的再次调用，这种攻击手段就是重入攻击。可以看一下具体的例子，下面是一个简单的银行合约，它提供了 deposit 和 withdraw 两个核心函数。其中，withdraw 函数具有严重的安全漏洞，withdraw 中的 call 调用在正常情况下是提现行为，但却可能被黑客利用，成为重入攻击的入口。

```
contract bank {
mapping(address=>uint256) public balanceOf;
    event Funding(address _addr, uint _val);
    // 存钱
    function deposit() payable public {
        require(msg.value >= 1 ether, "msg.value not enough");
        balanceOf[msg.sender] = msg.value;
        emit Funding(msg.sender, msg.value);
    }
    // 提现
    function withdraw() payable public {
        uint bal = balanceOf[msg.sender];
        require(bal > 0);
        (bool sent, ) = msg.sender.call{value: bal}("");
        require(sent, "Failed to send Ether");

        balanceOf[msg.sender] = 0;
    }
function getBalance() view public returns(uint) {
        return address(this).balance;
    }
}
```

在 8.3.5 小节的内容中，提到了 Solidity 语言中两个特殊的函数 receive 和 fallback，receive 函数在实现时，合约可以像普通的钱包地址一样接收外部转账。如果上述代码的 withdraw 函数中的 msg.

sender 是一个合约地址的话，而恰好这个合约内实现了 receive 函数，那么 receive 函数将会被执行
（如果实现带有 payable 的 fallback 函数也可以）。如果 receive 函数又去调用银行合约的 withdraw 函
数，此时就发生了重入攻击。它的原理如图 8-18 所示，call 执行的时候会触发 receive 函数，receive
函数内部通过 withdraw 又重新调用银行合约，这样形成一个循环嵌套调用，最终会将银行合约的资
金几乎全部盗走。

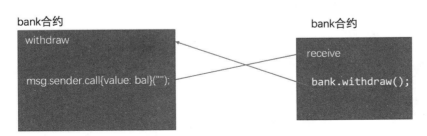

图 8-18　重入攻击分析

　　下面示例代码是针对上述漏洞合约的攻击合约。它的 attack 函数是攻击函数，它会通过执行
bk.deposit 函数向银行合约转账 1 个 ETH，然后再调用银行合约的 withdraw 函数，就产生了重入攻击。
receive 函数中的条件判断也非常关键，它相当于一个结束循环攻击的条件，否则当银行合约资金不
足时，触发 require 条件的异常，那么本次攻击也将会失败回滚。

```
contract attack_demo {

    bank bk;
constructor(address  addr)  {
        bk = bank(addr);
    }
    function attack() public payable {
        bk.deposit{value: 1 ether}();
        bk.withdraw();
}

    // 重入攻击函数
receive() payable external {
        if (address(bk).balance >= 1 ether) {
            bk.withdraw();
        }
}

    function getBalance() view public returns(uint) {
        return address(this).balance;
    }

}
```

223

为了让读者加深理解，下面来介绍实验的攻击步骤。

第1步 ▶ 部署银行合约，存入资金。可以随意选择一个账户地址，并向其存入若干个ETH。如图8-19所示，填入ETH的数量后单击【deposit】按钮。

此时，查询银行合约的余额，单击【getBalance】按钮，可以看到银行的余额，如图8-20所示。

图8-19　重入攻击演示（一）

图8-20　重入攻击演示（二）

图8-21　重入攻击演示（三）

第2步 ▶ 部署攻击合约。接下来，将银行合约的地址粘贴至【Deploy】按钮旁的输入框内，然后单击【Deploy】按钮，如图8-21所示。

第3步 ▶ 重入攻击。切换一个账户，在VALUE的输入框内输入1，并且单击选择Ether，然后单击【attack】按钮，如图8-22所示。

分别检查银行合约和攻击合约的余额，如图8-23所示，发现银行合约内的资金已经被洗劫一空。

图8-22　重入攻击演示（四）

图8-23　重入攻击演示（五）

经过测试，攻击很顺利。注意，学习的目标不是如何去攻击，而是如何来防御。在了解了攻击的原理后，有办法切断重入攻击的机会。下面是之前withdraw函数的代码，"balanceOf[msg.sender] = 0"会将账户的余额变为0，但是由于重入攻击，这句代码在攻击时一直没有被执行。换句话说，如果把这一句代码提前，放到call调用之前，重入攻击就会自动失效。

```
function withdraw() payable public {
uint bal = balanceOf[msg.sender];
require(bal > 0);

(bool sent, ) = msg.sender.call{value: bal}("");
require(sent, "Failed to send Ether");

balanceOf[msg.sender] = 0; // 应提前至 call 执行前
}
```

总结一下重入攻击的避免办法，这个口诀是"检测→生效→调用"，我们之前被攻击是因为之前的顺序是"检测→调用→生效"。翻译一下，要避免重入攻击，基本原则是先检测数据是否有效，然后立即修改状态变量使其生效，之后再执行外部调用。读者可以试试调整顺序后，查看攻击是否成功。

225

8.4.6　警惕外部合约调用

智能合约运行时的大多数风险都来自外部调用。外部调用可能会引发一系列意外的风险和错误。外部调用可能在其合约和它所依赖的其他合约内执行恶意代码。外部调用一般分为两类，一类是隐式外部调用，另一类是显式外部调用。

显式外部调用也就是明确知道该地址是一个合约，并且知道其接口的调用。隐式外部调用是指之前介绍过的transfer或call函数，在针对某个地址执行类似的函数调用时，如果该地址是合约地址，那么将会触发合约地址上receive或fallback函数的运行，黑客很可能就会借助这个调用机制来进行攻击。

在8.4.5小节介绍的重入攻击，它就是借助了隐式外部调用的方式发起的攻击。但是，并非所有的危险都来自隐式外部调用，显式外部调用同样会带来巨大的风险，因为一旦调用本合约之外的方法，就可能会触发黑客预置的一系列代码。

因此，只要是外部调用，就会存在风险，当合约涉及外部调用时，都应该绝对谨慎。当涉及ETH转账时，尽可能使用transfer，而不是使用call，因为transfer内封装了call调用，并且限制了本次执行最多消耗2300个Gas，这样就可以在一定程度上避免循环调用的发生。在涉及外部调用时，尽可能通过定义可区分的变量或函数名称，同时在外部调用代码段加风险提示的注释。

8.5　Python 与智能合约调用

要做一个区块链应用，除了智能合约外，还需要编写智能合约处理的业务逻辑，这就需要外部程序与之交互，接下来将介绍如何通过Python与智能合约交互。

8.5.1　RPC 原理分析

RPC（Remote Procedure Call Protocol）——远端过程调用协议，它是一种通过网络从远程计算机程序上请求服务，而不需要了解底层网络技术的协议。RPC协议的实现需要依赖传输层和应用层协议，它需要TCP/IP或UDP这样的协议为通信程序之间携带信息数据，也需要类似HTTP这样的协议来定义功能模块和函数。RPC通过将原来的本地调用转变为远程调用，可以显著提高系统的处理能力和吞吐量。在OSI网络通信模型中，RPC跨越了传输层和应用层，这使得开发网络分布式应用程序更加容易。

RPC的调用原理如图8-24所示，在客户端可以调用一些方法，这些方法实际上是在服务器端提供，这种写法看上去就像是调用本地（client）的方法一样。

与RPC相对应的还有一个IPC的概念，熟悉Linux系统的读者对IPC不会陌生，它是

Inter-Process Communication 的缩写，也就是行程间通讯的意思。Linux 系统中的管道、信号量、共享映射区、共享内存技术都是 IPC 中的一种。IPC 的本质是在内核（Linux 系统）开辟一块缓冲区，通信的两个进程（同一主机上）基于这个缓冲区来交换数据，如图 8-25 所示。

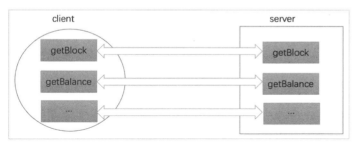

图 8-24　RPC 调用示意图

图 8-25　IPC 示意图

这里讨论 IPC 是因为区块链节点同样提供了 IPC 机制的调用服务，IPC 与 RPC 最大的区别在于 IPC 要求应用程序必须与区块链节点在同一主机，这是由它采用的通信协议决定的。而区块链节点的 RPC 服务一般通过 HTTP 协议来实现，它可以跨主机使用，也就是说客户端和区块链节点可以不在同一台主机。

正是由于 RPC 的实现多是基于 HTTP 协议，目前以太坊最新版本的 Geth 节点程序启动参数中已经去掉了原来的 RPC 相关参数，取而代之的是 HTTP 相关参数。

8.5.2　Python-SDK 简介

一个数据库，通常都会提供多种语言的 SDK 版本，这样有利于数据库生态的发展。区块链同样如此，对于一个区块链系统来说，主流语言的 SDK 是必须提供的，否则将会失去该语言的生态。

Python 作为目前最流行的语言之一，多数区块链系统都会提供对应的 SDK 版本。以太坊为 Python 提供的 SDK 版本被称为 Web3.py，它的工程地址是 https://github.com/ethereum/web3.py。在该地址可以看到该工程的简介，它是基于以太坊的 Javascript 版本的 SDK（Web3.js）产生的，目前支持 Python 3.7.2 以上的版本。

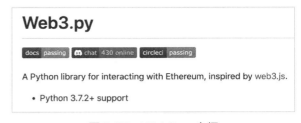

图 8-26　Web3.py 介绍

执行如下命令，就可以在系统中安装 Web3.py。

```
pip install web3
```

命令很短，但是会下载和安装很多相关包，当看到 "Successfully" 这样的字眼时就代表安装成功了。在接下来的小节中将介绍如何使用 Web3.py。

8.5.3　Python 调用智能合约步骤

不论是什么样的开发语言，调用智能合约的原理都是相通的，都需要智能合约的地址、接口信息、节点信息、钱包私钥等。

Python 语法简洁，在调用智能合约时，只需要遵循相应的步骤就可以了。通用的调用智能合约的步骤如下。

> **第1步** ▶ 连接到节点。
> **第2步** ▶ 获取合约实例对象。
> **第3步** ▶ 创建合约调用交易。
> **第4步** ▶ 对交易签名。
> **第5步** ▶ 发送交易。

接下来的3个小节将按照这个步骤介绍如何调用智能合约。

8.5.4　节点连接

要想通过 Python 与区块链系统进行交互，第一件事就是要连接到网络中，也就是和某个节点建立连接。对于以太坊的节点，可以选择之前搭建的私链节点，也可以使用一些公开的节点，infura这个服务商同样为开发者提供了节点服务，开发者只需要去 infura 官网注册账号，并且创建一个项目就可以获取节点服务。本节我们还是使用 Geth 搭建私链节点。

在使用 Remix 环境时，我们曾经连接过 Geth 搭建的节点网络，使用的 URL 为 http://127.0.0.1:8545，这个 URL 同样也是 Python 连接节点时的链接地址。Python 连接节点的示例代码如下所示。首先，要像第1行代码这样导入 Web3 包，第2行通过 Web3 来构造一个 Web3 对象，构造时要传入 Web3.HTTPProvider('http://127.0.0.1:8545') 表达节点信息，这里面的地址也就是节点的服务地址，如果是在其他主机上，需要填入准确的 IP 和端口。第3行的代码做了一个测试，用来测试连接是否成功。

```
>>> from web3 import Web3
>>> w3 = Web3(Web3.HTTPProvider('http://127.0.0.1:8545'))
>>> w3.isConnected()
```

当看到返回 True 时，就代表连接成功了。

8.5.5　ABI 分析与编译

ABI 是 Application Binary Interface 的缩写，含义是应用程序二进制接口。读者可能觉得突然提到 ABI 似乎很突兀，介绍之后大家就会明白了。现在要研究的是智能合约的调用，调用时有一个非常关键的信息就是 ABI，因为通过 ABI 就可以确定智能合约调用的接口。再结合之前介绍的智能合约调用的相关知识点，这个ABI实际上和智能合约的接口也是息息相关的。

　　读者可能会问ABI如何获取？ ABI信息在编译智能合约时会自动产生，由于我们使用Remix在线环境，未必会有强烈的感知。如果大家自己去下载Solc编译器，使用命令行编译智能合约时，就可以把智能合约编译为ABI。在使用Java、Go语言等调用智能合约时，往往还要把智能合约的ABI编译为Java或Go代码文件，而Python代码无须编译，因此拿到ABI信息后可以直接内嵌在代码中调用。

　　下面的代码我们很熟悉，我们用它来研究一下ABI。

```
contract hello {
    string  mymsg;
    constructor() { mymsg = "hello"; }
    function set(string memory _msg) public {
        mymsg = _msg;
    }
    function get() public view returns (string memory) {
        return mymsg;
    }
}
```

　　将上述代码在Remix环境编译，切换至编译页面，在页面的下方有ABI和Bytecode两个信息，单击旁边的 按钮就可以复制该信息，如图8-27所示。

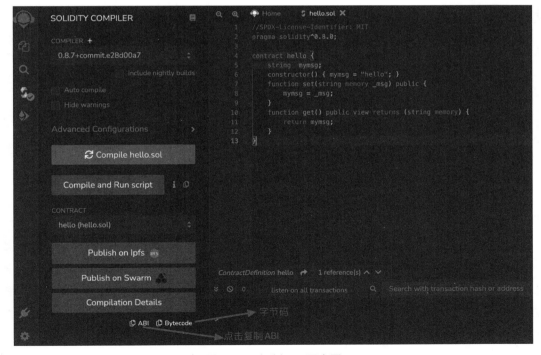

图8-27　复制ABI示意图

229

得到的 ABI 信息内容如下所示。

```json
[
  {
    "inputs": [
      {
        "internalType": "string",
        "name": "_msg",
        "type": "string"
      }
    ],
    "name": "set",
    "outputs": [],
    "stateMutability": "nonpayable",
    "type": "function"
  },
  {
    "inputs": [],
    "stateMutability": "nonpayable",
    "type": "constructor"
  },
  {
    "inputs": [],
    "name": "get",
    "outputs": [
      {
        "internalType": "string",
        "name": "",
        "type": "string"
      }
    ],
    "stateMutability": "view",
    "type": "function"
  }
]
```

分析上述信息，ABI 内确实就是智能合约的接口定义，上述代码整体上可以看成一个数组里包含 3 个 JSON 元素，分别是 set、constructor、get，也就是智能合约里的两个函数和构造函数，其他信息定义了各个方法的输入、输出、参数类型、函数属性等信息。例如，下面的部分，就是把 set 函数摘抄出来了。

```json
{
  "inputs": [
```

```
{
  "internalType": "string",
  "name": "_msg",
  "type": "string"
  }
],
"name": "set",
"outputs": [],
"stateMutability": "nonpayable",
"type": "function"
}
```

一个区块链应用开发者，能看懂 ABI 是一项基本功。

8.5.6　通过 Python 调用智能合约

了解了 ABI 之后，就可以尝试通过 Python 来调用智能合约了。一种简单的方式是通过 Remix 环境来部署智能合约，大家记得此时要把 Remix 环境切换至 Geth 节点，也就是说要把合约部署到自己启动的私链上。以 8.5.5 小节介绍的合约为例，部署后会得到一个合约地址，笔者的地址为：0x66D 62003F670033b3AaA72c2Ef463488d3cd1B44。

通过 Python 调用智能合约要用到 web3 库，可以使用如下命令进行安装。

```
pip install web3
```

接下来，尝试调用智能合约，具体方法与步骤如下。

第1步 ▶ 先调用 get 方法。先做两个赋值准备，第一个如图 8-28 所示，在 IDEL 环境令 abi 为合约的 ABI。

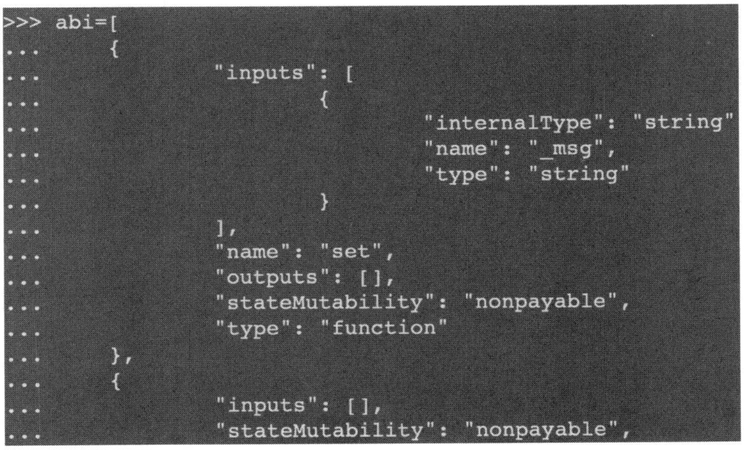

图 8-28　ABI 赋值

第2步 ▶ 创建合约实例并调用 get 方法。如下所示，令 addr 为合约地址，之后用 w3.eth.contract 来创建合约实例，就可以调用合约内的 get 方法了，对于查询类的方法要使用 call 来调用。执行完成，就可以看到 "hello" 的输出显示。

```
addr='0x66D62003F670033b3AaA72c2Ef463488d3cd1B44'
hello=w3.eth.contract(abi=abi,address=addr)
hello.functions.get().call()
```

第3步 ▶ 接下来，再尝试调用 set 方法，set 方法调用时需要签名，同时也要设置 gas、gasprice、nonce（这里的 nonce 是账户交易的编号，可以理解为一个递增序列）等信息。私钥可以通过 keystore 文件加载，该文件存放于 Geth 启动时指定的 data 目录下。下面代码通过 eth_account 导入了 Account，之后通过 keystore 文件给 keystore 变量赋值。Account.decrypt 方法将其解析为私钥信息，解析时需要传递之前账户创建时设置的口令。gasprice 和 nonce 是交易要填写的信息，分别通过 w3.toWei 和 w3.eth.get_transaction_count 获取，这样准备工作就完成了。

```
from eth_account import Account
keystore='{"address":"73e48ded28fd07e86cf2ca09f6abbf039bbb6364","crypto":{"cip
her":"aes-128-ctr","ciphertext":"e24d0b46b70c8afa2b156bb7cfd5e1b833c821998bd25
13efb0bbe893a2f1a1e","cipherparams":{"iv":"b63ffe1f3161433e9297cce76a6e6360"},
"kdf":"scrypt","kdfparams":{"dklen":32,"n":262144,"p":1,"r":8,"salt":"022489b
af76f3e524ea98b3d757ca6e0d180cabb44c0ecc74c67012e693e229f"},"mac":"d5af236ee4
2eb871c714a0f4787bf9f384377387e504304b6cbda1d7f87ac34b"},"id":"a8909836-a0c8-
4375-910f-f5e1028cc5a6","version":3}'
privatekey=Account.decrypt(keystore,'123')
acct=Account.privateKeyToAccount(privatekey).address
gasprice=w3.toWei('2', 'gwei')
nonce = w3.eth.get_transaction_count(acct)
```

第4步 ▶ 准备工作完成后，就是交易创建、签名和发送交易了。示例代码如下，hello.functions.set 是 hello 合约的方法，其内部传递的是合约的参数；buildTransaction 用来创建交易，需要设置 gasPrice、gas、nonce 及交易的发起者 from；w3.eth.account.signTransaction 可以将前一步的交易转换为签名交易，再通过 send_raw_transaction 发送该签名交易的交易元数据。

```
tx=hello.functions.set("hello,yekai").buildTransaction({ 'gasPrice':
gasprice,'gas': 70000,'nonce': nonce,'from': acct})
stx=w3.eth.account.signTransaction(tx, private_key=privatekey)
w3.eth.send_raw_transaction(stx.rawTransaction)
```

如果代码运行没有报错，就代表设置消息成功了，此时无论是在 Remix 环境，还是在 IDEL 环境，都可以再调用 get 方法来看看设置后的数据。

学习问答

1. 底层调用 call 和 delegatecall 的区别是什么?

答: call 和 delegatecall 都可以在一个合约 A 内部调用另外一个合约 B 的函数,区别在于两者执行时的上下文环境不同。call 会在被调用合约 B 的上下文中执行对应的函数逻辑,delegatecall 会在当前合约 A 的上下文中执行 B 合约的函数逻辑。这样的区别将导致 call 调用可以修改 B 合约内的数据,而 delegatecall 无法修改 B 合约的数据,但它可以修改 A 合约内的数据,之前介绍的可升级合约实际上要修改的也是本合约内部的结构数据,因此使用了 delegatecall。

2. 合约间调用时,msg.sender 到底是谁?

答: 在进行合约间调用时,随着外部账户的切换,msg.sender 也会发生相应的变化。在通过 A 合约调用 B 合约的某个函数时,如果调用的方式是通过 call 函数来调用的,那么 call 函数会将调用消息中的 msg.sender 替换为 A 合约地址,此时在 B 合约内来看,A 就是外部账户。如果使用 delegatecall 调用,则不会替换 msg.sender,在上一个问题中介绍了 delegatecall 执行的环境是本合约,所以不会替换 msg.sender。普通的接口调用方式与 call 调用是类似的,也会发生 msg.sender 的切换。

实训: 实现一个可升级的银行合约

本实训相当于将 8.1.3 小节与 8.3.5 小节的内容结合并实战。若想开发一个可升级的银行合约,可以直接基于原银行合约进行改造,将其拆分成两部分,结构化程序数据存储合约和逻辑合约,之后再实现一个代理合约通过 fallback 来调用逻辑合约,具体实现步骤如下。

第1步 ▶ 提炼原银行合约的数据部分。假设原来业务不变,那么数据结构的设计采用和之前一样即可。编写一个 bank_storage 合约,示例代码如下。

```
// SPDX-License-Identifier: Apache-2.0
pragma solidity^0.8.7;

contract bank_storage {
    string public bankName; // 银行名字
    uint256 totalAmount;      // 银行存款储备
    address public admin;
    mapping(address=>uint256) balances; // 账户余额
}
```

第2步 ▶ 编写逻辑合约。接下来调整逻辑合约,基本思路是不需要改变之前写的代码,只需要把数据结构部分和构造函数部分去掉即可。

(1)定义 bank_logic 合约,继承 bank_storage、getBalance 和 balanceOf 功能,示例代码如下。

```
contract bank_logic is bank_storage {
    event LogDeposit(address indexed _user, uint256 amount);
    event LogWithdraw(address indexed _user, uint256 amount);
    event LogTransfer(address indexed _from, address indexed _to, uint256 amount);
    // 合约余额查询
    function getBalance() public view returns (uint256, uint256) {
        return (address(this).balance, totalAmount);
    }
    // 账户余额查询
    function balanceOf(address _who) public view returns (uint256) {
        return balances[_who];
    }
}
```

（2）存款功能的实现代码如下。

```
// 存款
    function deposit(uint256 _amount) public payable {
        require(_amount > 0, "amount must > 0");
        require(msg.value == _amount, "msg.value must equal amount");
        balances[msg.sender] += _amount;  // a += b; a= a + b;
        totalAmount += _amount;
        require(address(this).balance == totalAmount, "bank's balance must ok");
        emit LogDeposit(msg.sender, _amount);
    }
```

（3）取款功能的实现代码如下。

```
// 取款
    function withdraw(uint256 _amount) public payable {
        require(_amount > 0, "amount must > 0");
        require(balances[msg.sender] >= _amount, "user's balance not enough");
        balances[msg.sender] -= _amount;
        payable(msg.sender).transfer(_amount);
        totalAmount -= _amount;
        require(address(this).balance == totalAmount, "bank's balance must ok");
        emit LogWithdraw(msg.sender, _amount);
    }
```

（4）转账功能的实现代码如下。

```
// 转账
    function transfer(address _to, uint256 _amount) public {
        require(_amount > 0, "amount must > 0");
```

```
        require(address(0) != _to, "to address must valid");
        require(balances[msg.sender] >= _amount, "user's balance not enough");
        balances[msg.sender] -= _amount;
        balances[_to] += _amount;
        require(address(this).balance == totalAmount, "bank's balance must ok");
        emit LogTransfer(msg.sender, _to, _amount);
    }
```

第3步 ▶ 代理合约实现。代理合约调用原来的构造函数，并提供设置银行逻辑合约的方法，最关键的 fallback 函数调用逻辑合约的方法对数据进行操作。bank_proxy 的实现代码如下。

```
contract bank_proxy is bank_storage {

    address logicImpl; // 逻辑合约地址
    constructor(string memory _name) {
        bankName = _name;
        admin    = msg.sender;
    }
    // 更新逻辑合约的地址
    function setImpl(address impl) public {
        logicImpl = impl;
    }
    //fallback 函数  完成合约调用传递
    fallback() external payable{
        require(logicImpl != address(0), "implementation must already exists");
        (bool success, ) = logicImpl.delegatecall(msg.data);
        require(success , "delegatecall failed");
    }

}
```

感兴趣的读者可以部署并测试运行，为了测试方便，读者也可以在代理合约内定义 balanceOf 方法，并让它调用 bank_logic 合约的同名方法。

本章总结

本章主要介绍 Solidity 智能合约开发的进阶学习内容，着重讲解智能合约的经典案例、ERC 标准、可升级合约、最佳实践总结、Python 与智能合约交互等内容。通过本章的学习，读者既能够掌握智能合约开发的基础步骤，提升智能合约的设计与开发水平，又能够为后续章节的项目内容学习打好基础。

第 9 章

Python 语言离线钱包开发

本章导读

对很多人来说，区块链还非常神秘，大多数人接触区块链的第一个产品一般是钱包。可以说，钱包是区块链世界的一扇窗户。本章将用Python语言编写一个命令行版本的区块链钱包，捅破钱包这层窗户纸，可以更深刻地理解区块链技术。

知识要点

通过本章内容的学习，您将掌握以下知识：

- 区块链钱包的核心原理；
- 助记词的原理与实现；
- 私钥存储的原理与实现；
- Coin 交易的原理与实现；
- ERC-20 同质化代币标准；
- Token 交易的原理与实现。

9.1　区块链钱包原理

随着区块链和数字货币的普及，钱包必将成为第一批走进大众生活的区块链应用。本节将采用理论与代码实践相结合的方式去介绍钱包的核心原理、助记词的生成方式及私钥存储。

9.1.1　区块链钱包的核心原理

对于钱包，大家并不陌生，在移动支付尚未占据主导地位的年代，钱包是人们出行的必备物品。由于移动支付所带来的便捷性和诸多优势，现在大多数人已经不再携带钱包了；即使有些人携带钱包，也主要是为了保存银行卡或身份证，这样的功能更接近于卡包。从某种意义上说，区块链钱包的功能更类似于"卡包"，它内部不会直接存放"现金"，而是保存用户的私钥，因为有了私钥就代表拥有了一切。这与我们之前介绍的内容是相关联的，实际上，无论在哪个区块链项目中，私钥都是最重要的元素。

实际上，我们在之前的内容中已经使用过钱包产品了。以太坊的客户端 Geth 本身就具备钱包功能，否则它无法协助账户完成交易及合约调用。区块链钱包根据联网情况和节点数据同步情况，可以分为全节点钱包、冷钱包、热钱包、中心化钱包及轻钱包。冷钱包和热钱包的区分主要基于联网情况，私钥始终保持在区块链网络中的钱包被称为热钱包，冷钱包则是只有在交易的时候联网，交易完成后立即断开连接。全节点钱包易于理解，它会同步区块链上的全部数据，而轻钱包则只保存跟自己相关的数据。中心化钱包则完全依赖于某公司或机构的中心化服务器，如交易所就是中心化钱包，它负责保管用户的私钥。

钱包按照展现形式又可以分为手机钱包、网页钱包、硬件钱包、纸钱包、脑钱包等。纸钱包和脑钱包主要是指记录私钥的方式靠纸和大脑。现在使用最广泛的是手机钱包，毕竟大家已经离不开智能手机了。网页钱包就是类似 MetaMask 这样的浏览器插件钱包。硬件钱包多是离线钱包，一般借助一个小屏幕显示二维码，在交易的那一刻联网或借助其他设备完成交易。我们要做的钱包是一个只有交易时才会联网、以命令行展现形式的钱包，所以叫命令行版离线钱包。图 9-1 所示为三种钱包的分类展示。

图9-1　三种钱包的分类展示

区块链钱包是什么已经很清楚了，钱包最关键的功能是保存私钥。私钥只靠钱包存储也并不安全，任何一款钱包产品都会提醒用户自己备份好私钥。但是，私钥这样敏感的内容不适合手机拍照，最稳妥的方式是用纸抄录下来，并秘密保存起来。用纸抄又面临着抄错的风险，毕竟私钥是一大长串无规律字符，让人难以记忆和检查。

私钥存储的问题，包括关于比特币的其他问题，在比特币社区都会有人发布改进思路，进行热烈讨论后，最终形成比特币改进提案（Bitcoin Improvement Proposals，BIP）。由此可见，BIP对于比特币是非常重要的。BIP32提案提出了比特币钱包的改进方式，改进方式是通过一个seed可以产生树状结构存储多组密钥对（公钥和私钥），这样的好处是只备份seed就可以备份整个体系内的私钥，适合公司或集团化的私钥管理，这种钱包被命名为分层确定性钱包（Hierarchical Deterministic Wallet，HD Wallet）。

此后，又有提案继续改进钱包，在BIP39提案中，将seed用一组方便记忆和书写的单词表示，这就有了助记词的概念。BIP44提案基于HD Wallet的特点，又针对钱包路径（HD PATH）进行了定义，通过多层次的目录表示，让钱包可以支持多币种。目录定义方式如下。

```
m / purpose' / coin_type' / account' / change / address_index
```

目录内各个元素的具体含义如下。

- purpose：提案编号，如39、44。
- coin_type：币种，可以是比特币（0）或以太坊（60），或其他数字货币。
- account：再细分独立的逻辑性亚账户，如0，1，2。
- change：HD钱包两个子树，一个用来接收地址，一个用来找零。
- address_index：地址编号，在这一层，编号不同可以对应多个不同的子账户。

图9-2是一款有图形用户界面的以太坊钱包（Ganache），它是一款测试用的分层确定性钱包，可以直接在图中看到助记词及"HD PATH"信息。图中第一个以太坊地址 0x48C3FfAB87c6E3C1eeF47BF7d7e5ef9F36F26e00 所对应的"HD PATH"是 m/44'/60'/0'/0/0。

图9-2　Ganache客户端展示

说到这儿，读者应该猜到了，要实现的应该是一个分层确定性钱包。这个过程就是利用助记词生成一个 seed，使用 seed 基于不同路径（HD PATH）可以推导出不同的密钥对，也就是不同的子账户，如图 9-3 所示。

图9-3　助记词、私钥、账户之间的关系

在区块链世界里，私钥代表了权利，有了私钥，就可以发起交易了。

9.1.2　助记词如何生成与验证

此前，已经介绍了钱包的核心原理，核心思想就是通过助记词推导出私钥，然后就可以随心所欲了。接下来介绍如何生成助记词。首先，了解一下助记词的生成原理，如图 9-4 所示。

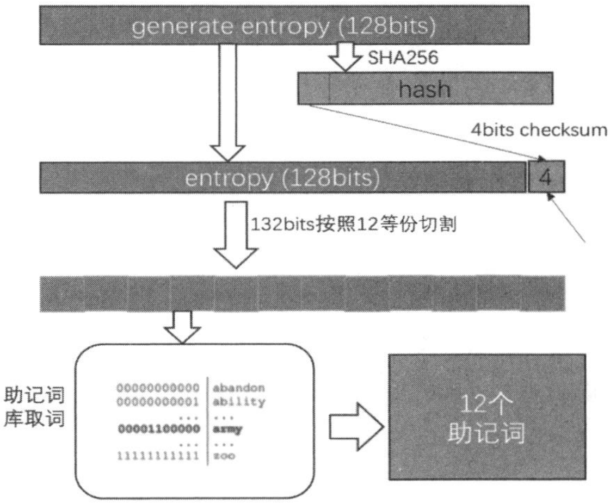

下面，总结一下图 9-4 助记词（以 12 个单词助记词为例）生成的相关步骤，具体如下。

第1步　生成无序状态熵（entropy），它是一个 128 字节的随机数。

第2步　对 entropy 计算哈希，取前 4 个字节获得校验和。

第3步　将校验和连接在 entropy 尾部，形成 132 字节的数。

图9-4　助记词的生成原理

第4步　对 132 字节的数据按照 12 等份切割。

第5步　每一份数据换算为十进制后到助记词库（BIP39，词库内包含 2048 个单词）内查找对应编号的单词。

第6步　将 12 个单词按顺序连接形成最终的助记词。

上述过程看上去很复杂，但通过 Python 来编写代码比较容易，因为已经有人把它们封装好了。借助 Mnemonic 这个第三方库可以非常便捷地体验助记词，3 行代码就可以搞定助记词。示例代码如下，Mnemonic 是助记词的第三方库，"Mnemonic("english")" 代表要创建英文助记词，"mnemonic.generate()" 的作用是随机创建助记词。

```
from mnemonic import ( Mnemonic )
mnemonic = Mnemonic("english")
mnemonic_sentence = mnemonic.generate()
```

使用 Mnemonic 对象，也可以指定简体中文、法语等语言作为助记词。另外，generate 函数在执行时也可以指定强度，一般选择 strength = 128（熵的位数），即 12 个单词。

执行该代码，就可以看到类似下面的效果，如果重复执行，每次的助记词会不一样。

```
>>> mnemonic.generate(strength=128)
'perfect parent search food traffic ceiling sense mixture brother hello try
safe'
```

介绍到这里，助记词已经不再是问题。有了助记词，就可以推导出种子，通过种子就可以获得私钥及账户地址。接下来介绍如何利用助记词推导出私钥及账户地址，操作步骤如下。

第1步 ● 通过助记词和随机噪声生成种子 seed。

第2步 ● 获取 seed 中的 masterPrivateKey。

第3步 ● 借助 eth_account 库的 Account 对象利用 masterPrivateKey 生成一个账户对象 account。

第4步 ● 获取 account 对象中的 address（账户地址）和 privateKey（私钥）。

为了体验钱包的创建过程，需要先安装依赖库，命令如下。

```
pip install eth_account
pip install eth_keys
pip install mnemonic
```

下面编写一个 class Wallet 类来完成上面介绍的助记词推导私钥及账户地址的功能，具体步骤如下。

第1步 ● 编写初始化方法 __init__，在其中初始化配置信息 configuration、账户信息 account 和助记词 mnemonic_sentence，示例代码如下。

```
class Wallet(object):
    def __init__(self, configuration):
        self.conf = configuration
        self.account = None
        self.mnemonic_sentence = None
```

第2步 ● 定义 create 函数来创建新钱包，它接收两个参数：password 代表口令，restore_sentence 则是助记词。默认无须填写，此时会新建一个新的钱包；若填写助记词了，则表示用之前生成过的助记词和密码来解锁和显示已有钱包的账户信息，示例代码如下。

```
def create(self, password='', restore_sentence=None):
    extra_entropy = password
    # 助记词对象
    mnemonic = Mnemonic("english")
    if restore_sentence is None:
        # 生成助记词
        self.mnemonic_sentence = mnemonic.generate(strength=128)
```

```
        else:
            self.mnemonic_sentence = restore_sentence

        # 1. 通过助记词和随机噪声生成种子 seed
        ## 如果用户输入了助记词和 password, 那么 seed 就是之前生成过的确定值, 从而私钥和
           address 也是确定的
        seed = mnemonic.to_seed(self.mnemonic_sentence, extra_entropy)
        # 2. 获取 seed 中的 masterPrivateKey
        master_private_key = seed[32:]
        # 3. 借助 eth_account 库的 Account 对象利用 masterPrivateKey 生成一个账户
           对象 account
        self.account = Account.privateKeyToAccount(master_private_key)
        # 4. 获取 account 对象中的 address(账户地址)和 privateKey(私钥)
        # 这里的 self.account.address 和 self.account.privateKey 已经获取了所需的
           地址和私钥
        address = self.account.address   # 账户地址
        private_key_hex = self.account.privateKey.hex()  # 私钥(转换为十六进制字符
                                                            串表示, 方便查看或存储)

        # update config address
        self.conf.update_eth_address(self.account.address)
        # convert 类似 b'\xfe1h\xc5B\x14tV\xbe\xfe.. to 0xfe3168c54..
        priv_key = keys.PrivateKey(self.account.privateKey)
        # update config public key
        pub_key = priv_key.public_key
        self.conf.update_public_key(pub_key.to_hex())

        return self
```

上述代码中的 configuration 定义了一些关于 keystore(存储私钥的方式)的存储位置的相关信息,这里先不需要关注,重点观察助记词生成 seed,以及 seed 生成 account 和对应私钥、地址的过程即可。

第3步 测试 Wallet 类功能。可以在终端(命令行)中对 Wallet 功能进行测试,这里使用 Python 中实现命令行界面的 click 库来完成代码测试,需要先安装 click 库,命令如下。

```
pip install click
```

在根目录中新建 cli 目录,并在其下新建一个 new_wallet.py 文件用来测试钱包的创建功能,添加如下代码。

```
import click
import getpass
import sys
sys.path.append("..")
from Wallet import ( Wallet )
```

```
from configuration import (Configuration,)

@click.command()
def new_wallet():
    """Creates new wallet and store encrypted keystore file."""
    # 提示用户输入密钥库文件的密码
    password = getpass.getpass('Passphrase from keystore: ')
    configuration = Configuration().load_configuration()
    wallet = Wallet(configuration).create(password)

    click.echo('Account address: %s' % str(wallet.get_address()))
    click.echo('Account pub key: %s' % str(wallet.get_public_key()))
    click.echo('Remember these words to restore eth-wallet: %s' %
               wallet.get_mnemonic())

if __name__ == '__main__':
    new_wallet()
```

在命令行执行 "python new_wallet.py" 并按提示输入口令，就可以看到 wallet 的创建信息，屏幕上显示了地址、公钥和助记词的信息（记得保存、抄写好自己的助记词和口令，这是恢复钱包和执行交易的最关键信息），执行效果如图 9-5 所示。

```
(venv) localhost:cli yk$ python new_wallet.py
Passphrase from keystore:
Account address: 0x67AE1343C3873394C8bc3B0e3Fdfa6F7bA1F8bAf
Account pub key: 0x034bfced5e2534c301c6b92804bf42d179b413c38e617ce8164ceceacf645fc6e45e3b0338e4cfd13f58194724b90e2ca2ab884efed873859df303cdbf1cd80d
Remember these words to restore eth-wallet: ladder annual draw cushion rent adjust garden powder index ticket cactus panic
```

图9-5　助记词、地址生成演示

9.1.3　如何存储私钥

虽然已经把助记词搞定了，但是让用户每次都输入助记词再来操作钱包也是很烦琐的。为了给用户更好的体验，不能每次输入助记词之后才能交易，为此，钱包还是要想办法把私钥存储起来，同时也要确保私钥的安全。

大家知道私钥非常重要，但如果只是将私钥保存到电脑的某个位置，如果某天被黑客攻击，黑客拿到私钥文件后，便可以依据私钥对钱包资产肆意进行操作。所以，需要某种加密方式，对这串难记的私钥地址进行加密，然后再进行存储，这样即使黑客拿到了加密后的文件，没有密码，也很难破解出真正的私钥。

以太坊使用了 keystore 作为钱包私钥存储的方式。keystore 通过对私钥进行加密处理后，将加密后的私钥保存为 JSON 格式的文件，并存储在本地。

使用keystore的好处有哪些呢？第一很安全，攻击者不仅需要破解keystore，还需要知道你的钱包口令；第二很方便，使用者无须记忆一串毫无规律的私钥或频繁使用助记词来解锁钱包及发送交易。图9-6为私钥和keystore文件的加、解密图示。

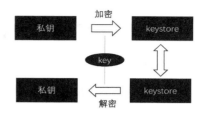

图9-6　私钥和keystore文件的加、解密图示

若读者对keystore文件感兴趣，可以看看图9-7，它是一个keystore文件的示例，简单说明如下。address代表账户地址；crypto显示了该文件的加密算法信息；这里特别强调一下mac，口令正确后的解析结果要求与mac必须一致，否则认为口令错误。

```
{
    "address":"67ae1343c3873394c8bc3b0e3fdfa6f7ba1f8baf",
    "crypto":{
        "cipher":"aes-128-ctr",
        "cipherparams":{
            "iv":"9bc801df707cd7257e5f86b140021b6d"
        },
        "ciphertext":"177eca4c45da17e8b03092d723e3451904727148a545cd574f7ea4536f6f2a31",
        "kdf":"pbkdf2",
        "kdfparams":{
            "c":1000000,
            "dklen":32,
            "prf":"hmac-sha256",
            "salt":"65d21d069fb048b1ddb95518d72f215e"
        },
        "mac":"894aa35d7ff8b3c29650d051da33ae05f874230633e5500360004deca5d595d4"
    },
    "id":"1889f022-3aae-4529-881e-12d299e02317",
    "version":3
}
```
可点击key和value值

图9-7　keystore 文件概览

生成keystore文件使用的是对称加密算法，这个道理很简单，因为使用同一个口令加密和解密。keystore文件中的mac是用来核验口令正确的，使用任何一个口令都可以处理该文件，但只有最终与mac匹配才算解密成功。

在认识了私钥存储的原理后，下面尝试用代码来实现keystore 的加密、解密过程，具体步骤如下。

第1步 ▶ 首先处理加密，为Wallet增加一个名为save_keystore的成员函数。由于钱包本身包含私钥信息，所以传入一个口令就具备加密的条件了。具体编码时，通过 eth_account库提供的Account.encrypt函数构建keystore结构，再调用keystore的存储接口，将私钥存储为文件，示例代码如下。

```
def save_keystore(self, password):
    create_directory(self.conf.keystore_location)
    keystore_path = self.conf.keystore_location + self.conf.keystore_filename
```

```
encrypted_private_key = Account.encrypt(self.account.privateKey, password)
with open(keystore_path, 'w+') as outfile:
    json.dump(encrypted_private_key, outfile, ensure_ascii=False)
return keystore_path
```

第2步 ▶ 接下来搞定解密。解密需要使用eth_account 库提供的Account.decrypt 函数，它需要读取本地存储的 keystore 文件，并且需要解锁的口令。接下来，实现一个load_keysotre 函数，示例代码如下。

```
def load_keystore(self, password):
    keystore_path = self.conf.keystore_location + self.conf.keystore_filename
    with open(keystore_path) as keystore:
        keyfile_json = json.load(keystore)

    try:
        private_key = Account.decrypt(keyfile_json, password)
    except ValueError:
        raise InvalidPasswordException()

    self.set_account(private_key)
    return self
```

第3步 ▶ 再对创建钱包的new_wallet 函数稍加改造，加入save_keysotre这部分代码，这样就可以在创建钱包的同时，将钱包的私钥等敏感信息存储到 keystore 文件中，示例代码如下。

```
def new_wallet():
    """Creates new wallet and store encrypted keystore file."""
    # 提示用户输入密钥库文件的密码
    password = getpass.getpass('Passphrase from keystore: ')

    configuration = Configuration().load_configuration()

    wallet = Wallet(configuration).create(password)
    wallet.save_keystore(password)

    click.echo('Account address: %s' % str(wallet.get_address()))
    click.echo('Account pub key: %s' % str(wallet.get_public_key()))
    click.echo('Remember these words to restore eth-wallet: %s' %
               wallet.get_mnemonic())
    click.echo('Keystore path: %s' % configuration.keystore_location +
               configuration.keystore_filename)

if __name__ == '__main__':
    new_wallet()
```

第4步 ▶ 在命令行再次执行"python new_wallet.py"，输入 passphrase（密码）后，就可以看到创建了钱包账户，并输出了地址、公钥、助记词和 keystore 文件的信息，执行效果如图9-8所示。

```
(venv) localhost:cli yk$ python new_wallet.py
passphrase from keystore:
Account address: 0x92B4f319F9f1AF555b2a97e45CA6eE3031E8b34A
Account pub key: 0xb6ed08ac6cf1c7d2a35535afce66dbb6dc3f73f51237fbb99ae482cc7aa5abcd9f88c5f54a80795039d98b3ba924957c44ef17ffdbbd3884ebb98815fe908393
Remember these words to restore eth-wallet: sort echo junk imitate nominee grid flat pistol repair interest diesel human
Keystore path: /Users/yk/.eth-wallet/keystore
```

图9-8　新建钱包时的 keystore 存储信息

9.2　区块链钱包核心功能实现

在前一节，我们理解了钱包的原理、助记词和私钥之间的关系，以及私钥如何存储的问题。仔细一想，其实我们已经完成了钱包的创建工作，接下来介绍如何实现钱包的其他核心功能。

9.2.1　钱包如何支持 Coin 转移

钱包最核心的功能是支持 Coin 转移，特别是以太坊上的 ETH 转账交易。

选择要领取的代币类型，点击【Continue】按钮，按提示输入钱包地址，可以获得测试用的ETH，如图9-9所示。（注意：由于测试网络不太稳定，有时候领取会存在问题。本书以 Sepolia 测试网举例，读者也可以尝试其他的测试网络。）

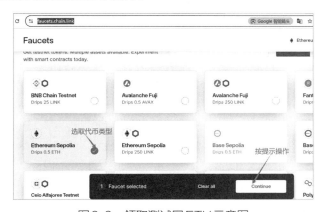

图9-9　领取测试网 ETH 示意图

领取测试 ETH，主要是为后续的钱包功能开发做准备。在和以太坊交互的过程中，有两个易用的中间件需要了解和掌握，分别是 Web3.py 和 Infura，下面分别进行介绍。

Web3.py 是一个用于与以太坊交互的 Python 库。它的功能是帮助客户端发送交易、与智能合约交互、读取区块数据及各种其他用途。其原始 API 派生自 Web3.js（以太坊提供的 Javascript API 库）。安装 Web3.py 的命令如下。

```
pip install web3==4.9.1
pip install python-dotenv
pip install PyYAML
```

Infura是一种 IaaS（Infrastructure as a Service）产品，目的是降低开发者和用户访问以太坊数据的门槛。通俗地说，Infura作为供应商，可以利用其背后庞大的负载均衡网络，让开发者的 Dapp 快速接入以太坊网络，而不需要在本地运行昂贵的以太坊节点。包括MetaMask、Uniswap 等著名的 Web3 应用都利用了 Infura 的 API 服务。

Infura 在使用时首先要到 Infura 官网注册，创建项目并获取"API KEY"，而后将 Infura 提供的"API KEY"存放到根目录的".env"文件中，详细步骤可以参考官方教程。

接下来，介绍如何借助 Infura 和 Web3.py 来连接以太坊测试网络，具体步骤如下。

第1步 ▶ 在工程根目录新建一个 infura.py 文件，该文件主要用于使用 We3.py 和 Infura 提供的接口连接以太坊网络。代码主要内容是导入 Web3 库，获取环境变量中的"API KEY"，将其拼接为可访问的 infura_url，而后使用 Web3.HTTPProvider 将其包装成一个 Web3 对象，示例代码如下。

```
from web3 import ( Web3, )
from dotenv import load_dotenv
import os

load_dotenv()
API_KEY = os.getenv("API_KEY")
infura_url = "https://sepolia.infura.io/v3/"+API_KEY

class Infura:
    def __init__(self):
        self.web3 = Web3(Web3.HTTPProvider(infura_url))

    def get_web3(self):
        return self.web3
```

第2步 ▶ 定义好 class Infura后，对 Wallet.py 中的 class Wallet 稍加修改，将 Infura API 包含到 class Wallet 里，示例代码如下。

```
from infura import ( Infura )

class Wallet(object):
    def __init__(self, configuration):
        # the rest of the code...
        self.w3 = None
```

```
def create(self, password='', restore_sentence=None):
    # the rest of the code...
    self.w3 = Infura().get_web3()
    return self
```

第3步 ▶ 为了处理交易过程中可能发生的错误（Error），在根目录下新建一个 exceptions.py 文件，添加如下代码。

```
class InsufficientFundsException(Exception):
    """ 当用户想要发送 ETH 但地址余额不足时抛出 """
    pass


class InsufficientERC20FundsException(Exception):
    """ 当用户想要发送 ERC-20 但地址余额不足时抛出 """
    pass


class ERC20NotExistsException(Exception):
    """ 当用户想要操作钱包中不存在的 Token 时抛出 """
    pass


class InvalidTransactionNonceException(Exception):
    """ 当出现重复的 nonce 或其他问题时抛出 """
    pass


class InvalidValueException(Exception):
    pass


class InvalidPasswordException(Exception):
    pass


class InfuraErrorException(Exception):
    """ 当钱包无法正确连接到 infura 节点时触发 """
```

至此，已经做好了准备工作，下面就可以编写代码实现 Coin 转移了。Coin 转移的详细过程如下。

（1）从命令行输入 recipient 地址和要发送的 ETH 数量。

（2）从用户输入读取 passphrase，读取本地 keystore，解密出 PrivateKey，稍后用作交易签名。

（3）从 class Infura 中获取 web3 对象，作为访问以太坊网络的接口对象。

（4）构建待发送的交易对象字典 raw_txn{}。

（5）调用 web3.eth.account.signTransaction，将交易对象使用私钥进行签名。

（6）调用 web3.eth.sendRawTransaction，发送已签名和被序列化的交易对象给以太坊网络处理；该函数接受 HexBytes 类型的 tx_hash 返回值。

（7）获取到 tx_hash 返回值后，在对应的 etherscan 网站查看 tx_hash.hex() 这笔交易的交易详情。

第4步 ▶ 创建 send_transaction.py 文件，并添加如下代码，先编写导入的包并设置命令行参数。

```python
import click
import sys
sys.path.append("..")
import getpass
from Wallet import ( Wallet )
from infura import ( Infura, )
from eth_utils import( to_checksum_address, )
from configuration import ( Configuration, )
from exceptions import *
from web3.exceptions import ( InvalidAddress, )


@click.command()
@click.option('-t', '--to', default='', prompt='To address:',
            help='Ethereum address where to send amount.')
@click.option('-v', '--value', default='', prompt='Value to send:',
            help='Ether value to send.')
@click.option('--token', default=None,
            help='Token symbol.')
```

编写 send_transaction 的实现，声明函数，从命令行读取 keystore 文件的口令，并加载配置。

```python
def send_transaction(to, value, token):
    """
    签署和发送交易 Sign and send transaction.
    :param to: 接受者的 address
    :param token_symbol: None 表示发送 ETH; 否则发送 ERC20 Token
    :param gas_price_speed: gas price 将乘以这个数字来加速交易
    """
    # 从用户输入读取 passphrase
    passphrase = getpass.getpass('passphrase from keystore: ')
    # load 本地的 keystore file
    configuration = Configuration().load_configuration()
    to_address = to_checksum_address(to)
```

继续实现 send_transaction，在 try 代码段实现之前介绍的流程。

```python
try:
        # send ETH 交易
        if token is None:
            wallet = Wallet(configuration).load_keystore(passphrase)
            web3 = Infura().get_web3()
```

```
try: float(value)  # 输入检查
except ValueError: raise InvalidValueException()

# 交易对象构建 transaction object
raw_txn = {
    'nonce': web3.eth.getTransactionCount(wallet.get_address()),
    'from': wallet.get_address(),
    'to': to_address,
    'value': web3.toWei(value, 'ether'),
    'gasPrice': 25000000000,
    'chainId': 11155111  # sepolia Testnet
}

# 执行消息调用或交易并返回预估消耗的 gas fee
gas = web3.eth.estimateGas(raw_txn)
raw_txn['gas'] = gas # 修正 gas
# 使用私钥签署交易
signed_tx = web3.eth.account.signTransaction(raw_txn, wallet.get_
account().privateKey)
# 发送已签名和被序列化的交易对象；返回 HexBytes 类型的 txhash
tx_hash = web3.eth.sendRawTransaction(signed_tx.rawTransaction)

print("Transaction hash: " , tx_hash.hex())
```

为 try 部分添加异常检测。最后再添加调用。

```
except InsufficientFundsException:
        click.echo('Insufficient ETH funds! Check balance on your address.')
    except InsufficientERC20FundsException:
        click.echo('Insufficient ERC20 token funds! Check balance on your
address.')
    except InvalidAddress:
        click.echo('Invalid recipient(to) address!')
    except InvalidValueException:
        click.echo('Invalid value to send!')
    except InvalidPasswordException:
        click.echo('Incorrect password!')
    except InfuraErrorException:
        click.echo('Wallet is not connected to Ethereum network!')
    except ERC20NotExistsException:
        click.echo('This token is not added to the wallet!')

if __name__ == '__main__':
    send_transaction()
```

温馨提示：测试账户应提前领取ETH，如果实在领取不到ETH，可以尝试将Infura网络替换为Geth本地网络，这样不用担心没有测试用的ETH。

第5步 ▶ 在命令行中执行交易，分别输入接受者地址 to_address 和交易金额 value，然后输入 passphrase 解锁 keystore 中的私钥签署交易、发送交易，而后可以发现命令行中打印出了交易哈希。执行效果如图9-10所示。

```
(venv) localhost:cli yk$ python send_transaction.py
To address: []: 0x02386E198572b188586b0Da40a313f80E50176c8
Value to send: []: 0.1
passphrase from keystore:
Transaction hash:  0x5ae0d81c77e57ca76033dc7c291ef38f7206fd6bba67ce4e08e30f001e6f8088
```

图9-10　执行交易效果

第6步 ▶ 获取交易哈希后，便可以到对应以太坊网络的etherscan 查看交易的详细信息：https://sepolia.etherscan.io/tx/0x5ae0d81c77e57ca76033dc7c291ef38f7206fd6bba67ce4e08e30f001e6f8088。该交易详情如图9-11所示。

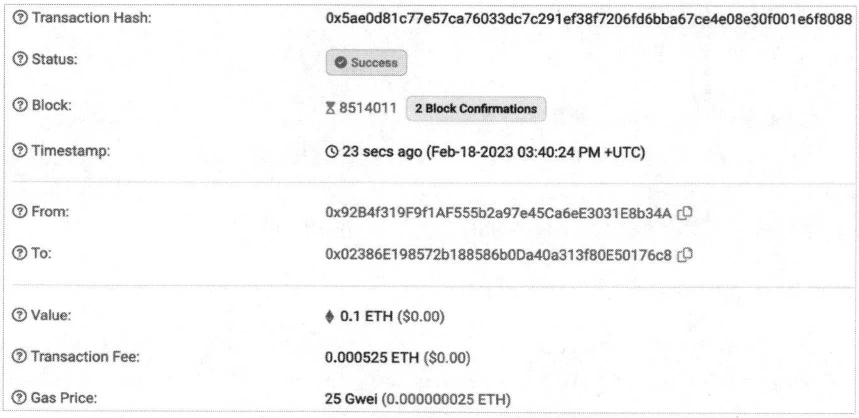

⑦ Transaction Hash:	0x5ae0d81c77e57ca76033dc7c291ef38f7206fd6bba67ce4e08e30f001e6f8088
⑦ Status:	⊘ Success
⑦ Block:	⊠ 8514011　2 Block Confirmations
⑦ Timestamp:	⊙ 23 secs ago (Feb-18-2023 03:40:24 PM +UTC)
⑦ From:	0x92B4f319F9f1AF555b2a97e45Ca6eE3031E8b34A ⧉
⑦ To:	0x02386E198572b188586b0Da40a313f80E50176c8 ⧉
⑦ Value:	◈ 0.1 ETH ($0.00)
⑦ Transaction Fee:	0.000525 ETH ($0.00)
⑦ Gas Price:	25 Gwei (0.000000025 ETH)

图9-11　浏览器上查看Coin交易详情

9.2.2　钱包如何支持 Coin 查询

Coin转移完成后，接下来实现Coin余额的查询。Coin余额查询相对转移交易简单许多，它只是查询以太坊网络中的数据，而不会涉及签名等操作。查询余额的核心方法是 Web3.py 提供的 eth.getBalance方法。具体方法与步骤如下。

第1步 ▶ 在 class Wallet 中增加 get_balance 方法，实现代码如下。

```
def get_balance(self, address):
    """
    从以太坊网络中读取账户余额
    :return: 用户账户的以太币数量
    """
```

```
self.w3 = Infura().get_web3()
# eth.get_balance 获取余额
# web3.fromWei 将 wei 值转换为以太币的数量
eth_balance = self.w3.fromWei(self.w3.eth.get_balance(address), 'ether')
return eth_balance
```

第2步　在 cli 文件夹下新建 get_balance.py 文件，并添加如下代码。具体的功能包括导入包、设置命令行，加载配置调用步骤 1 的 get_balance，最后通过 "main" 函数入口调用。

```python
import click
import sys
sys.path.append("..")
from Wallet import ( Wallet )
from configuration import ( Configuration, )
from web3.exceptions import *
from exceptions import *


@click.command()
@click.option('-t', '--token', default=None,
              help='Token symbol.')
def get_balance(token):
    """ 获取账户余额 ."""
    configuration = Configuration().load_configuration()
    try:
        if token is None:
            wallet_address = Wallet(configuration).get_address()
            eth_balance = Wallet(configuration).get_balance(wallet_address)
            click.echo('Balance on address %s is: %sETH' % (wallet_address,
                    eth_balance))


    except InvalidAddress:
        click.echo('Invalid address or wallet does not exist!')

if __name__ == '__main__':
    get_balance()
```

第3步　在命令行中执行 "python get_balance.py"，可以发现 ETH 余额顺利显示了，效果如图 9-12 所示。可以算一算，之前领取了 0.2 个 ETH，转账 0.1 个，并且消耗了一定的 Gas，这个余额是合理的。

```
(venv) localhost:cli yk$ python get_balance.py
Balance on address 0x92B4f319F9f1AF555b2a97e45Ca6eE3031E8b34A is: 0.099475ETH
```

图 9-12　钱包余额显示

9.2.3 ERC-20 标准实现与部署

对于传统钱包，可能支持Coin转移也就够了，但是以太坊不太一样，因为以太坊平台还可以运行智能合约，而ERC-20又是一个非常流行的代币标准，因此一般的区块链钱包都会支持ERC-20标准。实际上，由于合约调用时只需要明确合约地址、ABI信息、网络就能够完成合约调用，源码并不是必需的。因此，区块链钱包支持ERC-20标准的代币是很容易的，支持不同的代币，只要添加不同的合约地址即可。

1. ERC-20标准实现

由于第8章介绍过ERC-20标准，后续的功能还要支持代币，所以需要先把该标准加以实现，并把它部署到测试网。

从角色分析来看，ERC-20标准面向全体用户，所有人都可以参与。但是，ERC-20发行的代币通常会由一个管理员先持有后分配，所以合约内的角色一般是管理员和普通用户两类。

为了实现接口，需要定义名称、符号、精度等状态变量，也要记录用户代币的余额。对此我们已经轻车熟路，定义一个mapping就可以解决，比较麻烦的是授权额度的记录。举个例子，张三可以授权给李四100个代币，同时张三也可以授权给王五200个代币，这个授权数据的关系如表9-1所示。

表9-1　mapping存储图表

_owner	_spender	_value
张三	李四	100
张三	王五	200

要实现这样多对多的授权关系，需要使用双层mapping来定义，它的结构是"mapping(address => mapping(address => uint256))"这样的。按照习惯，还是分步骤实现ERC-20标准。

第1步 状态变量定义与构造函数编写。之前已经介绍过了，需要定义状态变量记录名称、符号、精度、总发行量等信息，也需要一个mapping来记录账户余额，一个双层mapping来记录用户授权额度，并用构造函数对数据进行初始化，一开始将所有发行Token放到部署者名下，示例代码如下。

```
contract Token is IERC20 {
    string tokenName;          // 名称
    string tokenSym;           // 符号
    uint8  tokenDecimals = 6; // 精度
    uint256 tokenSupply;       // 总发行量
    mapping (address => uint256) balances; // 用户余额表
    mapping (address=> mapping (address=>uint256)) allows; // 授权额度表
    constructor(string memory _name, string memory _sym, uint256 _supply) {
        tokenName = _name;
```

```
        tokenSym    = _sym;
        tokenSupply = _supply;
        balances[msg.sender] = _supply * 10 ** tokenDecimals;
    }
}
```

第2步 ▶ 可选函数功能实现。可选函数功能都比较简单，直接返回状态变量即可，如果读者愿意，甚至可以定义三个public类型的状态变量，分别命名为name、symbol、decimals，甚至连函数书写都省了。本文还是按照传统风格，使用3个函数来返回它们，示例代码如下。

```
function name() override  external  view returns (string memory) {
    return tokenName;
}
function symbol() override  external  view returns (string memory) {
    return  tokenSym;
}
function decimals() override external  view returns (uint8) {
    return tokenDecimals;
}
```

第3步 ▶ 总发行量和余额查询功能实现。这两个功能同样很简单，只需要返回状态变量或从mapping中读取数据就可以，示例代码如下。

```
function totalSupply() override external  view returns (uint256) {
    return tokenSupply;
}
function balanceOf(address _owner) override external  view returns (uint256
balance) {
    return balances[_owner];
}
```

第4步 ▶ 转账功能实现。转账是该标准的核心功能，转账时需要检查转账金额是否大于0，接收账户地址是否为0，转出方余额是否充足，转账时也就是修改定义之前的mapping账本，别忘了转账后要触发Transfer事件，示例代码如下。

```
function transfer(address _to, uint256 _value) override external returns (bool
success){
        require(_value > 0, "approve amount invalid");
        require(_to != address(0), "_spender is invalid");
        require(balances[msg.sender] >= _value, "user's balance not enough");
        balances[msg.sender] -= _value; // SafeMath
        balances[_to]        += _value;

        emit Transfer(msg.sender, _to, _value);
```

```
        return true;
    }
```

第5步 ▶ 授权转账功能实现。授权转账同样需要做一些数据检测，包括转账金额要大于0，用户余额充足，接收方地址不为0，还有一个最关键的调用者（msg.sender）被授权的额度要大于转账金额，验证通过后同样是修改账本数据，同时也要修改授权额度数据，然后触发Transfer事件，示例代码如下。

```
function transferFrom(address _from, address _to, uint256 _value) override
external  returns (bool success){
    require(_value > 0, "approve amount invalid");
    require(_to != address(0), "_to is invalid");
    require(balances[_from] >= _value, "user's balance not enough");
    require(allows[_from][msg.sender] >= _value, "user's approve not enough");

    balances[_from] -= _value;
    balances[_to]   += _value;
    allows[_from][msg.sender] -= _value;
    emit Transfer(_from, _to, _value);
    return true;
}
```

第6步 ▶ 授权与授权额度查询功能实现。授权时要验证被授权方地址不为0，一般不会检查用户余额是否高于授权额度，因为转账时会做严格检查，同时也会节省Gas费用。授权后，别忘了触发Approval事件。

授权额度查询相对简单，只需要传入双层mapping两个key值就可以拿到授权额度了。approve和allowance两个方法的实现代码如下。

```
function approve(address _spender, uint256 _value) override external  returns
(bool success) {
    // 授权给另外第三方，可以协助转账 transferFrom ，_from 授权给了 msg.sender
    // require(_value > 0, "approve amount invalid");
    require(_spender != address(0), "_spender is invalid");
    allows[msg.sender][_spender] = _value;

    emit Approval(msg.sender, _spender, _value);
    return true;
}
function allowance(address _owner, address _spender) override external
                view returns (uint256 remaining) {
    return allows[_owner][_spender];
}
```

至此，ERC-20标准已经实现完成，接下来将它部署到测试网。

2. ERC-20 合约的部署

这种部署方式类似于部署到本地搭建的 Geth，但也有不同。熟练的开发者可以尝试使用 Truffle 或 Hardhat 这样的工具来完成合约部署，对于初学者建议使用 Remix 和 MetaMask 来完成。具体步骤如下。

第1步 ▶ MetaMask 是一款支持 EVM 的钱包软件，可以在手机安装，也可以在浏览器安装插件。安装 MetaMask 的具体教程可以参考笔者编写的在线文档：https://github.com/yekai1003/rungeth/blob/master/metamask-install.md。安装后的效果如图 9-13 所示。

第2步 ▶ 接下来，从 Remix 环境切换到 MetaMask，如图 9-14 所示，在运行环境下拉列表中选择 MetaMask。此时，Remix 的部署环境就与 MetaMask 相关联，MetaMask 连接到哪个网络，Remix 就会部署智能合约到哪个网络。

图9-13　MetaMask 页面展示

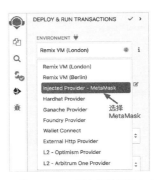

图9-14　从 Remix 环境切换到 MetaMask

第3步 ▶ 网络连接成功后，参考图 9-15 部署 Token 合约到测试网，在输入框输入名称、符号、总发行量参数后，单击【transact】按钮来部署合约。

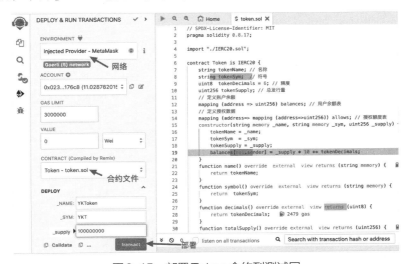

图9-15　部署 Token 合约到测试网

第4步 ▶ 此时，MetaMask 会自动弹出，需要确认签名，如图 9-16 所示，单击【Confirm】按钮可以确认交易签名，页面上也会显示要缴纳的手续费情况。

第5步 ▶ 交易签名后，等待一个很短的时间（大概10多秒）会看到浏览器弹出的消息通知，如图9-17所示，这代表交易已经完成了，合约部署成功。之后的操作与之前在Remix的介绍是一样的，只是每一步涉及数据修改的操作都会通过MetaMask来对交易进行签名。

图9-16　MetaMask交易签名

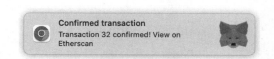

图9-17　MetaMask的交易成功通知

第6步 ▶ 本次部署完成后，可以得到Token合约在测试网的地址，笔者得到的是0xcEd49e014B3b6e93a7cB98FFD2d14474954f0a97。另外，也可以在编译页面获得ABI信息，它是调用合约的关键。如图9-18所示，可以复制得到Token合约的ABI，可以将其放到工程根目录下的erc20/abi.json中，后面在Python代码中对它进行读取并使用。

第7步 ▶ 为了测试的丝滑，可以先在Remix页面调用Token合约的transfer方法，向前面钱包中创建的地址转一些"YKT"，操作如图9-19所示。

图9-18　拷贝ABI信息

图9-19　向钱包地址转账YKT

9.2.4　钱包如何支持 Token 转移

相比于 Coin 转移，Token 转移其实就是调用 ERC-20 标准合约，所以 Token 转移并不复杂。下面来分步骤实现。

第1步 在根目录下新建一个 contract.py 文件，在其中要实现一个 Contract 类来封装调用以太坊合约所需要的一些属性，同时针对合约增加一些常用的方法，如在钱包中增加持有的 Token 类别，列出钱包下所持有的 Token 等。

第2步 实现 Contract 类的构造函数。在构造函数代码中，需要创建一个 Web3.py 对象，它代表一个连接到以太坊网络的客户端。eth.contract 方法用于获取指定合约地址上的合约对象。其中，address 参数指定了合约地址，abi 参数则指定了合约的接口描述（ABI），其中 get_abi_json() 函数是用于读取本地 erc20/abi.json 文件的函数。调用 eth.contract 方法后返回的合约对象可以用来调用合约的函数、获取合约的信息等。例如，Token 的精度就在构造函数中直接初始化了。configuration 是配置信息，在这里暂时先占位，示例代码如下。

```python
from infura import ( Infura, )
from utils import ( get_abi_json,)


class Contract:
    """ERC20 代币的 Abstraction"""


    def __init__(self, configuration, address):
        self.conf = configuration
        self.address = address
        self.w3 = Infura().get_web3()
        # 获取指定合约地址上的合约对象
        self.contract = self.w3.eth.contract(address=address, abi=get_abi_json())
        self.contract_decimals = self.contract.functions.decimals().call()
```

第3步 封装合约调用的余额、精度、添加 Token 方法。继续为 Contract 类添加 add_new_contract、get_balance、get_decimals 方法，add_new_contract 用于添加 Token 合约，get_balance 用于查询余额，get_decimals 用于查询精度，示例代码如下。

```python
def add_new_contract(self, contract_symbol, contract_address):
    """Add ERC20 token to the wallet"""
    self.conf.add_contract_token(contract_symbol, contract_address)


    def get_balance(self, wallet_address):
        """Get wallet's ballance of self.contract"""
        return self.contract.functions.balanceOf(wallet_address).call() / (10
** self.contract_decimals)
```

```
def get_decimals(self):
    """返回"小数"位数"""
    return self.contract_decimals
```

第4步 ▶ 准备测试在离线钱包添加 Token 的功能。定义好 Contract 类后，就可以向离线钱包内添加 Token 了，在 cli 文件夹下新建一个 add_token.py 文件，并用之前使用过的click来配置命令行帮助信息，另外也顺便引用configuration库，示例代码如下。将 Token 信息添加到 configuration 中。

```
import click
import sys
sys.path.append("..")
from contract import ( Contract, )
from configuration import ( Configuration, )

@click.command()
@click.option('-c', '--contract_address', default='', prompt='Contract address',
            help='Contract address.')
@click.option('-s', '--symbol', default='', prompt='Token symbol',
            help='Token symbol.')
```

第5步 ▶ 编写add_token来测试添加Token的功能。先读取配置信息，然后创建Contract对象，调用其add_new_contract方法来测试，示例代码如下。

```
def add_token(contract_address, symbol):
    """Add new ERC20 contract."""
    configuration = Configuration().load_configuration()
    try:
        contract = Contract(configuration, contract_address)
        contract.add_new_contract(symbol, contract_address)
        click.echo('New coin was added! %s %s' % (symbol, contract_address))

if __name__ == '__main__':
    add_token()
```

第6步 ▶ 在命令行中调用"python add_token.py"，来测试将合约对应的 ERC-20 Token添加到钱包中。命令及效果如图9-20所示。

```
(venv) localhost:cli yk$ python add_token.py
Contract address []: 0xcEd49e014B3b6e93a7cB98FFD2d14474954f0a97
Token symbol []: YKT
New coin was added! YKT 0xcEd49e014B3b6e93a7cB98FFD2d14474954f0a97
```

图9-20　离线钱包添加 ERC-20 Token

第7步 ▶ 实现Token转移功能。现在钱包已经支持YKT 这种类型的Token了，接下来，可以尝试去完成 Token 转移的代码了（要确保转出账户内持有 Token，可以先通过 Remix 环境来操作获取）。为了实现 Token 的转移功能，可以对 send_transaction.py 稍加完善，增加一个 token 参数，来让 send_transaction 函数支持 Token 的转账。在文件命令行参数设置处添加如下代码。

```
@click.option('--token', default=None,
              help='Token symbol.')
```

改造 send_transaction 函数，增加 Token 处理分支。先做一些构建交易对象的准备工作，示例代码如下。

```
def send_transaction(to, value, token):
    try:
        if token is None:
            # .... 发送 ETH 的交易内容，之前 9.2.1 实现的功能
        else:  # token is not None
            try:  # check if token symbol is added to the wallet
                contract_address = configuration.contracts[token]
            except KeyError:
                raise ERC20NotExistsException()
            # 构建一个 contract 对象，方便后续调用方法
            contract = Contract(configuration, contract_address)
            # 获取代币精度，一般是 18 位
            erc20_decimals = contract.get_decimals()
            # 获取 Web3.py 的客户端对象，用来调用链上合约内的方法
            contract_w3 = contract.contract
            # 把 Token 数量改造成合约熟悉的格式（如 18 位）
            token_amount = int(float(value) * (10 ** erc20_decimals))
            print('token_amount will be sent ', token_amount )
```

继续添加代码，构建交易对象结构的示例代码如下。

```
# 定义交易对象，其中 data 参数包含了调用合约的 ABI 编码数据
# 'transfer' 是合约中的一个方法，它接受两个参数，分别是 address（接收方地址）和 amt（代币数量）
            raw_txn = {
                "from": wallet.get_address(),
                "gasPrice": web3.eth.gasPrice,
                "gas": 500000,
                "to": contract_address,
                "value": "0x0",
                "data": contract_w3.encodeABI('transfer', args=(to_address,
                                             token_amount)),
                "nonce": web3.eth.getTransactionCount(wallet.get_address())
```

```
        }
    # 签署交易
    signed_txn = web3.eth.account.signTransaction(raw_txn, wallet.
        get_account().privateKey)
    # 发送交易
    tx_hash = web3.eth.sendRawTransaction(signed_txn.rawTransaction)
```

继续更改代码，异常处理添加 Token 的处理。

```
except InsufficientFundsException:
        click.echo('Insufficient ETH funds! Check balance on your address.')
    except InsufficientERC20FundsException:
        click.echo('Insufficient ERC20 token funds! Check balance on your address.')
    except InvalidAddress:
        click.echo('Invalid recipient(to) address!')
    except InvalidValueException:
        click.echo('Invalid value to send!')
    except InvalidPasswordException:
        click.echo('Incorrect password!')
    except InfuraErrorException:
        click.echo('Wallet is not connected to Ethereum network!')
    except ERC20NotExistsException:
        click.echo('This token is not added to the wallet!')

if __name__ == '__main__':
    send_transaction()
```

第8步 ▶ 测试 Token 转移。可以用 "python send_transaction.py --token YKT" 进行测试，输入接收方地址、数量和钱包口令，便会调用合约的 transfer 函数进行转账，执行效果如图 9-21 所示。

```
(venv) localhost:cli yk$ python send_transaction.py --token YKT
To address: []: 0x02386E198572b188586b0Da40a313f80E50176c8
Value to send: []: 30
passphrase from keystore:
token_amount will be sent  30000000
tx hash:  0xc3cd10f9a43f4bb7fafa6ef0467f07c8c74f5781c379e6e1f891f72981afd274
```

图 9-21　Token 转移测试

9.2.5　钱包如何支持 Token 查询

在 Remix 和 MetaMask 中都可以查看某账户 Token 的数量，我们的钱包也需要这个功能。Token 余额查询与 Token 转移的区别在于查询属于只读，因此不需要私钥就可以完成。回顾前面实现的 Contract 类，其中的 get_balance 方法可以获取合约内账户余额，也就是对应地址的 Token 持有量。

若要支持 Token 查询，也就是再封装一层 get_balance 方法的调用就可以了。可以修改 get_banlance.py 文件，增加 "--token" 的命令行选项，让其除了支持查询 ETH，也能支持 Token 的查询，示例代码如下。

```
@click.option('-t', '--token', default=None,
              help='Token symbol.')
def get_balance(token):
    """ 获取账户余额 ."""
    configuration = Configuration().load_configuration()
    wallet_address = Wallet(configuration).get_address()
    try:
        if token is None:  # 查询 ETH 余额
            # code for  ETH 余额查询 ...
        if token is not None:
            try:  # check if token is added to the wallet
                contract_address = configuration.contracts[token]
            except KeyError:
                raise ERC20NotExistsException()
            # 构建 contract 对象来访问以太坊网络
            contract = Contract(configuration, contract_address)
            token_balance = contract.get_balance(wallet_address)

            # token_balance, address = get_balance(configuration, token)
            click.echo('Balance on address %s is: %s%s' %
                       (wallet_address, token_balance, token))
    except InvalidAddress:
        click.echo('Invalid address or wallet does not exist!')
    except InfuraErrorException:
        click.echo('Wallet is not connected to Ethereum network!')
    except ERC20NotExistsException:
        click.echo('This token is not added to the wallet!')

if __name__ == '__main__':
    get_balance()
```

使用 "python get_balance.py --token YKT" 在命令行进行测试，可以看到钱包地址的 Token 余额，与 Remix 页面查询的结果是一致的（注意精度的问题）。效果如图 9-22 所示。

```
(venv) localhost:cli yk$ python get_balance.py --token YKT
Balance on address 0x92B4f319F9f1AF555b2a97e45Ca6eE3031E8b34A is: 410.0YKT
```

图 9-22　钱包 Token 余额查询

9.2.6　事件订阅

前面开发的功能都是钱包主动发起请求去转账或查询，有些时候交易的发起方不是我们自

261

己，虽然通过定期或不定期的请求总能查到合约数据变化的情况，但那样显然不够理想。这时就可以借助编程思想中的订阅模式，当某个合约发生数据变化时，自动通知无疑是更好的选择。在ERC-20标准里有两个Event，在发生交易或授权时，这两个Event都会触发并且形成日志，而开发者也可以通过订阅两个Event来获得合约数据的实时变化。本节介绍如何实现对合约的事件订阅（Event subscription）功能。

在这里，先回顾一下ERC-20合约中transfer方法的实现。"emit Transfer(msg.sender, to, value)"会保证每次调用 transfer方法，都会触发一个 Transfer事件，以太坊会以日志的形式记录这些数据，包含调用者（msg.sender）、接收人（to）和金额（value），示例代码如下。

```
function transfer(address to, uint256 value) override public returns (bool) {
    // 转出用户余额充足
    require(value <= _balances[msg.sender]);
    require(to != address(0));
    // 调整账本
    _balances[msg.sender] = _balances[msg.sender] - value;
    _balances[to] = _balances[to] + value;
    emit Transfer(msg.sender, to, value);
    return true;
}
```

如果要对合约的 Transfer 事件进行监听，具体操作步骤如下。

（1）通过 Web3.py 的contract.events.Transfer.createFilter 函数，为合约中的 Transfer event创建一个过滤器。

（2）引入asyncio这个 Python 的异步框架，通过asyncio.get_event_loop获取当前事件循环，并每隔 2s 运行一次 event_filter 函数，去监听最新区块里的合约事件。

（3）如果合约事件命中，则输出该事件的相关信息。

接下来，参考上述步骤及原理，动手实践一下，具体操作步骤如下。

第1步 ▶ 在 cli 文件夹下创建event_listener.py文件，添加要导入的包，并配置命令行帮助，示例代码如下。

```
import click
import sys
sys.path.append("..")
from contract import ( Contract, )
from infura import ( Infura, )
from configuration import ( Configuration, )
import asyncio
from pprint import  pprint
@click.command()
@click.option('-c', '--contract_address', default='', prompt='Contract
```

```
address',
               help='Contract address.')
```

第2步 ▶ 处理事件的打印功能。可以实现一个handle_event函数，示例代码如下。

```
def handle_event(event):
    """ 定义函数来处理事件并打印到控制台 """
    pprint(event)
    print("Contract address: ", event.address)
    print('event.event', event.event)
    print("transactionHash: ", event.transactionHash.hex())
```

第3步 ▶ 周期性处理新事件。每隔一定周期，过滤合约产生的新事件，并通过之前实现的
handle_event来打印，示例代码如下。

```
async def log_loop(event_filter, poll_interval):
    """
    异步定义函数循环
    1. 这个循环设置一个事件过滤器，寻找新的 event
    2. 这个循环在轮询间隔运行
    """
    while True:
        for event_ in event_filter.get_new_entries():
            handle_event(event_)
        await asyncio.sleep(poll_interval)
```

第4步 ▶ 与链交互获取合约事件。接下来，实现一个event_listener来获取链上合约事件，
"contract.contract.events.Transfer.createFilter"用户创建合约事件的过滤器对象，并调用log_loop来处
理，示例代码如下。

```
def event_listener(contract_address):
    """
        为最新的区块（latest block）创建一个过滤器，并监听合约的 Transfer 事件是否被触发
        每隔 2s 运行一次来监听最新区块里的合约事件
    """
    configuration = Configuration().load_configuration()
    w3 = Infura().get_web3()
    contract_address = w3.toChecksumAddress(contract_address)
    contract = Contract(configuration, contract_address)
    # print('contract.contract', contract.contract)
    # 监听合约里的 mint 函数里 emit 的 Transfer event:
    event_filter = contract.contract.events.Transfer.createFilter(fromBlock='
latest')
    loop = asyncio.get_event_loop()
```

```
try:
    print("[Listening] Transfer event of {} ...".format(contract_address))
    loop.run_until_complete(
        asyncio.gather(
            log_loop(event_filter, 2)))
finally:
    # close loop to free up system resources
    loop.close()


if __name__ == "__main__":
    event_listener()
```

第5步 ▶ 开启事件监听。接下来，结合前面讲过的 Token 交易，来测试合约中的 Transfer Event 事件订阅。执行命令 "python event_listener.py"，开始进行事件监听，因为此时没有任何合约的 transfer 调用，所以控制台暂时没有任何信息输出。

此时，新建一个命令行窗口，使用命令 "python send_transaction.py --token YKT" 来发送 YKT，该命令会调用合约的 transfer 方法并产生 Transfer 事件。等待 transaction 完成后，订阅窗口打印了进行转账的事件，如图9-23所示。

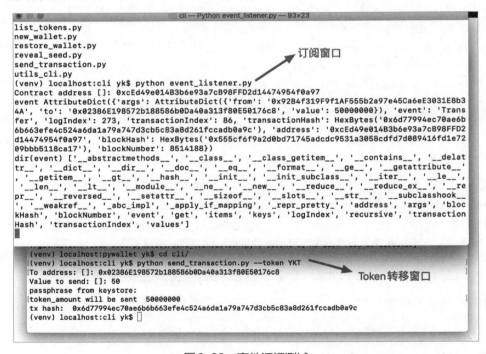

图9-23　事件订阅测试

在输出中可以看到event事件是 "Transfer"，也就是合约中定义被 emit 的事件，接收地址和 value 也都是之前转账的数据，代码运行正确。

学习问答

1. Coin 与 Token 交易的区别是什么？

答：Coin 和 Token 这两个概念容易混淆。Coin 是指基于区块链平台发行的原生数字货币，如比特币和以太币。这些 Coin 通常是矿工通过算力竞争获得的系统奖励，并且在区块链平台交易时需要消耗这些原生数字货币作为手续费。而 Token 则是利用智能合约，基于区块链平台发行的项目代币。在区块链早期，很多项目都是通过发行自己的 Token 来募资（ICO）。Token 有时也被翻译为"通证"。

2. 助记词与私钥之间有什么关系？

答：对于了解区块链的人来说，私钥是至关重要的，因为掌握了私钥也就相当于掌握了区块链资产的所有权。私钥是一长串无序、无规律的字符，难以被人类直接识别，而且不容易记忆。因此，钱包设计了助记词来辅助记忆。通过助记词，用户可以推导出私钥，因此钱包助记词在功能上等同于私钥，具有同等的重要性。

3. 钱包为什么可以支持不同 Token？

答：这与智能合约的原理密切相关。以以太坊为例，智能合约部署后会运行在节点的以太坊虚拟机（EVM）中。当想要调用某个合约时，必须知道该合约的应用程序二进制接口（ABI）和合约地址。如果 Token 遵循一定的标准（如 ERC-20 标准），那么它们的 ABI 接口通常是相同的或相似的。因此，钱包想要支持多种不同的 Token，只需知道这些 Token 对外公布的合约地址就可以了。

实训：交易明细查询功能实现

作为一个钱包，用户的交易明细也是需要提供的，接下来给钱包增加一个 Token 交易明细查询的功能。智能合约里并未记录 Token 交易的明细，想要使用 Python 语言查询交易明细，一般有两种方法。

第一种是比较快速的方法，即使用 etherscan（以太坊浏览器）提供的索引服务（indexing services），可以很快速地查询地址对应的交易。

第二种是比较慢的方法，使用 Infura+Web3.py 去遍历每一个区块：使用 eth_getBlockByNumber 的 JSON-RPC 方法获取详细的区块信息（等同于使用 web3.eth.getBlock(blocknumber)），使用 web3.eth.getTransaction(txhash) 遍历交易哈希，并根据每一个交易中的发件人 / 收件人地址去过滤、判断此交易是不是自己需要的。

出于对快速完成需求的考虑，现在使用第一种方法来实现需求。对于 SDK 熟悉的读者，可以尝试使用编码的方式。

第1步 ▶ 在 My API Keys 页面单击【Add】按钮，新建一个 API-Key，如图 9-24 所示。

图9-24　添加API-Key

第2步 ▶ 在以太坊浏览器提供的文档地址中，可以先切换目标网络（主网或测试网），之后可以查看API ENDPOINTS的Accounts相关的API，如图9-25所示。目标是找到这两个API，具体如下。

（1）Get a list of 'Normal' Transactions by Address。

（2）Get a list of 'ERC20 – Token Transfer Events' by Address。

这两个API接口的作用分别是查看两个地址之间的交易和查看合约、地址之间的ERC-20 Token交易。该API限制了返回最大10000条，不过足够我们使用了。

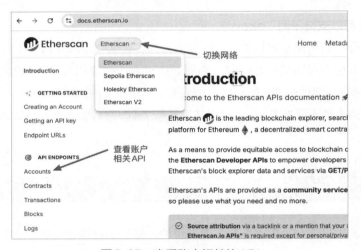

图9-25　查看账户相关的API

第3步 ▶ 下面尝试使用API-Key构建HTTP交易请求。在cli文件夹下新建一个get_transcation_detail.py文件，作为命令行查询交易详情的调用函数，其主要内容如下。

（1）分别构建normal（地址互相交易）和token（ERC-20交易）这两种交易类型。

（2）使用requests库的get方法调用查询该接口，并输出response返回的交易明细的json内容。

编写代码，导入包，设置命令行参数。

```python
import requests as rq
import pprint


@click.command()
@click.option('-d', '--address', default='', prompt='address to scan:',
```

```
                    help='input Ethereum address to list transactions.')
@click.option('-t', '--type_tx', default='normal',
                prompt='transaction type: {normal/token}',
                help='input Ethereum address to list transactions.')
```

继续编写代码，实现 get_transcation_detail_by_etherscan 函数。

```
def get_transcation_detail_by_etherscan(address, type_tx):
    """
    [https://etherscan.io/register] [https://etherscan.io/myapikey]
    :param type_tx:
    - normal 是两个地址之间的互相转账交易
    - token 类型是合约和地址之间的交互交易
    分别对应参数中的 txlist 或 tokentx
    """
    tx_type_map = {"normal": "txlist", "token": "tokentx"}
    ETHERSCAN_API_KEY = '7KRJKR5DI9RD6YX73JF7278KM9U6AP2HUB'
    base_url = "https://api-sepolia.etherscan.io/api\
                ?module=account\
                &action={}\
                &address={}\
                &startblock=0\
                &endblock=99999999\
                &page=1&offset=100&sort=asc\
                &apikey={}\
    ".format( tx_type_map[type_tx], address, ETHERSCAN_API_KEY).replace(' ','')
    print('base_url', base_url)
    res = rq.get(base_url)
    data = res.json()
    pprint.pprint(data["result"])
```

继续编写代码，调用 get_transcation_detail_by_etherscan 函数。

```
if __name__ == '__main__':
    # 0x611e5Bd6Db5a44D645C447aB6F413709f044A12e
    get_transcation_detail_by_etherscan()
```

第4步 执行命令 "python get_transcation_detail_by_etherscan.py"，分别输入待查询的地址和交易类型（默认是 "normal"，若要查询 ERC-20 交易，则输入 "token"），请求截图如图 9-26 所示。

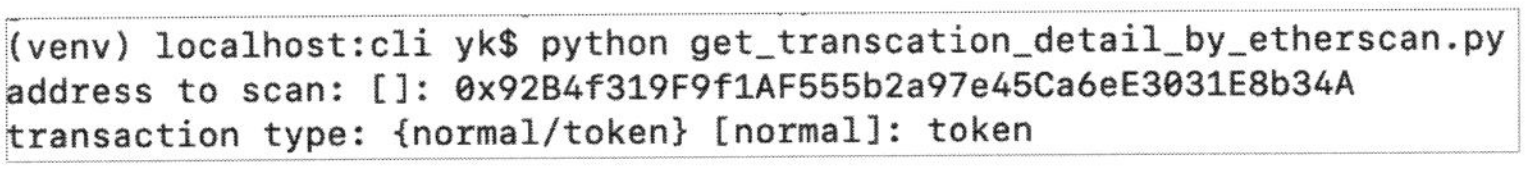

```
(venv) localhost:cli yk$ python get_transcation_detail_by_etherscan.py
address to scan: []: 0x92B4f319F9f1AF555b2a97e45Ca6eE3031E8b34A
transaction type: {normal/token} [normal]: token
```

图 9-26　查看交易明细

267

其中返回内容节选如下。

```
{'blockHash': '0x7a914f508cf540dee0d4d9714be513ce4050d9710c012dd3f911eeeb0a837770',
 'blockNumber': '8514082',
 'confirmations': '139',
 'contractAddress': '0xced49e014b3b6e93a7cb98ffd2d14474954f0a97',
 'cumulativeGasUsed': '1340253',
 'from': '0x02386e198572b188586b0da40a313f80e50176c8',
 'gas': '52426',
 'gasPrice': '2516056944',
 'gasUsed': '52426',
 'hash': '0xc34e41284b3f85a6d4266f5743e471e56467ed54d75179ac4a2cd79da6e82f9f',
 'input': 'deprecated',
 'nonce': '36',
 'timeStamp': '1676735844',
 'to': '0x92b4f319f9f1af555b2a97e45ca6ee3031e8b34a',
 'tokenDecimal': '6',
 'tokenName': 'YKToken',
 'tokenSymbol': 'YKT',
 'transactionIndex': '10',
 'value': '500000000'}
```

从交易明细中可以看出，contractAddress 为链上部署的合约地址，to 字段中存放的正是离线钱包地址，value 是 '500000000' 代表一开始转移了 500 个 YKT。

交易明细查询运行良好，任务完成。

本章总结

本章完整地介绍了区块链钱包项目从基本原理到具体实现的全过程，内容涵盖了钱包的关键术语、核心原理、助记词和私钥的保存方法、Coin 交易及 Token 交易等核心知识点。通过本章的学习，读者可以熟悉 Python-SDK 在区块链钱包开发中的应用，掌握区块链钱包的开发流程，并对区块链技术和项目开发有更深入的理解和认知。实际上，许多区块链应用项目所涉及的技术栈和钱包项目相似，因此，读者在掌握本章内容后，可以尝试将所学应用于自己感兴趣的区块链应用项目中。

第 10 章

项目实战：开发"赏金任务系统"区块链

本章导读

结合前面几章内容的学习，本章将以应用项目案例的形式，开发一个完整的区块链项目，即赏金任务系统。

本章介绍的赏金任务系统是一个综合性的区块链项目，它涵盖了前端、后端、智能合约以及区块链网络四个关键部分。由于本书主要聚集于Python语言在区块链开发与应用中的实践，因此前端部分将使用准备好的代码，而核心工作则集中在区块链网络的搭建、智能合约的开发和后端服务的实现上。服务端将采用Django框架进行开发，区块链网络则选用FISCO BCOS来搭建节点网络，智能合约则使用Solidity语言来编写。

知识要点

通过本章内容的学习，您将掌握以下知识：

● 搭建FISCO BCOS开发环境；
● 企业级智能合约的设计与实现；
● Python Web框架Django的使用；
● Web开发中Session的原理与使用。

10.1　项目需求分析与通证设计

本项目的灵感来源于《凡人修仙传》这部小说。小说讲述的是一个凡人发现自己身具灵根后开始修炼，慢慢成为一界大佬，最后飞升仙界的故事。小说中，主角为了获取修仙资源，经常去接受一些悬赏任务，在顺利完成任务后，获取相应的奖金和修仙资源。在区块链行业，DAO（Decentralized Autonomous Organization，去中心化自治组织）是一种全新的人类组织协同方式。DAO内的成员可以自由、自发地为了共同理想而分工协作，成员之间往往也会通过工作量获得与之对应的奖励，这种激励的方式也多使用悬赏任务的形式展开。

我们要做的就是这样一个任务驱动的系统平台，参与者可以通过平台发布一些任务，同时设定该任务对应的"奖励"，其他参与者也可以发布任务或接受任务以赚取"奖励"。这样的业务场景较为清晰，读者理解起来也会比较轻松。

10.1.1　项目需求与痛点分析

根据前文介绍的背景，在这里可以明确一下需求，这一步对于软件开发很重要，只有需求和范围明确，才可以评估工作量及成本。这个项目的具体需求就是用户可以在平台完成注册，注册用户可以通过平台发布悬赏任务并设定奖金，当然也可以去接受其他用户发布的悬赏任务。任务设置为4个状态，分别是"已发布、已接受、已提交、已确认"，接受任务和提交任务必须是同一个用户操作，发布任务和确认任务也必须是同一个用户操作，任务设定的奖金要在任务确认后自动发放给任务执行用户。

区块链的核心价值在于数据不可篡改，对于一个悬赏任务平台，作为参与方自然希望任务的相关信息不可篡改。另外，区块链相对于传统互联网行业，还有一个更大的优势是它能够做到即时到账。通过智能合约技术，我们可以直接将任务发布方的奖金转移给任务执行者（不仅仅是平台上给你显示的一个数字余额）。基于区块链技术实现的悬赏任务平台，可以做到数据公开透明、收益实时到账。

10.1.2　项目整体设计

在了解了项目的需求后，现在对项目开发做一个整体的规划。从项目架构的角度上来看，一个区块链项目通常包含区块链网络、智能合约、后端、前端四个核心部分。在选择区块链网络时，虽然任何区块链架构都可以作为本项目的底层平台，但是为了提升读者的知识面和适应企业级应用的需求，笔者决定使用FISCO BCOS来搭建区块链网络（FISCO BCOS的相关内容将在下一小节进行介绍）。节点确定后，接下来就是开发相关工作，包括智能合约、后端和前端。根据前文的介绍，前端部分不作为重点介绍，后端毫无疑问会选择Python作为开发语言，智能合约仍然沿用Solidity。

在智能合约的开发方面，任务合约是项目的核心，另外也要开发一个作为"奖励"来源的合约，在这里可以使用之前在智能合约中介绍的ERC-20标准Token。因此，合约主要分为两个模块，具体如下。

（1）Token合约。

（2）任务合约。

项目后端要接受前端的请求并完成合约的调用并反馈给前端，开发时需要提前和前端根据请示确定接口。项目后端需要开发的核心功能如下。

- 注册。
- 登录。
- 任务发布。
- 任务列表查询。
- 任务状态变更。

10.1.3　FISCO BCOS 简介

本次项目将会使用FISCO BCOS，接下来简单介绍一下。

FISCO BCOS是由微众银行牵头的金链盟主导研发、对外开源、安全可控的企业级金融区块链底层技术平台。在单链配置下，其性能TPS可达万级。该平台提供了群组架构、并行计算、分布式存储、可插拔的共识机制、隐私保护算法，并支持全链路国密算法等诸多特性。经过多个机构、多个应用，长时间在生产环境中的实践检验，FISCO BCOS已经证明了其具备金融级的高性能、高可用性及高安全性。

选择FISCO BCOS作为区块链底层平台的原因有以下几点。第一，它支持EVM架构，这意味着在以太坊上编写的智能合约，经过适当的适配和测试，同样可以在FISCO BCOS上运行（联盟链体系下无生态代币）。第二，FISCO BCOS拥有一个开放且活跃的生态。作为国内最大最活跃的开源联盟链社区之一，FISCO BCOS已经吸引了数百个应用项目基于其技术平台进行开发，这些项目覆盖了文化版权、司法服务、政务服务、物联网、金融、智慧社区等多个领域。第三，由于FISCO BCOS的生态活跃，所以开发者在遇到问题时，往往可以得到较及时的反馈和帮助，这对于初入门槛的开发者尤为重要。

笔者在2018年与FISCO BCOS结缘，这些年也随着社区的壮大而成长，在社区内也贡献了一些教程和代码，也在多个场合分享过FISCO BCOS技术架构，并且获得了社区的MVP称号。图10-1所示为笔者获得FISCO BCOS社区挑战赛最佳项目共建贡献的截图。

图10-1　Task挑战赛最佳贡献奖

10.1.4　搭建 FISCO BCOS 开发环境

在简单了解了FISCO BCOS的技术特点后，接下来将介绍如何搭建FISCO BCOS的开发环境。这一过程主要分为两部分工作：第一，搭建FISCO BCOS网络；第二，搭建WeBASE-Front环境。WeBASE是微众银行提供的区块链节点中间件，如果是生产环境，可以安装WeBASE全套组件以满足更多需求；在开发环境中，仅安装WeBASE-Front即可，它集成了区块链浏览器、私钥管理、智能合约IDE等实用功能。

要搭建FISCO BCOS网络，可以参考官方文档（https://fisco-bcos-documentation.readthedocs.io/zh_CN/latest/index.html）。官方提供了一键部署、企业级部署等多种部署方案，以适应不同的使用场景。本节将详细介绍如何在单主机上实现双机构四节点的部署方法。

目前，FISCO BCOS节点程序支持在Linux和macOS系统上安装。本节以Linux为例，介绍如何安装并启动节点程序。首先，按步骤介绍如何下载节点程序并启动网络。

第1步 ▶ 使用Git下载FISCO BCOS环境源码。官方提供了github和gitee两个仓库，国内用户建议从gitee上克隆即可（若要使用github仓库，则把下面路径中的gitee替换为github即可），命令如下。

```
mkdir ~/fisco && cd ~/fisco
# 从 gitee 仓库克隆 FISCO BCOS 环境搭建源码
git clone https://gitee.com/FISCO BCOS/generator.git
```

第2步 ▶ 执行安装脚本。使用如下命令就可以安装generator，安装结束后，会提示install generator successful，命令如下。

```
cd generator && bash ./scripts/install.sh
```

> 温馨提示：安装时会需要root权限，因此需要本用户具备sudo权限，此时输入当前用户口令即可。

第3步 ▶ 检查安装是否成功。执行"./generator –h"命令，若看到如图10-2所示的显示效果，则代表安装成功了。

```
parallels@parallels-vm:~/fisco/generator$ ./generator -h
usage: generator [-h] [-v] [-b peers data] [--build_package_only data peers]
                 [-c data_dir] [--create_group_genesis_with_nodeid data_dir]
                 [--generate_chain_certificate chain_dir]
                 [--generate_agency_certificate agency_dir chain_dir agency_name]
                 [--generate_node_certificate node_dir agency_dir node_name]
                 [--generate_sdk_certificate sdk_dir agency_dir] [-g] [-G]
                 [--cdn] [--generate_all_certificates cert_dir]
                 [-d cert_dir pkg_dir] [-m config.ini config.ini]
                 [-p peers config.ini] [-a group genesis config.ini]
                 [--download_fisco data_dir] [--download_console data_dir]
                 [--get_sdk_file data_dir] [--console_version CONSOLE_VERSION]

Build install pkg for multi chain and manage the chain package with ansible.

optional arguments:
  -h, --help            show this help message and exit
  -v, --version         show generator's version.
```

图10-2　generator验证命令效果

第4步 ▶ 获取二进制可执行文件。使用generator下载FISCO BCOS节点程序，并将文件保存在当前目录的meta文件夹下，命令如下（使用cdn是为了在国内下载加速）。

```
./generator --download_fisco ./meta -cdn
```

第5步 ▶ 检查二进制文件。如果下载成功，执行如下命令，会返回FISCO BCOS的版本信息。

```
./meta/fisco-bcos -v
FISCO BCOS Version : 2.9.0
Build Time         : 20220516 06:12:02
Build Type         : Linux/clang/Release
Git Branch         : HEAD
Git Commit Hash    : b8a2362911462ccc3a19862bdd418b4f486f5601
```

至此，FISCO BCOS节点程序已经安装好了，如上述版本所示，本书也会以2.9.0作为参考版本讲授后续的内容。

节点安装完成后，接下来介绍如何配置并启动联盟链网络。

第1步 ▶ 检查机构的配置文件。在generator工程里，自动为我们提供了两个机构的配置文件，它们在tmp_one_click目录下。tmp_one_click目录下有agencyA和agencyB两个目录，分别代表机构A和机构B。每个机构下面存在一个名为node_deployment.ini的配置文件，如图10-3所示。

```
parallels@parallels-vm:~/fisco/generator$ tree tmp_one_click/
tmp_one_click/
├── agencyA
│   └── node_deployment.ini
└── agencyB
    └── node_deployment.ini
```

图 10-3 默认的机构配置文件

可以使用cat命令查看机构A的node_deployment.ini文件内容，示例代码如下。文件里 [group] 是群组信息，";" 开头代表注释，[node0] 是该机构的第一个节点信息，包括p2p_ip和p2p_listen_port，用于节点间建立连接；rpc_ip和jsonrpc_listen_port用于rpc连接，channel_ip 和channel_listen_port用于channel连接，channel连接也是FISCO BCOS和以太坊的主要区别，这种连接需要通过tls证书，保证私密性。

```
[group]
group_id=1

; Owned nodes
[node0]
; host ip for the communication among peers.
; Please use your ssh login ip.
p2p_ip=127.0.0.1
; listen ip for the communication between sdk clients.
```

```
; This ip is the same as p2p_ip for physical host.
; But for virtual host e.g. vps servers, it is usually different from p2p_ip.
; You can check accessible addresses of your network card.
; Please see https://tecadmin.net/check-ip-address-ubuntu-18-04-desktop/
; for more instructions.
rpc_ip=127.0.0.1
channel_ip=0.0.0.0
p2p_listen_port=30300
channel_listen_port=20200
jsonrpc_listen_port=8545


[node1]
p2p_ip=127.0.0.1
rpc_ip=127.0.0.1
channel_ip=0.0.0.0
p2p_listen_port=30301
channel_listen_port=20201
jsonrpc_listen_port=8546
```

机构A的配置文件内包含node0和node1两个节点，通过IP可以分析出这是在同一主机上部署的方案，机构B的配置文件内包含的也是node0和node1两个节点，与机构A配置文件的主要区别是端口不同，这是因为4个节点都会在同一主机上运行。若想在不同主机上运行4个节点，那么需要修改配置文件中的IP和端口。

第2步 使用一键脚本生成节点。利用one_click_generator.sh脚本生成节点启动程序配置，命令如下。

```
bash ./one_click_generator.sh -b ./tmp_one_click
```

若执行成功，会在最后一行提示"run one_click_generator successful!"。此时机构A和机构B目录下会生成几个新目录，每个目录下都有一些文件。如图10-4所示，node就是节点所在的目录，sdk则是SDK证书文件所在的目录。

```
parallels@parallels-vm:~/fisco/generator$ ls tmp_one_click/agencyA/
agency_cert  generator-agency  node  node_deployment.ini  sdk
parallels@parallels-vm:~/fisco/generator$ ls tmp_one_click/agencyB/
agency_cert  generator-agency  node  node_deployment.ini  sdk
```

图10-4　一键生成的配置目录

第3步 启动节点。配置目录生成后，可以使用节点（node）目录下的start_all.sh脚本来启动机构A和机构B。如图10-5所示，单主机双机构四节点启动完成。如果前面的配置修改为不同的主机，那么要把不同机构生成的配置文件目录拷贝至目标主机，并启动该节点（节点与主机IP要匹配）。

```
parallels@parallels-vm:~/fisco/generator$ bash tmp_one_click/agencyA/node/start_all.sh
try to start node_127.0.0.1_30300
try to start node_127.0.0.1_30301
 node_127.0.0.1_30300 start successfully
 node_127.0.0.1_30301 start successfully
parallels@parallels-vm:~/fisco/generator$ bash tmp_one_click/agencyB/node/start_all.sh
try to start node_127.0.0.1_30302
try to start node_127.0.0.1_30303
 node_127.0.0.1_30302 start successfully
 node_127.0.0.1_30303 start successfully
```

图 10-5　启动节点示意图

至此，FISCO BCOS 的节点就成功启动了。光有节点程序还不够，还需要能够部署智能合约的开发部署环境，可以安装官方提供的 Console 工具来管理节点和智能合约，本节使用 WeBASE-Front 这个可视化工具来部署智能合约。

WeBASE-Front 的安装可以参考官方教程。在安装前，应先检查一下前置要求，如表 10-1 所示。

表 10-1　WeBASE-Front 安装前置要求

环境	版本
Java	JDK8 或以上版本
MySQL	MySQL-5.6 或以上版本
Python	Python3.5+
PyMySQL	使用 Python3 时需安装

接下来，介绍如何安装并启动 WeBASE-Front，具体操作步骤如下。

第1步 ▶ 安装 PyMySQL 包。Java 同样是前置文件，在这里就不作为步骤向读者介绍了。现在直接从安装 PyMySQL 依赖包开始，命令如下。（实际上 WeBASE 最新使用的数据库是 H2，本步骤也可以忽略）

```
sudo pip3 install PyMySQL
```

第2步 ▶ 下载 WeBASE-Front 文件。接下来，可以直接下载编译好的工程文件，方便配置和运行，下载并解压命令如下。

```
cd ~/fisco
wget https://github.com/WeBankBlockchain/WeBASELargeFiles/releases/download/
v1.5.5/webase-front.zip
unzip webase-front.zip
cd webase-front
```

第3步 ▶ 配置证书。WeBASE-Front 与节点连接使用 channel 模式，需要拷贝 SDK 的证书。需要注意的是，WeBASE-Front 连接其中一个节点就可以了，我们使用机构 A 的 node0 下的证书。使用如下命令将证书拷贝到 conf 目录下。

275

```
cp ~/fisco/generator/tmp_one_click/agencyA/sdk/* conf/
```

再修改 conf 目录下的 application.yml 文件，主要是修改 72 行的 nodePath 信息，令其指向之前启动的机构 A 的 node0 路径，如图 10-6 所示。

```
70 constant:
71   keyServer: 127.0.0.1:5004 # webase-sign服务的IP:Port（单个）
72   nodePath: ~/fisco/generator/tmp_one_click/agencyA/node/node_127.0.0.1_30300/
```

图 10-6 修改 application.yml 文件

第4步 ▶ 启动 WeBASE-Front。配置完成后，执行工程下的 start.sh 脚本就可以启动 WeBASE-Front 了，命令如下。

```
bash start.sh
```

在 application.yml 文件中，可以看到一些关键信息，如该服务的端口（5002）和目录（WeBASE-Front），再结合主机 IP 就可以在浏览器访问 WeBASE-Front 了，效果如图 10-7 所示。笔者的 Linux 主机 IP 为 10.211.55.3（如果是本机查看，可以使用 127.0.0.1 或 localhost）。

图 10-7 WeBASE-Front 环境示意图

WeBASE-Front 安装完成后，FISCO BCOS 的开发环境搭建完成。整个安装过程比较简便，相比其他链平台算是非常友好了。

10.1.5 SDK 的使用

FISCO BCOS 为开发者提供了 Java、Golang、Python、Node.js 等 SDK，本节主要介绍 Python-SDK 的使用。Python-SDK 的设计思路主要来自 Web3.js（以太坊的 Javascript 库）。

1. 安装并配置 Python-SDK

相对而言，Python-SDK 的使用方式较为简单，接下来介绍具体安装方法与步骤。官方推荐使用 3.7.x 的 Python 版本，其他版本可能会有兼容性问题（兼容性问题也会随着时间变化而发生变化，建议读者关注官方文档的说明）。

第1步 ▶ 拉取 SDK 工程并安装依赖，命令如下。

```
mkdir ~/fisco/pybountytask # 直接创建工程目录
cd ~/fisco/pybountytask
git clone https://gitee.com/FISCO BCOS/python-sdk
```

可以使用pip来安装整个工程的依赖包，命令如下，如果安装较慢，也可以使用国内源，如清华大学的源可以加参数"-i https://pypi.tuna.tsinghua.edu.cn/simple"，其他国内源也可以。

```
pip install  -r requirements.txt
```

第2步 初始化配置。工程内提供了一个配置文件模板，执行如下命令创建客户端配置文件。

```
cp client_config.py.template client_config.py
```

查看client_config.py文件，发现该文件内容主要是配置节点连接信息、私钥信息。在bin/accounts目录下默认存在pyaccount.keystore文件，可以直接使用它作为私钥内容。配置文件中的account_keyfile 和 account_password用来指定私钥文件名和口令。

```
account_keyfile_path = "bin/accounts"   # 保存 keystore 文件的路径
    account_keyfile = "pyaccount.keystore"
    account_password = "123456"          # 实际使用时建议改为复杂密码
```

节点连接信息是SDK非常重要的部分，与FISCO BCOS节点通信通常会采用channel模式，这就需要通信的证书。在client_config.py文件中需要配置证书信息，具体也就是channel_ca、channel_node_cert、channel_node_key这3个配置。因此，要将节点SDK证书文件拷贝至bin目录下。

除了证书外，还应关注节点的IP和端口信息，在channel模式下，默认的端口是20200，前文配置的WeBASE-Front实际上也是通过20200端口与节点建立连接。

```
channel_host = "10.211.55.3"            # 节点与客户端程序可以不在同一主机
    channel_port = 20200                 # 节点的 channel 端口
    channel_ca = "bin/ca.crt"            # 采用 channel 协议时
    channel_node_cert = "bin/sdk.crt"    # 采用 channel 协议时
    channel_node_key = "bin/sdk.key"     # 采用 channel 协议时
```

第3步 检验SDK配置。配置完成后，可以使用"python console2.py getNodeVersion"命令检查配置是否正确。看到如图10-8所示的效果，代表配置顺利完成。

```
localhost:python-sdk yk$ python console2.py getNodeVersion

INFO >> user input : ['getNodeVersion']

INFO >> BcosClient:  channel 10.211.55.3:20200,groupid :1,crypto type:ECDSA,ssl type:ECDSA
INFO : getNodeVersion
    : {
    "Build Time": "20220516 06:12:02",
    "Build Type": "Linux/clang/Release",
    "Chain Id": "1",
    "FISCO-BCOS Version": "2.9.0",
    "Git Branch": "HEAD",
    "Git Commit Hash": "b8a2362911462ccc3a19862bdd418b4f486f5601",
    "Supported Version": "2.9.0"
}
```

图10-8　通过SDK查看节点信息

2. 部署合约

由于之前已经安装过 WeBASE-Front，因此可以在图形界面工具去部署合约，具体操作步骤如下。

第1步 ▶ 打开 WeBASE-Front，如图 10-9 所示，单击选择【合约管理】页面，单击选择【测试用户】选项。

第2步 ▶ 单击【新增用户】按钮，在弹出的对话框内输入用户别名，单击【确定】按钮就可以创建一个新用户了，如图 10-10 所示。

图 10-9　测试用户页面

图 10-10　创建新用户

第3步 ▶ 切换到【合约 IDE】页面，如图 10-11 所示。之后，单击【▣】按钮创建合约文件。

第4步 ▶ 在弹出的对话框内输入合约名（注意是合约名），然后单击【确认】按钮，创建 hello 合约文件，如图 10-12 所示。

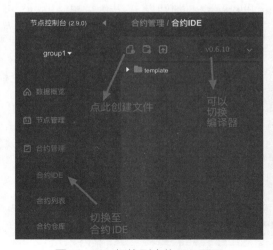

图 10-11　切换到合约 IDE 页面

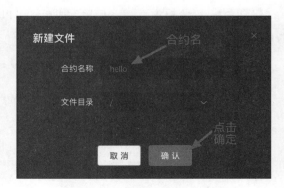

图 10-12　创建 hello 合约文件

第5步 将之前写过的 hello 合约代码复制到文件内，单击【编译】按钮，就可以完成合约编译，如果代码没有问题，将看到页面下半部分的显示，如图 10-13 所示。

图 10-13　WeBASE-Front 页面编译合约

第6步 单击【部署】按钮，在弹出的对话框中，单击【确认】按钮就可以完成合约部署，如图 10-14 所示。

图 10-14　完成 WeBASE-Front 合约部署

部署后，将会在页面下半部分 contractAddress 位置看到部署后的合约地址：0x4dd309b167d1e3e4cf4b6073c48d17dc8532da89，如图 10-15 所示。

图 10-15　WeBASE-Front 部署合约后的地址显示

合约部署后，得到了合约地址，同时也得到了 ABI（应用程序二进制接口）信息，它和地址一样都是调用智能合约必不可少的内容。

3. 使用 SDK 调用合约

通过 SDK 调用合约是应用开发的核心，接下来介绍如何通过 SDK 去调用 hello 合约。

第1步 ▶ 为了不干扰后续的开发，可以在 pybountytask 目录下创建一个 sdkdemo 目录，在这个目录下演示 SDK 的使用。站在工程角度调用 SDK，需要将 python-sdk 目录下的 bin 拷贝至当前路径，操作命令如下。

```
mkdir sdkdemo
cp -R python-sdk/bin sdkdemo
cd sdkdemo
```

第2步 ▶ 接下来，在 sdkdemo 目录下添加 call.py 文件。BcosClient 用于创建与节点的连接，调用合约时需要明确合约地址、ABI、要调用的函数及参数。call 函数用于调用只读函数，sendRawTransactionGetReceipt 用于调用写函数，代码如下。

```
import sys
sys.path.append("../python-sdk")
from client.bcosclient import BcosClient

client = BcosClient()
crtAddr = "0x4dd309b167d1e3e4cf4b6073c48d17dc8532da89"
abi = [{"inputs":[],"name":"getMsg","outputs":[{"internalType":"string","name
":"","type":"string"}],"stateMutability":"view","type":"function"},{"inputs":
[{"internalType":"string","name":"_m","type":"string"}],"name":"setMsg","outp
uts":[],"stateMutability":"nonpayable","type":"function"}]

data = client.call(crtAddr,abi,"getMsg")
print(data)
data = client. sendRawTransactionGetReceipt (crtAddr,abi,"setMsg",["hello,fis
co!"])
print(data)
data = client.call(crtAddr,abi,"getMsg")
print(data)

client.finish()
```

第3步 ▶ 在执行 call.py 前，还要将 FISCO BCOS 节点 SDK 目录下的 ca.crt、sdk.crt、sdk.key 这 3 个文件拷贝到 bin 路径下。然后执行如下的命令，就可以看到如图 10-16 所示的执行效果了。

```
bogon:sdkdemo yk$ ls
bin     call.py
bogon:sdkdemo yk$ python call.py
('hello, yekai!',)
{'blockHash': '0x54295842e91bb3ad70913ce9bf12eebb4477fbd1
0x0000000000000000000000000000000000000000', 'from': '0x9
: '0xc4784fd400000000000000000000000000000000000000000000
000000000000000d68656c6c6f2c20666973636f2100000000000000000
000000000000000000000000000000000000000000000000000000000
000000000000000000000000000000000000000000000000000000000
000000000000000000000000000000000000000000000000000000000
000000000000000000000000000000000000000000000000000000000
0x', 'remainGas': '0x0', 'root': '0x9def1a99013f8e9164fa0
Msg': 'None', 'to': '0x1c7c1a96ec60cfb707bfa2a9566f5c266a
f642b6b78a7dbf5b144bf1ac0', 'transactionIndex': '0x0'}
('hello, fisco!',)
```

图10-16　通过SDK调用智能合约

10.2 企业级智能合约设计与实现

此前已经学习了Solidity智能合约的开发及进阶技术，FISCO BCOS的智能合约也是使用Solidity编写。本节结合项目需求，在FISCO BCOS平台使用Solidity开发一个赏金系统的智能化合约。

10.2.1 用户合约设计与实现

通过前面的学习，大家应该清楚，以太坊或FISCO BCOS本身都支持EOA账户模型，也就是说用户的身份、权限都是通过EOA模型来控制的。因此，大可不必设计一个用户合约来做用户信息的存储。那么，这小节介绍的用户合约用来做什么呢？我们可以设计一个类似白名单的合约，用户注册后相当于加入白名单，之后就可以在平台发布任务或领取任务以赚取奖励。

这样的合约设计很简单，只需要使用一个mapping结构来记录用户是否加入过白名单就可以了，另外再提供一个查询用户是否为白名单用户的方法即可。可以在WeBASE-Front的合约环境创建一个pytask目录，并在该目录下创建User合约，白名单处理的具体代码如下。

```
contract User {
    mapping(address=>bool) whiteLists;
    // 用户注册
    function register() public {
        require(!whiteLists[msg.sender], "user already exists");
        whiteLists[msg.sender] = true;
    }
    // 检测是否为注册用户
    function isWhiteList(address _who) public view returns (bool) {
        return whiteLists[_who];
    }
}
```

10.2.2　积分合约设计与实现

积分的作用是为了体现悬赏任务的激励，用户获得积分后可以在平台使用积分，这需要平台提供一套完善的积分使用机制，比如去运营一个积分商城。积分如何使用的问题在本书不去讨论，这里仅关注用户如何获取积分。积分的发放应该有一套严格的机制，通常情况下直接使用ERC-20标准来发放积分也是行业内常用的手段。

Solidity语言在0.8.x编译器之前的版本一直存在算术溢出漏洞，而通用的解决方案是使用SafeMath库，包含SafeMath在内的很多开源合约库都是由OpenZeppelin组织提供的。在此，也要感谢OpenZeppelin组织对于开源行业的贡献。

使用SafeMath库很简单，网上也可以随处找到其对应的代码，下面是笔者做了简单改造的SafeMath库代码，去掉了一些注释和不使用的函数，具体代码如下。可以将该代码添加到上一小节创建的pytask目录。

```
library SafeMath {
    function add(uint256 a, uint256 b) internal pure returns (uint256) {
        uint256 c = a + b;
        require(c >= a, "SafeMath: addition overflow");
        return c;
    }
    function sub(uint256 a, uint256 b) internal pure returns (uint256) {
        return sub(a, b, "SafeMath: subtraction overflow");
    }
    function mul(uint256 a, uint256 b) internal pure returns (uint256) {
        if (a == 0) {
            return 0;
        }
        uint256 c = a * b;
        require(c / a == b, "SafeMath: multiplication overflow");
        return c;
    }
    function div(uint256 a, uint256 b) internal pure returns (uint256) {
        return div(a, b, "SafeMath: division by zero");
    }
    function mod(uint256 a, uint256 b) internal pure returns (uint256) {
        return mod(a, b, "SafeMath: modulo by zero");
    }
}
```

接下来，再整理一下ERC-20的标准接口，创建一个IERC-20的文件，并把接口内容在其中定义，这部分代码大家在之前已经看过了，这里笔者把没用的注释部分同样也去掉了。

```
interface IERC20 {
    function name() external  view returns (string memory);
    function symbol() external  view returns (string memory);
    function decimals() external  view returns (uint8);
    function totalSupply() external  view returns (uint256);
    function balanceOf(address _owner) external  view returns (uint256 balance);
    function transfer(address _to, uint256 _value) external returns (bool
        success);
    function transferFrom(address _from, address _to, uint256 _value) external
        returns (bool success);
    function approve(address _spender, uint256 _value) external  returns (bool
        success);
    function allowance(address _owner, address _spender) external view returns
        (uint256 remaining);
    event Transfer(address indexed _from, address indexed _to, uint256 _value);
    event Approval(address indexed _owner, address indexed _spender, uint256
        _value);
}
```

在积分合约的实现上，大部分可以沿用第9章实现的代码，只不过需要给它增加一个SafeMath库的使用，这里分几个步骤具体介绍一下。

第1步 ▶ 引入 SafeMath 库。创建 Token 文件，并且引入 SafeMath 和 IERC-20 两个文件，代码如下。

```
import "./IERC20.sol";
import "./SafeMath.sol";
```

第2步 ▶ 初始化。合约初始化部分，确定积分的名称、符号、发行量，通过构造函数将积分都放在一个管理员账户下，第6行代码启用了SafeMath库。

```
contract Token is IERC20 {
    string tokenName = "YKToken";
    string tokenSym = "YKT";
    uint8  tokenDecimals = 6;
    uint256 tokenSupply = 21000000 * 10 ** tokenDecimals;
    using SafeMath for uint256; // 启用 SafeMath 库
    // 定义账户余额
    mapping (address => uint256) balances;
    // 定义授权数据
    mapping (address=> mapping (address=>uint256)) allows;
    constructor() public {
```

283

```
        balances[msg.sender] = tokenSupply;
    }
}
```

第3步 ● 改造相关函数。接下来只需要修改之前 Token 合约的几个方法即可，一个基本原则就是凡是涉及数学运算的都需要使用 SafeMath 库。实际上也就是需要修改 transfer 和 transferFrom 两个方法，修改后的代码如下。

（1）transfer 方法

```
function transfer(address _to, uint256 _value) override external returns (bool
success){
        require(_value > 0, "approve amount invalid");
        require(_to != address(0), "_spender is invalid");
        require(balances[msg.sender] >= _value, "user's balance not enough");
        balances[msg.sender] = balances[msg.sender].sub(_value); // SafeMath
        balances[_to]        = balances[_to].add(_value);

        emit Transfer(msg.sender, _to, _value);
        return true;
    }
```

（2）transferFrom 方法

```
function transferFrom(address _from, address _to, uint256 _value) override
    external  returns (bool success){
        require(_value > 0, "approve amount invalid");
        require(_to != address(0), "_to is invalid");
        require(balances[_from] >= _value, "user's balance not enough");
        require(allows[_from][msg.sender] >= _value, "user's approve not enough");

        balances[_from] = balances[_from].sub(_value); // SafeMath
        balances[_to]   = balances[_to].add(_value);
        allows[_from][msg.sender] = allows[_from][msg.sender].sub(_value);
        emit Transfer(_from, _to, _value);
        return true;
    }
```

代码改造完成，将合约正常部署就可以了。部署后可以得到合约地址和 ABI，这些在后面的服务开发部分要使用。

10.2.3 任务合约设计与实现

项目名称叫作赏金任务，任务合约也必然是整个项目的核心部分。一般来讲，一个任务会有一个完整的生命周期，我们将业务稍稍简化一下，任务的生命周期为发布、接受、提交和完成。

　　按照之前的习惯，还是先分析一下潜在的角色，这个业务逻辑相对简单，实际上只需要任务发布者和任务执行者两类角色就可以了。接下来是数据结构上的设计，悬赏任务的核心就是任务数据，可以定义一个任务结构来存储任务信息，包括任务编号、任务发布者、任务执行者、任务描述、任务奖金、任务状态、任务描述和任务创建时间戳等。然后就是围绕业务考虑一下需要实现的功能，实际上围绕任务的生命周期展开就可以了。合约的核心功能是任务发布、任务接受、任务提交和任务确认，刚好是两个角色，每个角色两个功能。另外，再补充一些辅助类的查询任务，这个合约就可以开始编码了。下面按照具体步骤展开介绍。

第1步 ◆　定义任务结构。创建 Task 文件，并添加如下代码。在任务合约中要引用 User 和 Token 合约，所以使用 import 导入了两个合约文件。TaskInfo 为任务结构信息，其中状态信息可以使用几个常量来定义。由于返回的数据包含结构数据，因此需要使用 "pragma experimental ABIEncoderV2" 来声明。

```solidity
// SPDX-License-Identifier: MIT
pragma solidity 0.6.10;
pragma experimental ABIEncoderV2;

import "./IERC20.sol";
import "./User.sol";

// 任务结构
struct TaskInfo {
    address issuer;        // 任务发布者
    address worker;        // 任务执行者
    string  desc;          // 任务描述
    uint256 bonus;         // 任务奖励
    uint8   status;        // 任务状态：0 - 未开始 1 - 已接受 2- 已提交 3 - 已确认
    string  comment;       // 任务描述
    uint256 timestamp;     // 任务创建时间戳
}
```

第2步 ◆　数据初始化。接下来，可以创建 Task 合约，定义 TaskInfo 结构的动态数组来记录全部任务，token 和 user 分别记录积分和用户合约的地址，并在构造函数里对它们进行初始化，示例代码如下。

```solidity
contract Task {
    TaskInfo[] tasks; // 全部任务列表
    address token;    // 定义 token 合约的地址
    address user;     // 用户合约的地址
    // 定义状态常量
```

```
uint8 constant TASK_BEGIN  = 0;
uint8 constant TASK_TAKE   = 1;
uint8 constant TASK_COMMIT = 2;
uint8 constant TASK_CONFRIM= 3;


event TaskIssue(address indexed _issuer, uint256 _bonus, string _desc);


constructor(address _token, address _user) public {
    token = _token;
    user  = _user;
}
}
```

第3步 ▶ 发布任务实现。发布任务时需要填写任务信息和奖金数额，而任务发布者的积分余额要高于奖金数额，剩下的也就是创建一个 TaskInfo 对象并添加到数组中，示例代码如下。读者需要注意的是，数组的下标也就是任务的编号。

```
// 发布任务
function issue(string memory _desc, uint256 _bonus) public {
    require(_bonus > 0, "bonus <= 0");
    require(bytes(_desc).length > 0, "desc is null");
    // 余额要充足
    require(IERC20(token).balanceOf(msg.sender) >= _bonus,
            "user's balance not enough");
    TaskInfo memory task = TaskInfo(msg.sender, address(0), _desc,
                                    _bonus, TASK_BEGIN, "",
                                    block.timestamp);
    tasks.push(task);
    emit TaskIssue(msg.sender, _bonus, _desc);
}
```

第4步 ▶ 任务接受和任务提交。任务接受者可以领取未被领取的任务，在设定里我们也希望任务领取者必须是白名单的人员。接受任务和提交任务都需要严格判断当前任务状态，这也是由任务状态的生命周期来决定的，示例代码如下。

```
// 接受任务
function take(uint256 _index) public {
    require(_index < tasks.length, "index out of range");
    require(User(user).isWhiteList(msg.sender), "user not in whitelist");
    require(tasks[_index].status == TASK_BEGIN, "task's status invalid");
    require(tasks[_index].worker == address(0), "task's worker already exists");
    TaskInfo storage task = tasks[_index];
    task.worker = msg.sender;
```

```
        task.status = TASK_TAKE;
    }
    // 提交任务
    function commit(uint256 _index) public {
        require(_index < tasks.length, "index out of range");
        require(tasks[_index].status == TASK_TAKE, "task's status invalid");
        require(tasks[_index].worker == msg.sender, "only task's worker can do");
        TaskInfo storage task = tasks[_index];
        task.status = TASK_COMMIT;

    }
```

第5步 ▶ 任务确认。任务发布者才有权限确认任务，这也是EOA账户模型带来的权限管理，另外也仅仅是状态已经变为提交状态后才可以被确认。确认时，可能任务通过，也可能不通过，通过时要把任务设置的奖励发放到任务执行者账户，示例代码如下。

```
// 确认任务
    function confirm(uint256 _index, string memory _comment, uint8 _status) public {
        require(_index < tasks.length, "index out of range");
        require(tasks[_index].status == TASK_COMMIT, "task's status invalid");
        require(tasks[_index].issuer == msg.sender, "only task's issuer can do");
        TaskInfo storage task = tasks[_index];
        task.comment = _comment;
        // 任务通过 _status = 3 & 任务不通过 other
        if(_status == TASK_CONFRIM) {
            // 任务通过
            task.status = TASK_CONFRIM;
            // 付款
            IERC20(token).transferFrom(task.issuer, task.worker, task.bonus);
        } else {
            // 任务不通过
            task.status = TASK_TAKE;
        }
    }
```

第6步 ▶ 任务信息查询。这个很简单，直接返回tasks数组就可以查询到全部任务了，示例代码如下。如果后面任务很多，可以考虑设计成分页的查询方式。

```
// 查看所有任务的信息
    function getAllTasks() public view returns (TaskInfo[] memory) {
        return tasks;
    }
```

至此，合约编码完成。因为任务合约部署依赖用户和积分合约，所以需要先部署另外两个合约获得地址后再部署任务合约。在实际开发中，合约开发完成都要先进行测试，测试完成后再做后面的服务调用开发更为合理。这里把测试任务交给读者，希望大家完成合约编码后详细测试，完成一个任务的生命周期后再尝试后面的内容。

10.3　赏金任务系统核心功能实现

完成了合约的编写后，接下来就是实现一个服务端程序，让用户能够通过浏览器完成悬赏任务的管理。这个服务器需要处理前端页面的请求并与 FISCO BCOS 交互，完成智能合约的调用。

在通常的企业开发中，服务程序都会基于成熟的服务器框架来开发，这样不仅开发效率高，也可以让应用开发更规范，程序的可拓展性也更强。Python 中较为知名的服务框架有 Django、Flask 等。与 Flask 相比，Django 无论是在知名度、使用人数及流行度来讲都更胜一筹，所以，接下来将介绍如何基于 Django 实现赏金系统的核心功能。

10.3.1　Django 简介与安装

Django 是一个基于 Python 的开源 Web 开发框架，它也是 Python 世界里最负盛名、用户最多、使用范围最广、最成熟的 Web 框架，可以用于快速搭建高性能、优雅的网站。

Django 中集成了许多方便的开发工具，开发者只需要很少的代码，就可以轻松完成一个正式网站所需要的大部分内容，并进一步开发出全功能的 Web 服务。

借助 pip，可以很方便地安装 Django。执行下面的命令就可以安装 Django。

```
pip install django
```

安装完成后，执行下面的命令，如果返回 Django 版本号，则说明安装成功。

```
python -m django --version
```

10.3.2　Django 的基础使用

在正式开发应用后端之前，先通过一个简单的示例来熟悉 Django 的项目架构和一个简单的请求实现。

1. 创建工程文件

在 Django 安装后，在命令行执行"django-admin"会看到该命令的相关帮助，显示如图 10-17 所示。

django-admin 是 Django 的命令行管理工具，使用它可以快速构建一个 Web 工程，如使用如下命令，创建一个 webdemo 工程。

```
django-admin startproject webdemo
```

该命令会在当前目录下创建一个webdemo的目录，并且初始化一些Python文件。目录结构如图10-18所示。

图 10-17　Django命令行帮助　　　　　　　　　图 10-18　目录结构

简单介绍目录下各个文件的功能。manage.py是Django的命令行工具，负责整个项目的管理。内部的webdemo目录是项目的主模块目录，此后建立的其他子模块都需要在这个主模块中配置，才会被编入Django项目中。__init__.py是一个定义包的空描述文件。settings.py是项目的配置文件，要添加其他子模块时，需要修改此文件。urls.py是模块的路由描述文件，HTTP路由服务的请求规则是借助这个文件实现的。asgi.py和wsgi.py是标准Web服务的进入点脚本，通常情况下不用修改。

2. 启用Django项目

在命令行工具中执行下面的命令，就可以启动默认的Django项目。

```
python manage.py runserver
```

使用浏览器访问localhost:8000，此时，可能会发生如图10-19所示的错误。这是因为服务的主机IP未设置。

图 10-19　服务的主机IP未设置

可以修改 settings.py 文件，将"localhost"和"127.0.0.1"加入 ALLOWED_HOSTS 数组中，服务重新启动，在浏览器中就可以看到 Django 默认的启动界面了，如图 10-20 所示。

图 10-20　Django 默认的启动界面

3. 创建子模块

Django 支持在主模块下挂接多个子模块，方便开发者对不同的功能模块做管理。现代的大型 Web 应用，往往包含了大量的子模块功能，子模块可以按照业务或某些标准进行划分。接下来演示如何创建一个 HelloWorld 子模块。

在刚才的 djdemo 目录下，可以执行下面的命令创建一个 HelloWorld 子模块。

```
python manage.py startapp HelloWorld
```

执行完成后，将会在当前目录增加一个 HelloWorld 的目录，如图 10-21 所示，在 HelloWorld 子模块中需要先关注 views.py 文件，这个文件用来实现 Django 的视图层。

为了了解子模块的编程方式，现在来实现一个小目标，在浏览器请求 http://localhost:8000/hello/ 时，返回"hello world"，具体操作步骤如下。

第1步 ◆ 编写服务函数。在子模块 HelloWorld 目录下的 views.py 文件中添加如下代码，它定义了一个 HelloWorld 方法，当接收到请求时响应"hello world"。

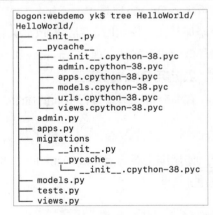

图 10-21　HelloWorld 子模块目录结构

```
from django.http import HttpResponse

def helloWorld(request):
    return HttpResponse("hello world")
```

第2步 ◆ 配置 URL 规则。从主模块中复制一份 urls.py 文件到 HelloWorld 目录，修改其中的

urlpatterns 配置。参考代码如下。第 5 行的代码设置了路由规则，当请求的资源是"/"时（需要注意，这里是子模块的根），使用 views.helloWorld 进行服务。

```
from django.urls import path
from . import views

urlpatterns = [
    path('', views.helloWorld),
]
```

第3步 ● 挂载子模块。接下来，需要将子模块服务挂载到主服务中，需要修改主模块中的 settings.py 和 urls.py 两个文件。

修改 settings 文件的 INSTALLED_APPS 数组，加入新建的子模块 HelloWorld，具体代码如下。

```
INSTALLED_APPS = [
    ... # 其他默认子模块
    # self app
    'HelloWorld',
]
```

在 urls.py 中将 HelloWorld 子模块挂接到 /hello 路径下，通过 include 可以包含子模块下的全部 urls 规则，这样浏览器在请求"/hello"时就会触发 HelloWorld 模块下的路由规则，具体代码如下。

```
from django.urls import path, include

urlpatterns = [
    path('hello/', include('HelloWorld.urls')),
]
```

代码编辑完成，Django 会自动加载新代码并重新启动。此时，使用浏览器访问 localhost:8000/hello，就会看到返回的字符串"hello world"。

回看上述过程，通过简单几行代码，我们就快速完成了一个简单的 Web 服务器开发，使用 Django 来做 Web 开发确实很便捷。

10.3.3　用户注册功能的实现

我们要做的是一个 Web 应用，因此需要有前端、后端、智能合约、区块链网络。接下来要做的核心部分是后端及通过 SDK 调用智能合约，前端部分将会采用已经提前准备好的工程。但是，需要明确的是，在实际开发过程中，前后端的开发者需要在一起确定前后端的接口，这样才能并行开发，而不会因为彼此的进度而受影响。

先梳理一下注册的运行流程，用户在网页上输入用户名、口令，单击注册后将用户名和口令发送给后端，后端需要提前设置URL规则来处理这个请求。后端服务在解析了用户和口令后，为用户创建一个EOA账户，并将其和用户名绑定，另外也要调用用户合约的白名单注册来加入白名单。还有一个容易被忽略的点，一个悬赏任务在生命周期结束后，任务合约需要将发布者的积分转移给执行者，这需要任务发布者对任务合约授权（approve），因此最好在用户注册时就执行积分合约的approve方法来完成授权。

接下来，先做一些准备工作，这是为了后续工程开发更为便捷。先在pybountytask根目录下利用Django创建一个webserver工程。使用如下命令即可。

```
django-admin startproject webserver
```

webserver是主打工程，在webserver工程的webserver目录下创建一个bcos.py文件，这个文件主要负责与区块链有关的功能实现，包括账户创建及合约调用的封装。

注册时需要创建EOA账户，而python-sdk内部给我们提供的方法不算特别理想，因此可以在bcos.py文件中对python-sdk进行继承并扩展。准备工作的具体步骤如下。

第1步 ▶ 导入要使用的包。webserver和之前的sdkdemo是同级目录，因此对于python-sdk的引用方式类似，这些导入的包包括区块链网络客户端的类、账户类、账户创建类、签名类和地址校验处理方法，示例代码如下。

```
import json
import sys
import os
sys.path.append("../python-sdk")
from client.bcosclient import BcosClient
from client.stattool import StatTool
from eth_account.account import Account
from console_utils.cmd_account import CmdAccount
from client.signer_impl import Signer_GM, Signer_ECDSA, Signer_Impl
from eth_utils.address import to_checksum_address
```

有一件事情也可以提前做好，那就是将sdkdemo目录下的bin整体拷贝到webserver目录下。

第2步 ▶ 重写EOA账户创建类。在这里并不需要完全重新开发，可以先继承CmdAccount类的内容，然后再添加对应的方法即可。在bcos.py文件中创建TaskCmdAccount类，它需要继承CmdAccount类，示例代码如下。

```
class TaskCmdAccount(CmdAccount):
```

接下来为TaskCmdAccount类添加create_ecdsa_account_task方法，它基本继承自create_ecdsa_account方法，只是在输出和返回值方面做了一些修改，这里返回私钥是为后续合约调用做准备，示例代码如下。

```
def create_ecdsa_account_task(self, name, password):
```

```
ac = Account.create(password)
print("new address :\t", ac.address)
stat = StatTool.begin()
kf = Account.encrypt(ac.privateKey, password)
stat.done()
print("encrypt use time : %.3f s" % (stat.time_used))
keyfile = "{}/{}.keystore".format(self.account_keyfile_path, name)
print("save to file : [{}]".format(keyfile))
with open(keyfile, "w") as dump_f:
    json.dump(kf, dump_f)
    dump_f.close()
return {"status": "0", "address": ac.address,
        "privateKey": ac.privateKey}
```

再为 TaskCmdAccount 类添加 verify_ecdsa_account 方法，它的作用是解决登录时用户名验证的问题，create_ecdsa_account_task 方法将用户的私钥以 keystore 形式保存到了"用户名 .keystore"文件中，verify_ecdsa_account 方法则是用来验证用户名和口令能否匹配，也就是口令能否解析之前存储的 keystore 文件，示例代码如下。

```
def verify_ecdsa_account(self, name, password):
    keyfile = "{}/{}.keystore".format(self.account_keyfile_path, name)
    if os.path.exists(keyfile) is False:
        return {"status": "2", "statusMsg": "user does not exists"}
    try:
        stat = StatTool.begin()
        ac = Signer_ECDSA.load_from_keyfile(keyfile, password)

        stat.done()
        return {"status": "0", "statusMsg": "login succ",
                "address": ac.address}
    except Exception as e:
        print(e)
        return {"status": "3", "statusMsg": "password err"}
```

第3步 配置 BcosApi 类。BcosApi 类将成为合约调用的 API 类，首先需要先配置合约的 ABI 和地址信息。之前如果已经将 User、Token、Task 合约发布，那么可以分别获得 3 个合约地址。ABI 信息在合约 IDE 环境也很容易拿到，需要注意一个合约对应一个 ABI。在 bcos.py 文件内继续添加代码，这次添加 BcosApi 类，顺便直接将 3 个合约地址定义了，不喜欢这种硬编码风格的读者也可以使用环境变量来设置，示例代码如下。

```
class BcosApi:
    task_contract = "0x2c9ae76f73b7d3bb5dd89c1cba3180b9a0b2e5e4"
```

```
token_contract= "0xb06dca522a2ce610ba377f640bdb5736ae9eb3cb"
user_contract = "0xe85e63bedc75231b6dfe8dd366554f1be39eb096"
```

接下来添加一个静态方法parse_abi，代码如下。它的作用是解析ABI文件转换为JSON格式。

```
@staticmethod
    def parse_abi(abifile):
        file_obj = open(abifile)
        data = file_obj.read()
        return json.loads(data)
```

将User合约的ABI信息放到user.abi文件，将Token合约的ABI信息放到token.abi文件，将Task合约的ABI信息放到task.abi文件。然后，用__init__方法对BcosApi类做初始化，示例代码如下。

```
def __init__(self):
        self.client = BcosClient()
        self.cmd_account = TaskCmdAccount()
        self.task_abi = self.parse_abi("task.abi")
        self.token_abi = self.parse_abi("token.abi")
        self.user_abi  = self.parse_abi("user.abi")
```

准备工作告一段落，接下来实现注册逻辑。注册时前端会以POST方法向后端的"/register"URL发送请求，携带的数据为JSON格式。例如，{"username":"yekai2", "password":"123"}。接口明确后，还是按照步骤完成注册功能的实现。

第1步 ▶ 编写区块链的注册功能。注册时，首先判断该用户名是否已经存在，由于没有使用数据库，因此可简单判断文件是否存在来分析用户名是否已经被注册了。下面代码中的create_ecdsa_account_task是之前实现过的账户创建方法，账户的私钥刚好作为参数传递给from_privkey方法来创建一个Signer对象，它是用来对合约交易进行签名的。之后的代码做了两次合约调用，分别调用User合约的白名单注册和Token合约的授权，授权对象是Task合约地址。

```
def register(self, name, password):
        keyfile = "{}/{}.keystore".format(self.cmd_account.account_keyfile_
path, name)
        if os.access(keyfile, os.F_OK):
            return {"status": "1", "statusMsg": "user alreay exists"}

        acct = self.cmd_account.create_ecdsa_account_task(name, password)
        signer = Signer_ECDSA.from_privkey(acct["privateKey"])
        data = self.client.sendRawTransactionGetReceipt(self.user_contract,
                                            self.user_abi, "register",
                                            [],
                                            from_account_signer=signer)
```

```
            data = self.client.sendRawTransactionGetReceipt(
                    self.token_contract,
                    self.token_abi, "approve",
                    [self.task_contract, 9999999999],
                    from_account_signer=signer)
        return  data
```

第2步 ▶ 封装 view 层的注册。在 views.py 文件中，首先引用 bcos.py 并初始化一个 BcosApi 对象，示例代码如下。

```
from .bcos import BcosApi

bcos_api = BcosApi()
```

接下来，实现 view 层的注册函数，代码如下。该函数用来和前端进行交互，首先判断请求方法是 POST 方法，然后将请求数据转换为 JSON 格式，在请求数据中获得 username 和 password 两个参数。对两个参数做安全检查，接下来调用 BcosApi 类封装的 register 方法来完成注册功能，调用完需要检查数据是否正常，并根据结果给前端做数据响应。

```
# 注册接口
def register(request):
    if request.method == "POST":
        body_data = json.loads(request.body.decode().replace("'", "\""))
        username = body_data.get("username")
        password = body_data.get("password")
        print("bodydata:", username, ",", password)
        if username is None or len(username) == 0:
            return JsonResponse({"code": -1, "msg": "用户名不能为空！"})
        if password is None or len(password) == 0:
            return JsonResponse({"code": -1, "msg": "密码不能为空！"})
        result = bcos_api.register(username, password)
        print(result)
        if result is not None and int(result["status"], 0) == 0:
            return JsonResponse({"code": 0, "msg": "注册成功"})
        else:
            return JsonResponse({"code": -1, "msg": result["statusMsg"]})
    else:
        return JsonResponse({"code": -1, "msg": "方法错误"})
```

第3步 ▶ 修改 URL 规则。之前的代码算是编写了后端的服务功能，但并没有将这个注册功能和前端请求相关联。此时就需要修改 urls.py 文件中的规则了。在 urlpatterns 数组中添加如下信息，就代表当发生 register 请求时，使用 views.py 文件中的 register 来处理，示例代码如下。

```
urlpatterns = [
    path('register', views.register, ),
]
```

为了能够让POST方法生效，也需要将settings.py文件MIDDLEWARE数组中的'django.middleware.csrf.CsrfViewMiddleware'注释掉。

至此，注册功能编码完成，接下来可以测一测。使用如图10-22所示的命令，将会看到webserver启动起来了。

可以借助curl命令行工具或Postman对注册服务进行测试，笔者使用Postman做接口测试，效果如图10-23所示。

```
bogon:webserver yk$ python manage.py runserver
Watching for file changes with StatReloader
Performing system checks...

System check identified no issues (0 silenced).

You have 18 unapplied migration(s). Your project may not wo
contenttypes, sessions.
Run 'python manage.py migrate' to apply them.
February 22, 2023 - 15:17:01
Django version 4.1.7, using settings 'webserver.settings'
Starting development server at http://127.0.0.1:8000/
Quit the server with CONTROL-C.
```

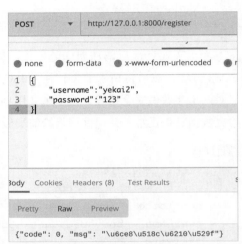

图10-22 启动webserver　　　　　　图10-23 注册接口测试

此时，也可以检查bin/accounts目录，发现该目录下多了一个yekai2. keystore文件。注册大功告成。

10.3.4 登录与 Session 处理

登录接口和注册接口差不多，唯一不同的是URL变成了"/login"，注册时主要验证用户名对应的文件能否被口令解锁，如果不能解锁，代表口令错误，如果文件不存在则代表此用户不存在。

接下来，还是分步骤来完成登录功能。

第1步 ▶ 完成登录的区块链调用。由于提前已经准备好了verify_ecdsa_account方法，所以在BcosApi类中添加login方法，简单几行代码就可以搞定了。

```
def login(self, name, password):
    data = self.cmd_account.verify_ecdsa_account(name, password)
    return data
```

第2步 ▶ 完成 view 层的登录实现。在 views.py 文件中，添加 login 函数，它的大部分操作都与注册类似，调用 BcosApi 类封装的 login 方法。为了后续的操作能够更丝滑，通常也会在登录时直接保存登录的 Session 信息，在这里可以保存用户名、口令和用户的 EOA 地址，示例代码如下。

```
def login(request):
    # 从 request 中获取参数信息
    body_data = json.loads(request.body.decode().replace("'", "\""))
    username = body_data.get("username")
    password = body_data.get("password")
    if username is None or len(username) == 0:
        return JsonResponse({"code": -100, "msg": " 没有填写用户名 "})
    if password is None or len(password) == 0:
        return JsonResponse({"code": -100, "msg": " 没有填写密码 "})
    # 使用用户传递的 name 查询数据库
    result = bcos_api.login(name=username, password=password)
    print(result)
    if result is None or result["status"] != "0":
        return JsonResponse({"code": -1, "msg": " 登录失败 "})
    else:
        # 登录成功后，将当前用户的账号和密码缓存在 session 中
        request.session['username'] = username
        request.session['password'] = password
        request.session['address'] = result['address']
    return JsonResponse({"code": 0, "msg": " 登录成功 "})
```

第3步 ▶ 退出功能实现。在 views.py 文件中顺带添加一个退出功能，这样便于清除之前保存的 Session，示例代码如下。

```
def logout(request):
    request.session.clear()
    return JsonResponse({"code": 0, "msg": " 注销成功 "})
```

第4步 ▶ Session 检测。有了 Session 后，就可以通过 Session 中的信息来判断用户已经登录过，我们可以实现一个检查方法，以获取 Session 中的值，示例代码如下。

```
def _checkLogin(request):
    if request.session.get("username") is None or request.session.
get("password") is None:
        return None
    return request.session
```

第5步 ▶ 添加 URL 规则。在 urlpatterns 数组中添加登录和退出的规则，示例代码如下。

```
urlpatterns = [
    path('login', views.login, ),
    path('register', views.register, ),
    path('logout', views.logout, ),
]
```

为了使 Session 生效，还需要使用 "python manage.py migrate" 命令来应用 Session。效果如图 10-24 所示。

至此，登录功能已经完成，同样可以像之前注册那样进行测试。

10.3.5　任务发布

任务发布是这个项目的核心部分，接下来先完成任务生命周期的发布任务。在编码前，同样需要明确前后端之间的接口。发布任务的
URL 是 "issue"，携带信息为 JSON 格式的任务信息，包含任务描述和任务奖励。接下来，分步骤来实现这个功能。

```
bogon:webserver yk$ python manage.py migrate
Operations to perform:
  Apply all migrations: admin, auth, contenttypes, sessions
Running migrations:
  Applying contenttypes.0001_initial... OK
  Applying auth.0001_initial... OK
  Applying admin.0001_initial... OK
  Applying admin.0002_logentry_remove_auto_add... OK
  Applying admin.0003_logentry_add_action_flag_choices... OK
  Applying contenttypes.0002_remove_content_type_name... OK
  Applying auth.0002_alter_permission_name_max_length... OK
  Applying auth.0003_alter_user_email_max_length... OK
  Applying auth.0004_alter_user_username_opts... OK
  Applying auth.0005_alter_user_last_login_null... OK
  Applying auth.0006_require_contenttypes_0002... OK
  Applying auth.0007_alter_validators_add_error_messages... OK
  Applying auth.0008_alter_user_username_max_length... OK
  Applying auth.0009_alter_user_last_name_max_length... OK
  Applying auth.0010_alter_group_name_max_length... OK
  Applying auth.0011_update_proxy_permissions... OK
  Applying auth.0012_alter_user_first_name_max_length... OK
  Applying sessions.0001_initial... OK
```

图 10-24　Session 生效

第1步 ◆ 实现任务发布的区块链功能。继续在 bcos.py 文件中添加 issue 方法，它需要通过 keystore 文件来创建 Signer 对象用于合约调用时的签名，对于合约调用一直都是调用 sendRawTransactionGetReceipt 方法来完成，不同的是要传入不同的合约地址、ABI 及参数信息，示例代码如下。

```
def issue(self, issuer, password, desc, bonus):
    keyfile = "{}/{}.keystore".format(self.cmd_account.account_keyfile_
                                       path, issuer)
    signer = Signer_ECDSA.from_key_file(keyfile, password)
    data = self.client.sendRawTransactionGetReceipt(
            self.task_contract,
            self.task_abi, "issue",
            [desc, bonus],
            from_account_signer=signer)
    return data
```

第2步 ◆ 实现 view 层封装。在 views.py 文件中，添加 issue 函数，它解析到前端的 task_name 和
bonus，并从 Session 中读取 username 和 password，这样就可以调用 BcosApi 封装的 issue 方法。读者在处理合约调用时最好先检查合约调用时的返回值，它有强烈的区块链特色，包含较多信息，可以通过结果中的 status 字段来判断合约执行是否成功，issue 函数代码如下。

```
def issue(request):
    body_data = json.loads(request.body.decode().replace("'", "\""))
    task_name = body_data.get("task_name")
    bonus = body_data.get("bonus")
    session = _checkLogin(request)
    if session is None:
        return JsonResponse({"code": -1, "msg": "未登录，请重新登录"})
    username = session['username']
    password = session['password']
    print(bonus, task_name, username)
    result = bcos_api.issue(username, password, task_name, int(bonus))
    print(result)
    if result is not None and int(result["status"], 0) == 0:
        return JsonResponse({"code": 0, "msg": "任务发布成功"})
    else:
        return JsonResponse({"code": -1, "msg": result["statusMsg"]})
```

第3步 ◆ 添加URL规则。任务发布同样要添加URL规则，继续在urlpatterns数组中添加issue 的规则，示例代码如下。

```
urlpatterns = [
    path('login', views.login, ),
    path('register', views.register, ),
    path('issue', views.issue, ),
    path('logout', views.logout, ),
]
```

在测试任务发布时，读者别忘了要先确保发布者账户下有充足的积分，否则发布会报错。这个操作可以通过合约IDE环境执行Token合约的transfer方法来完成。给当前登录用户赠送了积分后，任务发布功能就可以测试成功了，效果如图10-25所示。

10.3.6　任务信息查询

在开发了几个接口后，后面的接口开发实际上大多算是体力活了。任务信息查询的接口与之前接口的不同之处在于它要返回比较多的任务信息。任务查询接口对应的URL为"/tasklist"，返回信息要包含任务总数、任务信息的数组，任务信息结构要包含任务编号、发布者、执行者、任务描述、奖金、任务状态、评价和任务时间。接下来，按照具体步骤来实现任务查询接口。

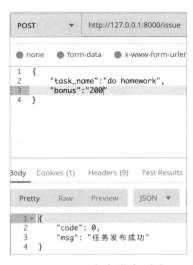

图 10-25　任务发布测试

第1步 ▶ 区块链查询功能封装。查询全部任务信息，只需要调用 Task 合约内的 **getAllTasks** 方法就可以了，示例代码如下。

```
# 任务查询
    def queryAll(self):
        return self.client.call(self.task_contract, self.task_abi,
"getAllTasks", [])
```

第2步 ▶ view 层查询封装。view 层的函数需要处理前端请求，并获得合约数据，转换成前端接口格式后发送给前端。先定义 tasklist 函数，获取前端传递的 page 参数并检查，page 用来控制分页，每页最多显示 10 行，再调用上一步封装的函数来获取合约数据，示例代码如下。

view 层的列表处理稍微麻烦一点，需要将合约内的任务数据转换为前端接口的格式内容，另外也要支持分页处理，每页最多显示 10 个任务。需要注意的是，FISCO BCOS 的时间戳是毫秒级，转换成时间时需要关注一下。tasklist 的函数代码如下。

```
# 任务列表
def tasklist(request):
    # 处理分页
    page = request.GET.get("page")
    ipage = 0
    if page is not None:
        ipage = int(page) - 1
    # 查询全部任务列表
result = bcos_api.queryAll()
```

继续给 tasklist 函数添加逻辑，示例代码如下。

```
task_id = 0
    result_list = list()
    if result is not None and len(result) > 0 and len(result[0]) > 0:
        print(result[0])
        total = len(result[0])
        for rtask in result[0]:
            task = dict()
            task["task_id"] = task_id
            task_id = task_id + 1
            task["issuer"] = rtask[0]
            task["task_user"] = rtask[1]
            task["task_name"] = rtask[2]
            task["bonus"] = rtask[3]
            task["task_status"] = rtask[4]
            task["comment"] = rtask[5]
```

```
              timestamp = float(rtask[6] / 1000)
              time_local = time.localtime(timestamp)
              task["timestamp"] = time.strftime("%Y-%m-%d %H:%M:%S", time_local)
              result_list.append(task)

      return JsonResponse({"code": 0, "msg": "任务列表获取成功", "data": {"total"
: total, "data": result_list[ipage*10 : (ipage+1)*10]}})
```

第3步 ▶ 设置URL规则。任务列表查询同样要添加URL规则，继续在urlpatterns数组中添加tasklist的规则，示例代码如下。

```
urlpatterns = [
    path('login', views.login, ),
    path('register', views.register, ),
    path('tasklist', views.tasklist, ),
    path('issue', views.issue, ),
    path('logout', views.logout, ),
]
```

在Postman使用如下方式进行测试，就可以看到返回结果，如图10-26所示。

图 10-26　任务列表获取

10.3.7　任务状态变更

任务生命周期包含发布、接受、提交和确认，之前实现了任务发布，由于后续的操作类似，因

301

此我们采用统一的任务状态变更接口来处理。在接口里通过任务状态来区分不同的行为，实际上在处理时还是要调用合约里的不同方法。

任务状态变更的 URL 为 "/update"，为了兼顾接受、提交、确认 3 个动作，所以前端提交数据需要携带任务编号、状态和评价，评价仅在任务确认时会使用。接下来，还是按照步骤实现任务状态变更。

第1步 区块链任务状态变更为封装。先实现接受任务的合约调用，示例代码如下。

```
# 接受任务
    def take(self, worker, password, taskID):
        keyfile = "{}/{}.keystore".format(self.cmd_account.account_keyfile_
                                    path, worker)
        signer = Signer_ECDSA.from_key_file(keyfile, password)
        return self.client.sendRawTransactionGetReceipt(self.task_contract,
            self.task_abi, "take", [taskID], from_account_signer=signer)
```

再实现提交任务的合约调用，示例代码如下。

```
# 提交任务
    def commit(self, worker, password, taskID):
        keyfile = "{}/{}.keystore".format(self.cmd_account.account_keyfile_
            path, worker)
        signer = Signer_ECDSA.from_key_file(keyfile, password)
        return self.client.sendRawTransactionGetReceipt(self.task_contract,
            self.task_abi, "commit", [taskID], from_account_signer=signer)
```

最后，实现确认任务的合约调用，示例代码如下。

```
# 确认任务
    def confirm(self, issuer, password, taskID, comment, status):
        keyfile = "{}/{}.keystore".format(self.cmd_account.account_keyfile_
path, issuer)
        signer = Signer_ECDSA.from_key_file(keyfile, password)
        return self.client.sendRawTransactionGetReceipt(
            self.task_contract, self.task_abi, "confirm",
            [taskID, comment, status],
            from_account_signer=signer)
```

第2步 view 层变更为封装。view 层的封装需要获取前端的请求，核心是根据 task_status 来区分调用 bcos.py 文件内封装的不同方法，示例代码如下。

```
def update(request):
    body_data = json.loads(request.body.decode().replace("'", "\""))
    task_id = int(body_data.get("task_id"))
```

```
task_status = int(body_data.get("task_status"))
comment = body_data.get("comment")
session = _checkLogin(request)
if session is None:
    return JsonResponse({"code": -1, "msg": " 未登录，请重新登录 "})
username = session['username']
password = session['password']

if task_status == 1: # 接受任务
    result = bcos_api.take(username, password, task_id)
elif task_status == 2: # 提交任务
    result = bcos_api.commit(username, password, task_id)
elif task_status == 3: # 确认任务
    result = bcos_api.confirm(username, password, task_id, comment,
                             task_status)
elif task_status == 4: # 退回任务
    result = bcos_api.confirm(username, password, task_id, comment,
                             task_status)

if result is not None and int(result["status"], 0) == 0:
    return JsonResponse({"code": 0, "msg": " 任务更新成功 "})
else:
    return JsonResponse({"code": -1, "msg": result["statusMsg"]})
```

第3步 ▶ 设置URL规则。继续在urlpatterns数组中添加update的规则，示例代码如下。

```
urlpatterns = [
    path('login', views.login, ),
    path('register', views.register, ),
    path('tasklist', views.tasklist, ),
    path('issue', views.issue, ),
    path('update', views.update, ),
    path('logout', views.logout, ),
]
```

至此，项目的核心后端服务都已经开发完了，相信读者对于项目中的服务接口开发已经轻车熟路了。

10.3.8　项目总结

在项目总结前，我们可以先整体测试一下这个项目。之前的测试方法，都是使用命令行或

Postman，一个完整的项目最好还是通过用户页面演示比较好。接下来，引入前端页面，具体操作如下。

使用如下命令下载前端工程，并安装相关依赖（需要提前安装Node.js环境）。

```
git clone https://gitee.com/teacher233/Task-Admin
cd Task-Admin
npm install
```

修改工程内的vue.config.js文件，将proxy的target（请求地址）设置为Django工程的http://127.0.0.1:8000。然后，使用"npm run dev"就可以启动前端工程，在浏览器上访问http://localhost:8080就可以看到页面情况了。如图10-27所示，输入用户名和口令登录，或者新注册一个用户再登录都可以。

图10-27　工程登录页面

登录工程后，可以看到如图10-28所示的任务列表。

任务ID	发布者	执行者	任务奖励	任务描述	进度	任务评价	发布时间	动作
0	0xf82cb4e083036bc6a9dc4be1d7ccb2ac67ef1183	0x265d4759a2bbb54ae531e11a46bddf384e58d26d	1000	kill yekai	已完成	well done	2023-02-22 06:13:48	操作
1	0xf73cd9f112e3ced427b17af2226e8d7cb0823e57	0x0000000000000000000000000000000000000000	200	do homework	未接收		2023-02-22 16:11:11	操作

图10-28　任务列表展示

单击【操作】按钮，在弹出框里选择任务状态，就可以对任务进行操作。由于页面比较简单，这里就不再展开介绍了。唯一需要提醒的是，大家要清楚任务的生命周期，以及每一步操作对应的用户权限。

做完这个赏金任务系统，大家应该会发现这个应用和传统的 Web2 应用在前端展示上没有区别，只是用于存储数据的数据库被替换成了区块链。本项目使用的区块链特性除了不可篡改外，最关键的其实是智能合约的支付即结算特性，用户的收益立刻到账或许才是用户最关心的。

本项目中并没有使用传统的中心化数据库，一个纯粹的、理想的去中心化应用可以不受某些公司倒闭、服务器启停的影响，始终能够健壮的运行。现实中，大多数的区块链应用还做不到这一点，有时候为了更丝滑的业务操作，会使用中心化数据库结合区块链共同形成存储，将重要的、需要保护的数据放到区块链中，将一些辅助性的数据放到中心化数据库中，这是常见的设计思路。

根据笔者前几年的经验，当社会上区块链火爆时，很多人的想法是不管如何也要在自己的业务中使用区块链，而不去管区块链是否真的合适。这种想法肯定是不对的，但笔者认为这样的探索也可能反向促进区块链技术的进步。最后，希望读者喜欢区块链技术，并留在这个行业中继续深耕！

学习问答

1. FISCO BCOS 与 Hyperledger Fabric 哪个更有优势？

答：首先，两者都是联盟链，在性能方面都比以太坊等公链更具优势。

其次，两者的区别在于智能合约上的设计。Fabric 使用了 Docker 环境来运行智能合约，这样可以让开发者不限于开发语言，上手更快一些。而 FISCO BCOS 2.0 版本不仅沿用了 EVM 架构，还兼容以太坊的智能合约，因此 Solidity 语言开发的智能合约很容易移植到 FISCO BCOS 系统中。目前市面上 EVM 生态相对成熟且活跃，作为开发者来说更容易在多个生态系统中工作，既可以参与 EVM 生态开发，也可以兼顾 FISCO BCOS 应用开发。

再次，Fabric 对于新手来说可能不太友好，复杂的配置文件往往让人从入门到放弃。此外，Fabric 默认配置下不支持国密算法，但可以通过二次开发或集成相关模块来支持。而目前国内信创已经成为主流，所以笔者更倾向于推荐 FISCO BCOS。

2. Python 在区块链应用开发中的作用是什么？

答：Python 在项目中承担的是后端服务的职能，它需要提供 Web 服务与前端交互，同时又要调用智能合约与 FISCO BCOS 进行交互。Python 的核心价值在于其简洁的语法、丰富的库和活跃的社区。很多区块链相关工具也会选择 Python 作为主要开发语言，因此它不仅易于上手，还适用于数据处理、分析和可视化等方面。

本章总结

本章从0到1详细介绍了一个短小精悍的区块链项目的开发过程。内容涵盖了FISCO BCOS环境的搭建与配置、Python-SDK的使用方法、智能合约的设计与开发、Django框架的安装与配置，以及如何通过SDK完成区块链项目的后端服务开发。通过本章的学习，读者能够熟练掌握Python-SDK的使用技巧，深入理解区块链应用的开发流程，对区块链的权限管理机制有更深刻的认识，从而对区块链技术和项目开发有更全面的理解。